해외건설 알고 도전하라

新 전략지도 보고서

발간사

약 50년에 걸친 우리나라의 해외건설 사업은 비약적인 발전을 이루어내면서 해외건설 강국 진입을 위한 토대를 마련하였습니다. 1970년대 1, 2차 오일쇼크로 인한 세계경제 위기 속에서도 한국 건설사들은 중동진출 확대를 통해 경제성장에 기여해왔습니다. 이렇듯 한국 경제성장의 마중물 역할을 해왔던 우리나라 해외건설업계는 최근 저유가 시대의 도래로 중동 산유국 발주물량이 급격히 감소하면서 상당한 위기를 겪고 있습니다.

현재 세계 건설시장은 성장세가 다소 위축되었으나 향후 세계경제회복에 대한 기대와 신흥시장의 인프라 수요 증가 추세에 따라 다시 성장이 가속화될 것으로 전망되고 있습니다. 특히 신흥국 및 개발도상국들이 정부 주도로 대규모 인프라 사업을 추진하면서 부족한 정부재원을 마련하기 위해 민관협력사업(PPP: Public-Private Partnership)을 적극적으로 도입하고 있습니다. 또한 프로젝트 규모가 대형화되면서 정부 재정여건이 양호한 국가들까지 발주형태를 PPP 방식으로 전환하고 있기 때문에 PPP시장규모는 점차 확대될 것으로 보입니다.

이처럼 세계 건설시장의 패러다임이 빠르게 변화하고 있는 상황임에도 불구하고 우리 기업들의 대응은 미흡한 실정입니다. 우리 기업들이 아직도 수익성이 낮은 도급형 사업에 주력하는 가운데 이미 수많은 국가들이 PPP시장을 선점하기 위해 정부 차원에서 적극적으로 나서면서 국가 간 치열한 경쟁이 벌어지고 있습니다. 중국, 일본 등 주요 경쟁국들은 안정적인 재원을 바탕으로 자국 기업의 진출기반을 마련하고 있습니다. 또한 우리 기업들이 무리한 저가 수주로 경영악화가 우려되고 있는 상황에서 세계 건설시장을 주도하고 있는 글로벌 건설기업들은 안정적인 수익성과 리스크 관리를 위한 다차원적인 전략을 구사하면서 경쟁우위를 확보하고 있습니다.

이와 같이 대내외적으로 어려운 상황에 처해있는 우리의 입장에서 난관을 타개하기 위해서는 발상의 전환이 필요한 시점입니다. 기존 수주구조에서 벗어나 경쟁력 있는 사업모델을 발굴해내야 합니다. 또한 PPP시장 진출확대를 위해 우리 기업들의 디벨로퍼로서의 역량 강화와 함께 정부의 정책금융지원도 효과적으로 이루어져야 할 것입니다.

이러한 배경 하에 본 연구는 세계 건설시장 동향 및 진출환경 분석을 통해 진출 유망국가를 설정하고, 중점분석국가를 중심으로 우리 기업들의 수주확대를 위한 전략을 마련하기 위해 수행되었습니다. 특히 PPP, ODA, MDB, 정부발주사업 등 사업유형별 진출가능성이 높은 국가를 선정하여 전략지도를 구축하고, 중점분석국가에 대한 심층적인 평가를 수행하였습니다. 또한 글로벌 건설기업의 사례분석, 전문가 설문조사 및 심층면접 등을 통해 투자개발형사업 진출, ODA사업 진출, 제 3국과의 공동진출, 국가 간(G2G) 사업화 방안 등 세부 진출 전략을 수립하는데 초점을 두었습니다.

이번 연구에서는 국내 전문가들의 의견뿐만 아니라 발주처 입장에 있는 개발도상국 공무원들의 의견을 수렴함으로써 세계 건설시장에서 우리 기업들이 당면하고 있는 최우선 과제를 도출하고자 하였습니다. 이러한 접근방식은 향후 우리 기업들의 해외진출 확대를 위한 정책수립에 기여할 것이라 판단됩니다.

본 연구는 서울시립대학교 국제도시과학대학원의 김영태 교수 책임 하에 여러 교수진 및 연구진이 공동집필하였습니다. 연구진을 비롯하여 연구 수행과정에서 적극적으로 도움을 주신 전문가들께 감사를 드립니다. 특히 본 연구를 위해 많은 지원을 아끼지 않은 국토교통부 해외건설지원과와 해외건설협회의 관계자들께 깊은 감사를 드립니다.

2017년 12월

서울시립대학교 국제도시과학대학원장 한 만 희

추천사

나와 내 가족이 편안히 쉴 수 있는 집,
우리 마을과 도심지를 연결해 주는 도로,
국민의 삶의 질을 높이고 경제 활력을 불어넣을 기반시설까지...
무엇인가를 건설한다는 것은 꿈을 실현하는 일입니다.

시시각각 변화하는 세계 인프라 시장에 이정표가 되어줄 '해외건설, 알고 도전하라'의 발간을 축하합니다.

오늘날 세계 인프라 시장은 재정 중심의 사업 발주에서 민간투자와 금융조달을 적극적으로 활용하는 투자개발사업으로 무게 중심이 옮겨가고 있습니다. 이에 우리 정부는 사업 발굴 · 기획 · 설계 · 투자 등 투자개발사업의 모든 단계를 체계적으로 지원하기 위한 '해외 인프라 · 도시개발 지원공사' 설립을 추진 중입니다.

지난 10월 국토교통부와 수출입은행, 산업은행이 개발 단계의 사업을 지원하기 위한 '글로벌 인프라 벤처펀드' 업무협약을 체결하였으며, 11월 개최된 아세안 기업투자 서밋에서 대통령께서는 '글로벌 인프라 펀드' 확대 조성 구상도 발표한 바 있습니다.

이 밖에도 세계은행(WB), 아시아 인프라 투자 은행(AIIB) 등 인프라 분야 투자를 위한 국제 다자은행과도 전략적인 협력체계를 갖춰가고 있습니다.

이처럼 사업 기회와 투자 재원이 다양해지고 확대되고 있지만 첨단 기술과 금융, 기획 및 사업 관리 능력이 연계되지 않으면 성공적인 사업을 진행할 수 없습니다. 특히, 건설은 사업장마다 입지, 발주제도, 기자재 등이 서로 다릅니다. 초기 사업 발굴과 기획 단계에서 국가별 특성과 진출 환경을 체계적으로 분석할 수 있는 능력이 필수적입니다.

그런 의미에서 본 책자가 갖는 의미와 가치는 더욱 크다고 생각합니다.

'해외건설, 알고 도전하라'는 투자개발사업, 원조사업, 재정발주사업, 다자은행 지원 사업 등 사업 재원에 따른 유형별 진출 가능성을 분석하고 이를 바탕으로 중점분석 국가를 선정하여 시장 환경과 진출 제약요인, 분야별 추진 계획 등 최신 동향을 일목요연하게 정리하였습니다. 특히, 문헌정보만이 아닌 현장감이 살아있는 인터뷰와 정성평가가 포함되어 있어 우리 기업들이 세계 인프라 시장에 진출하는데 좋은 참고가 될 것입니다.

이제 우리의 해외건설은 새로운 꿈을 모색해야 할 때입니다.

단순히 사업을 수주하여 이윤을 창출하는데 중점을 두는 것이 아닌 사람 중심의 인프라 발전 구상을 실현해야 합니다. 이를 통해 국토 전역과 국가 간 연계성을 강화하고 삶의 질을 개선하는데 기여해야 할 것입니다. 건설은 한 사회의 다양한 가치와 기술을 종합적으로 구현하는 산업입니다. 스마트시티 · 첨단교통체계(ITS) · 공간정보 등 신산업을 활용한 스마트 인프라의 구현으로 4차 산업혁명의 새로운 모델을 보여주어야 합니다.

본 책자가 우리 해외건설의 꿈을 찾고, 세계인의 꿈을 실현하는데 큰 힘이 될 것으로 기대하며, 해외건설의 새로운 패러다임 제시를 위해 지혜와 식견을 나누어 주신 서울시립대 김영태 교수님을 비롯한 집필진께 감사의 인사를 드립니다.

많은 분들께서 이 책을 통해 해외건설의 현실과 향후 전략방향을 이해할 수 있기를 희망합니다.

감사합니다.

2017년 12월

국토교통부 장관 김 현 미

CONTENTS

CONTENTS

핵심체크

경쟁은 전략이다.

본 연구는 세계건설시장의 패러다임 변화에 따른 국내 건설기업의 대응방안 및 국가별 진출 전략에 대해 논의하고자 다음과 같이 분석하였다. 첫째, 세계건설시장 동향 및 전망을 고찰하고, 해외건설사업 진출 국가를 대상으로 PPP, ODA, MDB, 정부발주사업 등 사업유형별 진출가능성을 분석하였다. 둘째, 국내 전문가 간담회 및 개발도상국 공무원에 대한 설문조사를 통해 주요 대상 국가별 진출환경을 분석하고 전략지도를 구축하였다. 셋째, 정량 · 정성적 평가를 통해 중점분석국가를 선정하였다. 넷째, 현재 국내 건설기업의 진출현황 및 문제점을 도출하고, 글로벌 건설기업 사례를 벤치마킹하여 해외건설시장 진출 활성화 방안을 제시하였다. 마지막으로 중점분석국가별 시장 환경 및 사업유형 평가, 진출제약요인, 최신동향, 분야별 추진계획, 수주전망, SWOT분석 및 전략도출, 세부 진출전략을 수립하였다. 주요 내용은 다음과 같다.

제 1장에서는 세계건설시장 신전략지도 수립에 대한 연구 배경 및 목적 그리고 연구방법 및 구성에 대하여 논의하였다. 최근 저유가, 경기침체 등 부정적인 요인에도 불구하고 세계건설시장은 신흥개도국을 중심으로 인프라 수요가 증가함에 따라 지속적으로 성장할 것으로 전망되고 있다. 하지만 최근 세계건설시장의 발주형태가 단순도급형에서 투자개발형으로 전환되고 있음에도 국내 기업들은 이러한 변화에 제대로 대응하지 못하고 있는 실정이다. 본 연구는 이처럼 급변하는 세계건설시장 환경 속에서 국내 기업의 해외진출 확대를 위한 체계적인 전략 수립의 필요성을 제기하였다. 이러한 연구 목적의 달성을 위해 문헌분석, 정량 · 정성

적 평가, 전문가 간담회 및 설문조사 등의 연구방법을 활용하였으며, 해외건설시장 진출에 대한 선택과 집중 차원에서 중점분석국가를 선정하여 세부진출전략을 수립하고자 하였다.

제 2장에서는 세계건설시장 동향 및 전망과 국내기업의 사업유형/공종별 수주현황, 지역별 건설시장 진출환경 분석을 수행하였다. 세계건설시장 규모는 2016년 소폭 감소하였으나 2017년부터 경기회복, 유가상승 등으로 성장세로 전환되고 있다. 특히 아시아지역 신흥국을 중심으로 인프라 투자가 확대될 것으로 예상되고 있으며, 최근 출범한 아시아인프라투자은행(AIIB)의 아시아 개발이 본격화 될 것으로 예상된다. 중동 건설시장은 저유가 장기화 추세로 인해 인프라 투자가 위축되고 있는 상황이지만 유가회복이 가시화 될 경우 지연되거나 취소된 사업발주가 재개될 것으로 전망되고 있다.

2016년 기준 국내 기업의 해외건설 수주규모는 전년대비 38.8% 감소한 282억달러로 최근 10년 내 최악의 수주 실적을 기록하였다. 이는 저유가로 인하여 우리나라 주력시장인 중동지역 수주규모가 급감한 것이 영향을 미친 것으로 보인다. 국내 기업의 수주특성을 살펴보면 지역별로는 아시아지역의 비중 증가가 두드러지게 나타났으며, 사업유형별로는 도급형 사업 대비 개발형 사업의 수주 비중이 미미한 수준으로 감소하였다. 공종별로는 산업설비는 전체 수주에서의 비중이 가장 높았으나 비중은 감소하였다.

본 장에서는 지역별 건설시장 진출환경을 분석하기 위해 사업유형별로 PPP, ODA, MDB, 정부발주사업 진출가능성에 대해 고찰하였다. PPP 진출환경에 대한 종합적인 평가는 세계은행이 발간한 국가별 PPP 환경 평가 보고서를 통해 분석하였으며, 주요 국가별 PPP법제도 현황을 고찰하였다. ODA 진출가능국가는 OECD DAC 수원국을 바탕으로 우리나라 ODA 중점협력국, KOICA, EDCF 지원규모를 토대로 검토하였으며, MDB는 세계은행(WB), 아시아개발은행(ADB), 미주개발은행(IDB), 아프리카개발은행(AfDB), 유럽부흥개발은행(EBRD), 이슬람개발은행(IsDB)등 주요 MDB의 국가별 지원규모를 합산하여 검토하였다. 정부발주사업은 지난 10년간(2007년-2016년) 정부발주사업 수주액을 산출하여 검토하였다.

제 3장에서는 2장에서 산출한 사업유형별 데이터를 바탕으로 해외진출 전략지도 구축하였으며, 이를 토대로 국내 기업의 해외사업진출 활성화를 위한 맞춤형 전략을 제시하기 위한 중점분석국가를 선정하였다. 중점분석국가는 전략지도에 수록된 72개국을 대상으로 시장환경 평가(경제, 국가안정성, 건설시장, 건설사업수행환경)와 전문가 정성평가를 통하여 총 20개국을 선정하였다. 아시아 지역에서는 베트남, 인도네시아, 필리핀, 인도, 방글라데시, 미얀마 등 6개국, 중동 및 북아프리카 지역에서는 사우디아라비아, 아랍에미리트, 이란, 이라크, 오만, 터키 등 6개국, 중남미에서는 페루, 칠레, 콜롬비아 등 3개국, 아프리카

(사하라이남)는 탄자니아, 케냐, 모잠비크 등 3개국, 유럽 및 중앙아시아에서는 우즈베키스탄, 카자흐스탄 등 2개국으로 선정되었다.

제 4장에서는 국내 기업의 해외건설시장 진출 활성화 방안 수립과정은 국내기업 해외진출 현황분석을 통한 문제인식과 평가, 글로벌 건설기업 진출전략 벤치마킹 요소 도출 그리고 분석내용을 토대로 대안을 도출하는 과정으로 수행되었다. 국내 기업 실무자과의 간담회를 통해 해외진출 시 제약요인과 정책 건의사항 등을 파악하고, 개발도상국 공무원들의 설문조사를 통해 국내 기업에 대한 인식과 해외건설시장에서의 경쟁력 강화방안을 수렴하였다. 이 과정을 통해 도출된 문제점은 해외사업 진출을 위한 금융지원 미흡 , 국내기업의 해외사업 수주 경쟁력 악화, 발주처와의 소통 미흡, 투자의지 부족 등으로 정리할 수 있다.

글로벌 건설기업 사례조사는 세계건설시장 변화에서 대응하고 있는 글로벌 건설기업 주요 전략에 대한 분석을 통해 국내 기업에 적용할 수 있는 벤치마킹 요소를 도출하였다. 특히 해외건설시장에서 지속적으로 성과를 유지하고 있는 대상 기업들(Vinci, AECOM 등)의 주요 사업전략 분석을 통해 벤치마킹 요소를 도출하고 국내 기업에 대한 시사점을 제시하였다.

대안 수립과정에서는 분석내용을 토대로 향후 국내 기업의 진출 방안과 정책 지원사항을 도출하였다. 정부 및 유관기관의 보고서 및 학술논문 등에 대한 문헌분석과 해외건설 분야 전문가 자문을 통해 국내 기업을 비롯하여 정부, 국책은행, 상업금융, 국제협력기구 등의 역할을 제시하였다. 이를 통해 국내외 금융수단을 활용한 금융모델 구축, 제 3국 기업 및 국내 공기업과의 공동진출 방안, M&A 전략, 현지화 전략, 유망사업 분야 진출확대, 해외건설 지원기구 설립 등을 제안하였다.

제 5장에서는 중점분석국가 진출환경에 대한 세부적인 진출전략을 제시하고자 하였다. 이를 위해 중점분석국가별 진출환경 및 사업유형 평가를 통해 전반적인 국가지표를 검토하고, 진출 제약요인과 최신동향을 기술하였다. 또한 분야별 진출계획 및 수주전망을 기술하였으며, 최종적으로 국가 진출환경의 SWOT분석과 세부 진출전략을 도출하였다. 국가별 세부진출전략은 4장에서 제안되었던 대안들을 활용하였으며, 주요 전략은 유망공종 진출, 공기업 및 제 3국 기업 공동진출, 현지화 전략, 국가별 협력패키지, 국가별 PPP 사업 진출방안 및 국내외 금융자금(ECA, MDB 등)활용방안 등이다.

제 6장은 결론으로 국내 기업의 해외건설시장 진출 활성화 방안을 종합적으로 제시하였다. 첫 번째 방안은 해외건설 정책금융에 관한 사안으로서 정책금융 지원규모가 국내 기

업의 사업역량과 섹터별 경쟁력을 고려하여 논의되어야 한다는 내용이다. 특히 PPP는 기업들이 사업구조와 계획을 어떻게 구축하느냐에 달려있기 때문에 기업들이 디벨로퍼(developer)로서의 역량을 갖추는 것이 선행되어야 하며, 정책금융기관에서는 현재 국가별로 지원되고 있는 정책금융 지원을 섹터별 또는 프로젝트별로 지원하는 방안을 제시하였다.

둘째, 국내 기업들이 투자개발형 사업에 대한 대응전략을 중장기적 차원에서 접근해야 할 필요성을 기술하였다. 국내 기업들이 수익성이 낮은 EPC수주에만 주력하고 있는 시점에서 공기업과 공동진출, 종합상사 연계, M&A전략 등을 통해 투자개발형 사업에 적합한 모델을 제안하였다.

셋째, 체계적인 현지화를 위한 다차원적 전략을 기술하였다. 신규시장 진출 시 현지 기업과의 합작 투자 또는 M&A 등이 가능할 경우 현지 정보수집, 입찰참여, 사업관리 등에 활용할 수 있다. 장기적으로는 지역사회에 대한 우호적인 이미지를 형성하는 것이 중요하다. 특히 현실적으로 정치적 영향력이 사업을 좌우할 수 있는 요인으로 작용하기 때문에 진출국가의 고위지도층과 네트워크 형성이 요구된다.

넷째, 사업 분야 간 융복합을 통한 새로운 포지셔닝 전략 수립을 제시하였다. 스마트시티, 산업단지 개발 등 건설이 다양한 산업 및 공종과 융복합할 수 있는 아이템을 개발하여 수출하는 등 해외건설시장에서 새로운 포지셔닝을 고려한 패키지 전략이다.

마지막으로 해외건설 전문인재 양성을 위한 교육과정 체계화를 기술하였다. 광범위한 대상에 대해 교육하는 현행 체계와 달리 전문화된 소수정예의'드림팀'을 구성하는 방안을 모색하자는 것이다. 따라서 글로벌 건설인력 양성과정을 체계화시키기 위한 학 · 산 · 연 협력 모델을 제안하였다.

이와 같이 본 연구는 다양한 방법을 통해 국내 건설기업 진출가능성을 분석하고, 수주경쟁력을 향상시킬 수 있는 방안을 다차원적으로 모색하고자 하였다. 특히 세계건설시장 전략지도를 구축하여 국내 건설기업이 진출하기 용이한 사업유형을 제시하였으며, 시장성과 유망성을 고려하여 중점분석국가를 선정하여 진출전략을 수립하였다는데 의의가 있다.

해외건설

알고 도전 하라

新 전략지도 보고서

I. 들어가기

1. 연구 배경과 목적
2. 연구방법
3. 연구구성

I 들어가기

1 연구 배경과 목적

급변하는 해외시장 패러다임… 흐름을 읽어라

최근 우리나라는 국제유가 하락 등 대내외적 여건 변화에 따라 해외건설 진출 실적 부진이 지속되고 있다. 특히 저유가가 장기화되면서 국내 기업의 주력시장인 중동시장에서의 발주 감소가 수주실적 부진에 큰 영향을 미치고 있는 실정이다. 다행히 2017년 수주실적은 다소 상승세를 보인 유가 덕분에 전년도 실적[1] 에 비해 소폭 상승할 것으로 전망되고 있으나, 여전히 중동에 편중된 국내 기업의 수주환경은 향후 해외건설시장 진출에 긍정적인 상황만을 기대할 수 없는 요인으로 작용하고 있다. 이는 현재 국내 기업들이 겪고 있는 수주실적 부진이 외부요인에 따른 일시적 현상이 아니라 빠르게 변화하는 세계건설시장 환경에 효과적으로 대응하지 못하고 있다는 데에 원인이 있다는 것을 의미한다.

세계건설시장은 전반적인 세계 경제 침체에도 불구하고 지속적인 성장을 보일 것으로 예측되고 있다. 이러한 세계건설시장 규모의 확대 전망에도 불구하고 국내 기업들의 해외건설 수주여건은 밝지 못한 상황이다. 우리 기업들의 주요 진출 대상인 개발도상국 인프라 시장의 경우 시공을 포함한 저부가가치 사업 영역은 현지 기업들의 경쟁력 상승과 자국 기업 보호주의 경향 등으로 인해 진출 여건이 악화되고 있는 한편, 고부가가치 부문은 선진국을 포함한 외국 기업들과의 경쟁이 치열해지고 있다. 특히 유럽과 일본 기업들은 높은 기술력 이외에도 유로화 및 엔화 약세로 가격경쟁력이 더 높아졌으며, 중국은 막강한 외환보유고를 기반으로 공격적인 수주활동에 나서고 있는 실정이다. 특히 최근에는 후발국 건설업체와 기술격차가 좁혀지는 추세로 국내 기업의 수주여건은 더욱 악화되고 있다.

또한 세계 인프라 시장은 기존의 정부 재정을 재원으로 한 사업 발주에서 벗어나 민간투자를 적극적으로 활용해 나가는 추세이다. 글로벌 금융위기 이후 많은 개발도상국들은 급속하게 증가하는 인프라 수요에 대응하기 위해 정부 주도로 대대적인 인프라 개발사업을 추진

1) 2016년 기준 국내 기업의 해외건설 수주규모는 전년대비 38.8% 감소한 282억 달러로, 2007년 이전 수준으로 하락한 것으로 나타남(해외건설협회, 2017)

하고 있으며, 인프라 개발에 부족한 정부재원을 마련하기 위해 민간에서 투자하는 민관협력 사업(PPP: Public-Private Partnership)을 적극적으로 도입하고 있다. 이전까지 대다수의 국가들은 대규모 인프라 개발사업을 추진하기 위해 국채발행, 해외차관 등 정부가 주도적으로 재원을 조성하는 경향이 있었으나, 대외 경제여건의 불안정성에 따른 정부재원 부족 등으로 인해 민간재원을 활용하기 위한 시도가 적극적으로 이루어지고 있는 것으로 분석된다. 최근에는 정부재정여건이 양호한 국가들까지 발주형태를 투자개발형으로 전환하고 있다는 점에서 단순도급형 방식은 점차 감소할 것으로 전망된다.

이와 같이 개발도상국을 중심으로 민간투자를 필요로 하는 PPP시장이 확대되고 있음에도 국내 기업의 해외 투자개발형 사업 수주규모는 2016년의 경우 전체 수주규모의 약 0.3% 수준에 그치는 등 미미한 수준으로 나타났다(해외건설협회, 2017). 현재 국내 기업의 PPP 사업 역량은 사업 발굴 및 기획, 자금조달, 운영 · 관리(Operation & Maintenance) 능력, 현지화 등에서 부족한 것으로 평가되고 있다. 특히 투자개발형 사업에 있어서 금융조달에 대한 이해가 부족하며, 투자금 회수까지 장기간 소요되는 사업 특성상 다양한 리스크에 대한 대응책이 마련되지 못한 것으로 지적되고 있다.

이처럼 급변하는 세계건설시장 패러다임 속에서 국내 기업들이 효과적으로 대응할 수 있는 체계적인 전략 수립이 요구되고 있으며, 중장기적인 차원에서 해외건설시장 진출 확대를 위한 방안 마련이 시급한 실정이다.

이러한 배경에서 본 연구는 세계건설시장 동향 및 지역별 진출환경 분석을 통해 국내 기업들이 진출 유망한 시장 및 분야를 도출하고, 이를 바탕으로 국내 기업의 수주경쟁력 제고를 위한 방안과 해외건설시장의 주요 지역 및 국가들을 대상으로 한 진출전략을 모색하는 데 그 목적이 있다. 이를 위해 먼저 세계건설시장 동향 및 전망을 고찰하고, 해외건설사업 진출 국가를 대상으로 PPP, ODA(Official Development Assistance), MDB(Multilateral Development Bank), 정부발주사업 등 사업유형별 진출 가능성을 분석하였다. 둘째, 국내 전문가 간담회 및 개발도상국 공무원에 대한 설문조사를 통해 주요 대상 국가별 진출환경을 분석하고 전략지도를 구축하였다. 셋째, 정량 · 정성적 평가를 통해 중점분석국가를 선정하였다. 넷째, 현재 국내 건설기업의 진출현황 및 문제점을 도출하고, 글로벌 건설기업 사례를 벤치마킹하여 해외건설시장 진출 활성화 방안을 제시하였다. 마지막으로 중점분석 국가별 시장 환경 및 사업유형 평가, 진출제약요인, 최신동향, 분야별 추진계획, 수주전망, SWOT분석 및 전략도출, 세부진출전략 등을 수립하였다.

2 연구 방법

나라별 네트워크를 통한 분석… 환경을 살펴라

본 연구는 지역별 해외건설시장의 진출가능성을 분석하고, 중점분석국가에 대한 진출전략을 수립하는 것으로써 연구범위는 현재까지 국내 기업이 해외건설시장에 진출한 국가들을 비롯하여 다자간개발은행(MDB), 국제원조기구 등을 통해 진출가능한 모든 국가를 포함한다.

또한 해외건설업계의 시의성을 고려하여 다음과 같이 다양한 방법을 통해 연구를 수행하였다. 먼저 세계건설시장 및 국가 및 지역별 진출환경 등에 대해 심층 문헌분석을 시도하였다. 세계건설시장의 통계자료는 해외건설협회를 비롯한 국내외 정부 및 유관기관, 조사기관의 자료를 활용하였으며, 진출전략을 수립을 위해 정책보고서, 학술논문, 세미나 자료, 컨설팅자료 등을 수집하여 분석하였다.

둘째, 세계건설시장 진출 확대를 위한 중점분석국가를 선정하기 위해 PPP, 정부발주, ODA, MDB 등 사업유형별로 1차 대상국가 범위를 설정하였으며, 경제, 국가안정성, 건설시장, 건설사업수행환경 등 진출환경 정량평가와 진출유망성, 국내 기업의 수주경쟁력 등 전문가 정성평가를 통해 중점분석국가를 도출하였다.

셋째, 지역별 해외건설시장 동향과 진출현황을 파악하고 향후 진출전략을 수립하기 위해 국내 건설기업 및 관련 기관의 지역별 전문가를 초청하여 간담회를 실시하였다. 중동, 아시아, 신시장(중남미, 아프리카, CIS) 등 각 지역별로 간담회를 실시하였으며, 국토교통부 및 해외건설협회 관계자들도 참석하여 해외건설 진출 활성화를 위한 민관협력 방안을 논의하였다. 또한 해외건설 업계전문가 및 금융시장 관련 전문가를 초청하여 연구방향을 논의하는 내부간담회를 2회 실시하였다.

넷째, 서울시립대학교 국제도시과학대학원의 외국 학생 · 동문 네트워크를 활용하여 개발도상국 공무원 및 실무자를 대상으로 자국의 인프라 시장현황 및 전망, PPP 환경 및 유망 PPP 프로젝트, 공종별 최신 발주정보, 외국인투자 환경, 유망 사업분야, 경쟁국 기업현황,

한국 기업의 경쟁력 등에 대한 설문조사를 실시하여 해당국의 정보를 수집하였다.[2] 또한 중점분석국가에 포함되는 재학생과 심층면접을 실시하여 진출전략을 수립하는데 다양한 의견을 수렴하였다.

3 연구 구성

시장 동향, 전망, 경쟁력… 방향을 찾아라

본 연구는 총 6장으로 구성된다. 1장에서는 연구의 배경 및 목적, 연구방법, 연구구성 등을 서술하였으며, 2장에서는 세계건설시장 및 지역별 건설시장 동향과 전망을 살펴보고, 주요 대상국들을 대상으로 PPP, 정부발주, ODA, MDB 등 사업유형별 진출가능성에 대해 검토한다. 3장에서는 해외진출 전략지도 구축 및 중점분석국가를 선정하며, 4장에서는 국내기업의 기존 해외건설 진출현황 및 문제점 도출, 글로벌 건설기업 사례조사 등을 통해 해외건설시장 진출 활성화 방안을 모색한다. 5장에서는 문헌분석, 설문조사, 심층면접 등을 토대로 중점분석국가별 진출전략을 수립하고, 6장에서는 결론 및 제언을 제시한다.

이러한 과정을 통해 본 연구는 급변하는 세계건설시장 흐름 속에서 위기를 맞고 있는 우리나라 건설업계의 경쟁력을 진단하고, 수주구조 개선 및 금융조달 역량 강화를 위한 방안을 제시하였으며, 선택과 집중 차원에서 중점분석국가를 선정하여 최적의 진출전략을 수립하였다는 점에서 의의가 있다. 특히 국내 전문가뿐만 아니라 개발도상국 공무원 및 실무자들에게 수집한 현지 정보와 의견 등이 영하였다는 점에서 선행연구와 차별성이 있으며, 국내 기업의 해외건설 진출 활성화에 기여할 수 있을 것으로 판단된다.

2) 서울시립대학교 국제도시과학대학원 재학생들을 연구진이 그룹별로 면담하여 연구목적과 설문조사 방법 등을 설명하고, 이메일을 통해 설문지를 회수하였다. 다만 졸업생들은 면담이 어려워 온라인 설문조사를 실시함

해외건설

알고 도전 하라

新 전략지도 보고서

II. 세계 건설시장의 동향과 진출 환경

1. 시장 환경과 투자 전망

2. 지역별 시장 동향과 명암

3. 국내 기업 해외건설 수주현황
   가. 최근 10년간 수주현황
   나. 수주 동향과 전망
   다. 해외건설 수주 특성
   라. 국내기업 지역별 수주성적
   마. 공종별 수주현황과 사례

4. 해외건설시장의 진출 환경
   가. 사업 유형별 진출 환경과 국가별 제도
   나. 대륙별 시장 환경과 진출 가능성
   다. 개발도상국 공무원 설문조사를 통한 정보

II 세계 건설시장의 동향과 진출 환경

1 시장 환경과 투자 전망

개발도상국 중심으로 인프라 수요 풍부

세계건설시장은 최근 국제유가 하락, 미국의 기준금리 인상, 신흥국 금융불안 등 불안정한 경제여건과 카타르 단교사태, IS 세력 확대 등 지정학적 리스크까지 영향을 미쳐 수주환경이 악화되고 있다. 특히 2014년 하반기 이후 지속되고 있는 저유가 추세는 산유국의 재정압박으로 이어져 사업 발주가 지연되거나 취소되는 있는 상황이며, 중국 및 브라질 등 신흥시장도 부진이 지속되고 있다. 그럼에도 2017년 세계 건설시장 규모는 아래 그림 1과 같이 2016년 대비 3.3% 성장한 약 10조 달러로 추정되고 있으며, 2020년까지 연평균 7% 성장할 것으로 전망되고 있다(Global Insight, 2016).

이와 같이 글로벌 경제의 불확실성이 높은 상황에서 이러한 긍정적인 전망은 세계경제 회복에 대한 기대와 더불어 개발도상국을 중심으로 한 높은 인프라 수요에 기인한다. 2016년 기준 세계 경제성장률은 3.2%로 나타났으나 2017년 3.5%, 2018년 3.6%로 점차 개선될 전망이며(IMF, 2017), 개발도상국들은 인구증가 및 도시화로 인프라 부족에 따른 부작용들이 나타나고 있어 정부가 주도적으로 인프라 개발에 나서고 있다. 또한 OECD는 전 세계 인프라 개발수요가 2030년까지 80조 달러, 연간 3조 달러가 필요할 것으로 예측하고 있으나 실제로 추진되고 있는 사업들은 이에 훨씬 미치지 못하고 있는 실정이며, 세계경제포럼(WEF)은 세계 인프라 개발수요와 실투자액 간의 괴리가 연간 1조 달러에 이를 것으로 추정한 바 있다. 이러한 측면에서 개발도상국을 비롯한 각 국 정부의 지속적인 확장적 재정정책이 예상되고 있으며, SOC투자 증가가 우리나라 해외건설 수주의 기회요인으로 작용할 것으로 전망되고 있다(KOTRA, 2016). 따라서 세계건설시장이 각 국의 경기부양 효과로 상승기에 진입할 것으로 예상됨에 따라 해외건설시장에서 국내 기업들의 수주가 확대될 것으로 기대되고 있다.

그림 1. 세계건설시장 규모 (단위 : 억달러)

자료 : Global Insight 2016.4Q

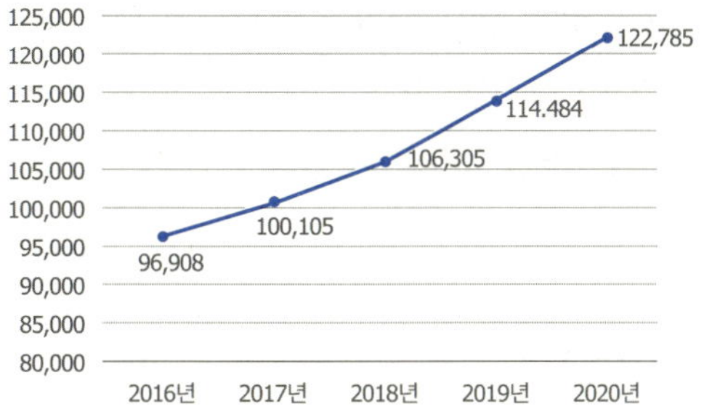

그림 2. 세계 경제 성장률 전망 (단위 : %)

자료 : IMF, 2017. 7

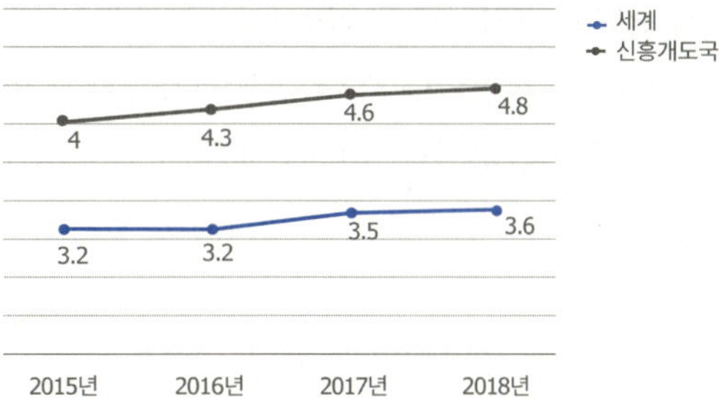

세계건설시장의 최근 동향을 살펴보면 2017년부터 세계 경기회복, 유가상승 등으로 성장세로 전환되는 흐름이 나타나고 있다. 특히 2016년 하반기부터 시작된 유가상승으로 중동 건설시장은 사우디아라비아, 아랍에미리트 등 주요 산유국의 재정여건이 개선되면서 발주 물량이 증가하고 있다. MEED에 따르면 2017년 중동 지역 발주 예산은 전년 대비 23.8% 증가한 565억달러로 전망되는 것으로 나타났다. 또한 아시아 건설시장은 높은 경제성장률을 보이고 있는 동남아시아 신흥국을 중심으로 인프라 투자가 확대될 것으로 예상되고 있으며, 최근 출범한 아시아인프라투자은행(AIIB)의 아시아 인프라 개발이 본격화 될 전망이다. 미국 인프라 시장은 트럼프 정부의 출범이후 1조 달러 규모의 인프라 투자계획에 힘입어 인프라 개발이 더욱 탄력을 받을 것으로 전망된다. 또한 세계건설시장은 신재생에너지 및 그린 인프라 시설에 대한 필요성이 증가하면서 각 국에서 사업이 활발하게 추진될 전망이다.

한편 신흥국 및 개발도상국(EMDEs)[3]들은 정부의 부족한 재원문제를 해결하기 위해 공공 인프라 분야를 중심으로 PPP사업을 적극적으로 모색할 것으로 보인다. 최근 세계건설시장의 발주경향은 단순도급형에서 투자개발형으로 빠르게 전환되고 있으며, 2017년 기준 세계건설시장에서 발주되는 사업의 약 16%는 PPP등 투자개발형 사업으로 추정되고 있다(World Bank, 2017). 특히 지난 10년간 신흥국 및 개발도상국에 대한 PPP시장 규모는 지속적으로 증가하여 2006년에서 2015년까지 약 5000건 이상 프로젝트가 이루어졌으며, 투자규모는 약 1.5조달러에 도달한 것으로 알려져 있다.[4]

2016년에는 신흥국 및 개발도상국 시장에 대한 PPP사업 실적은 급격히 하락한 반면 최빈국(IDA) 시장은 완만한 증가세로 나타났다. 신흥국 및 개발도상국의 2016년 PPP사업 실

3) 신흥시장 및 개발도상국(Emerging Markets and Developing Economies)
4) 2005년 403억 달러에서 2015년 1,199억 달러로 약 3배가량 증가함(World Bank, 2017)

적은 242건, 투자 규모는 715억달러로 나타나 전년도에 비해 37% 감소하였으며, 지난 5년간(2011-2015) 평균치인 1,214억달러에 비해서도 41% 감소한 수치로 나타났다. 이는 터키, 페루, 남아프리카공화국 등 최근까지 PPP 투자 규모가 높은 국가들의 급격한 하락세에 기인한다. 최빈국에 대한 PPP투자규모는 약 29억달러로 나타났으며, 가나, 온두라스가 높은 증가세를 보였다. MDB 지원 규모는 감소하고 있는 반면 중국과 일본을 중심으로 한 양자 간 지원은 증가 추세로 나타나고 있는 것이 특징이다.

이와 같이 정부 재정상태가 열악한 신흥국 및 개발도상국 뿐만 아니라 재정이 비교적 양호한 선진국들까지 PPP사업으로 발주하는 경향이 높아짐에 따라 향후 PPP시장은 더욱 성장할 것으로 전망된다.

그림 3. 최근 10년간 신흥개도국 PPP투자현황 (단위 : 십억달러)

자료 : PPI Database, World Bank(2017)

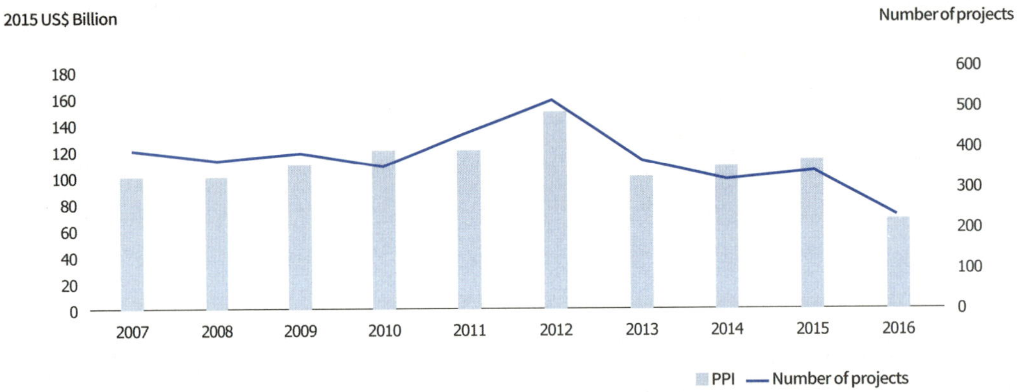

2 지역별 시장 동향과 명암

무서운 성장세 아시아… 무한한 잠재력 아프리카

아시아 건설시장은 성장세가 가장 두드러질 것으로 전망되고 있다. 2017년 아시아 건설시장은 2016년에 비해 4.4% 증가한 5조 1,017억달러로 예상되고 있으며, 세계건설시장에서 가장 큰 비중(51%)을 차지할 것으로 전망된다. 최근 신흥국의 급속한 인구성장과 도시화로 인해 인프라 수요가 지속되고 있는 가운데 AIIB[5] 출범으로 금융조달 여건 개선되어 사업추진 여력이 증대될 것으로 기대되고 있다. 아시아개발은행(ADB) 보고서에 따르면 아시아 지역은 2016-2030년까지 연간 1.7조달러 총 26조달러 규모의 인프라 투자가 필요한 것으로 나타나 향후 건설시장은 지속적으로 확대될 전망이다(한국수출입은행, 2017). 또한 그림 4와 같이 아시아 건설시장 성장률은 2015-2020년까지 4.4%로 나타나는 가운데 인프라 부문은 6.1%로 나타나 가장 높은 성장세가 전망되고 있다. 다만 세계경제의 불확실성 증대로 사업추진이 미진하고 프로젝트 발주가 지연될 가능성은 상존한다. 권역별로 살펴보면 동남아시아권은 베트남 등 신흥국을 중심으로 경제성장 동력을 마련하기 위해 대규모 인프라 개발을 추진하면서 발주가 증가하고 있으며, 태국, 미얀마, 인도네시아 등은 정치 현안사항 해소와 정부의 민간투자 유치에 대한 의지가 강한 편이다. 중앙아시아권은 석유화학, 정유공장 등 다운스트림 부문 설비투자 확대로 발주물량이 지속적으로 증가하고, 교통 관련 인프라에 투자가 지속될 것으로 전망되며, 서남아권은 인도의 제12차 경제개발계획 등 막대한 인프라 건설수요에 힘입어 사업기회 확대 될 것으로 전망되고 있다.

2020년까지 투자규모가 가장 높은 수치로 전망되는 아시아 국가는 파키스탄이다(그림 5). 이는 중국의 일대일로(一帶一路) 프로젝트에 의해 추진되는 450억달러 규모의 중국 · 파키스탄 경제회랑(China-Pakistan Economic Corridor, CPEC)에 따른 것으로 보인다. 이 프로젝트는 파키스탄의 긴급과제인 전력문제와 인프라 정비를 크게 개선할 것으로 예상된다. 중국 정부는 전체 투자액의 70%에 해당하는 340억달러를 에너지 분야에 투자할 계획이며, 파키스탄은 2027년까지 10,000MW의 전력 공급이 가능할 것으로 전망되고 있다.

5) 아시아 인프라 투자 은행(Asian Infrastructure Investment Bank)

그림 4. 아시아 건설시장 성장률

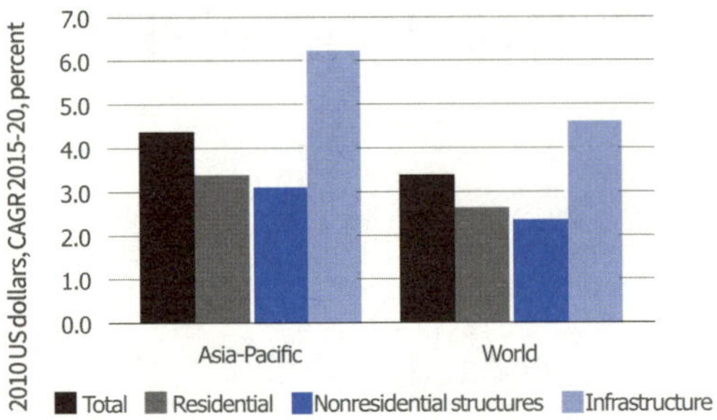

그림 5. 아시아 국가별 건설투자 증가율

자료 : IHS Markit, June 2017 forecast

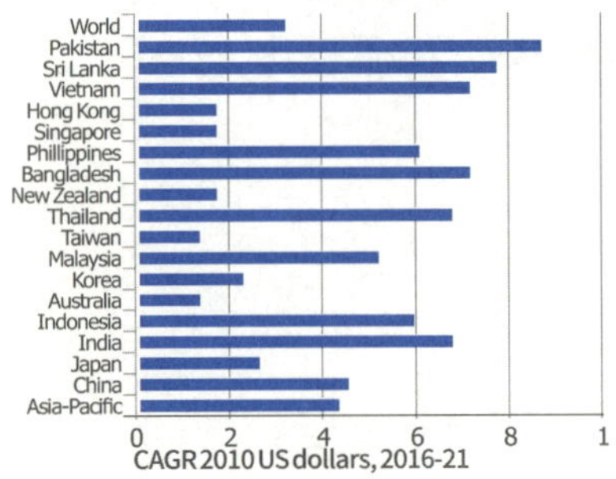

중동 건설시장은 저유가 장기화 추세로 인해 인프라 투자가 위축되고 있는 상황이지만 유가회복이 가시화 될 경우 지연되거나 취소된 사업발주가 재개될 것으로 전망되고 있다. 하지만 유가가 회복되지 않는 한 각 국의 정부의 재정적자 상황이 지속되어 공공부문 인프라 투자는 긴축적으로 운용될 수밖에 없는 상황이다. 중동 경제전문지인 MEED[6]에 따르면 2014년 1,860억달러까지 올라갔던 GCC국가의 수주 규모는 작년 1,000억달러에 그쳐 2005년 이후 최저 수준을 기록했다. 특히 바레인과 UAE를 제외한 대부분 국가의 계약금액이 절반 이하로 줄었으며, 석유 · 가스 부문에 대한 시설 투자가 급감했다.

이와 같이 재정적자가 심각한 중동 국가들은 PPP 방식을 통한 사업추진을 적극적으로 모색하고 있는 상황으로 이어지고 있다. 쿠웨이트, UAE 등은 PPP법을 제정하여 인프라 사업에 민간투자를 적극적으로 활용하려는 노력을 보이고 있으며, 이전까지 정부재정사업으로 주요 사업을 추진했던 사우디아라비아도 최근 공항, 플랜트 등의 분야에 PPP를 도입해 나가고 있다. 대부분의 중동 국가들이 PPP 환경의 미비와 경험 부족 등으로 인해 단기적으로는 이를 활용해 나가는 데에 일정한 한계가 있을 것으로 보이지만, 정부 재정악화에 따라 PPP모델은 지속적으로 확산될 것으로 보인다.

중동지역의 인프라 투자 위축에도 불구하고 이 지역 건설시장 성장률(2015-2020)은 그림 6과 같이 여전히 세계 평균 수치보다 높을 것으로 전망되고 있다. 국가별로는 카타르의 연평균 투자 증가율이 8% 수준으로 가장 높게 나타나 투자가 활발하게 이루어질 것이라 전망되고 있다(그림7). 카타르는 2022년 월드컵 준비를 위해 철도, 도로, 호텔, 경기장 등에 대규모 투자를 하고 있으며, 산업다각화 전략을 적극적으로 추진하면서 중동시장을 주도하고 있다(IHS, 2017). 이와 같이 중동지역 건설시장은 저유가 기조 속에서도 최근 국제유가

6) Middle East Economic Digest

가 소폭 상승하면서 긍정적인 기대가 나타나고 있음에도 각 국 정부들이 재정압박에 따라 사업추진 의지가 크지 않다는 점에 우려하고 있기 때문에 당분간 긍정적, 부정적 평가가 혼재된 상황이 이어질 것이라 전망되고 있다(해외건설협회, 2017).

그림 6. 중동 건설시장 성장률

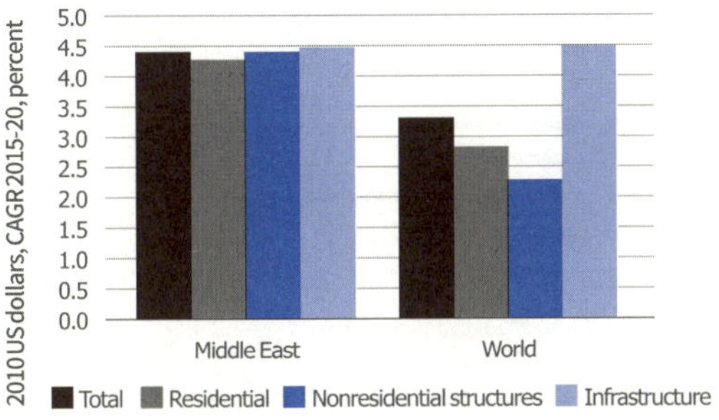

그림 7. 중동 국가별 건설투자 증가율

자료 : IHS Markit, June 2017 forecast

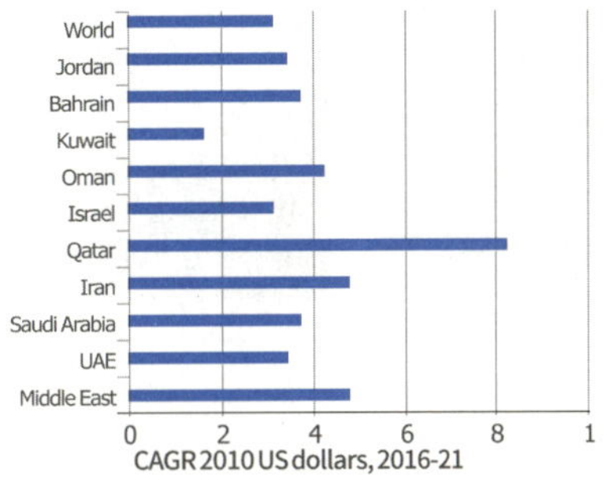

아프리카 건설시장은 2016년 광물가격 및 유가 하락으로 인한 정부재정 악화와 외환보유고 감소, IS 테러로 인한 치안불안 등으로 건설시장 성장률이 전년(2015년) 대비 약 2.2%p 감소한 것으로 나타났으나, 2017년에는 1.1% 상승한 4.8%로 전망되고 있다. 2017년 아프리카 건설시장 규모는 2016년(683억달러)에 비해 7.4% 증가한 734억달러로 예상되고 있으나 세계건설시장에서 차지하는 비중은 약 0.7%로 예상될 정도로 미미한 수준이다. 2017년 아프리카 건설시장은 유가 상승의 제한과 중국 경제의 성장률 둔화에 따른 원자재 가격 상승 제한으로 인한 정부의 재정악화로 신규 프로젝트 추진이 활발하지 못할 것으로 예상된다. 그럼에도 불구하고 아프리카 국가들은 열악한 인프라를 개선하기 위해 MDB, 국제원조기관, 외국 정부 등에 대한 투자유치에 적극적으로 나서면서 인프라 시장은 지속적으로 성장할 것으로 기대하고 있다. 특히 경제 및 산업기반이 취약하지만 풍부한 자원을 바탕으로 한 성장 잠재력이 높은 편이다. 하지만 인프라 개발수요에 비해 투자규모가 부족한 실정이며, 정부의 재정압박이 심각하여 각종 인프라 사업이 정상적으로 추진되기 어려운 상황이다. 이에 아프리카 각 국 정부에서는 인프라 개발사업 투자 시 외국 정부 및 기업에 재원투자를 직접적으로 요구하는 것으로 나타났다.

향후 5년간(2015-2020) 아프리카 건설시장은 인프라 부문 투자가 성장세를 주도할 것으로 예상되며, 대부분의 국가들의 인프라 투자가 연평균 4% 이상 증가할 것으로 전망되고 있다. 특히 이집트는 연평균 8% 증가율로써 가장 투자가 두드러질 것으로 보인다. 2015년 이집트는 수도 카이로 동쪽에 새로운 행정 및 경제 수도를 건설하는 메가 프로젝트를 발표한 바 있어 주거, 상업, 관광 등 다양한 인프라 사업이 추진될 계획이다.

그림 8. 아프리카 건설시장 성장률

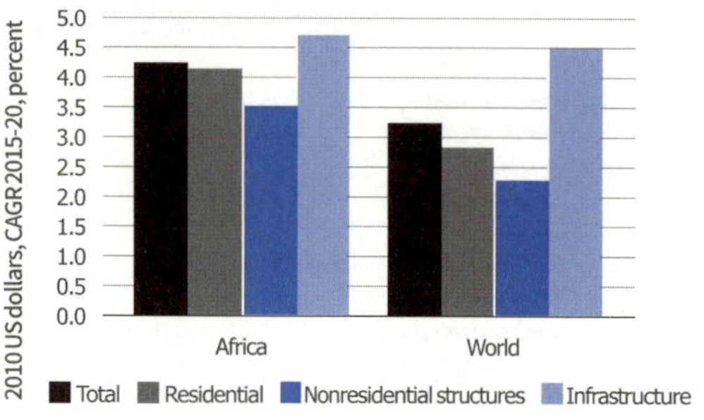

그림 9. 아프리카 국가별 건설투자 증가율

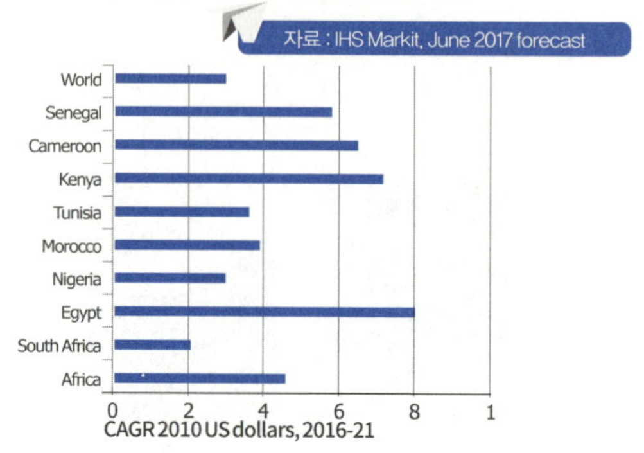

중남미 건설시장 규모는 2016년 5,332억달러로 전체 세계건설시장 대비 5.5%를 차지하였으며, 2017년에는 5,763억달러로 전체의 5.8%의 비중을 차지할 것으로 예상되고 있다. 하지만 중남미 건설시장은 다른 지역과 달리 2016년 건설투자액이 전년대비 4.3% 감소하였고, 2017년에도 0.1% 감소하여 하락세를 이어갈 것으로 보이며, 2018년부터는 1.9% 증가하면서 점차 회복할 것으로 전망된다(그림 10). 이러한 추세에 따라 2016-2021년까지 향후 5년간 중남미지역 건설투자 증가율은 세계건설시장 평균 3.2%에 못 미치는 2.4%로 예상되고 있다. 이러한 상황은 유가하락 및 원자재 가격 하락 등에 대한 영향으로 브라질, 아르헨티나, 베네수엘라 등 주요 국가들의 투자가 위축되는 결과로 나타난 것으로 분석된다. 특히 베네수엘라는 유가하락에 따른 경제위기로 건설투자가 크게 감소하였으며, 2021년까지 건설투자가 2.9% 감소할 것으로 전망된다. 온두라스는 같은 기간 건설투자 증가율이 4.3%로 가장 높은 수치가 나타났으나 미국에 대한 경제의존도, 치안불안 등 투자환경 개선이 필요한 것으로 평가되고 있다. 이러한 부정적 추세에도 불구하고 중남미지역은 비교적 투자환경이 안정된 것으로 평가되고 있어[7] 성장잠재력이 높은 시장이다.

한편 중남미지역은 글로벌 금융위기 이후 인프라에 대한 투자가 크게 증가하였다. 글로벌 금융위기로 경제상황이 악화된 시기에도 공공부문 인프라 투자가 증가할 수 있었던 원인은 각 국 정부가 급증하는 인프라 수요 증가에 대응하고, 경기부양을 위해 인프라 개발을 적극적으로 추진했다는 점에 있다(대외경제정책연구원, 2016). 하지만 장기간 지속되고 있는 저

7) IHS Markit에 따르면 중남미지역 리스크 점수는 25.8로 세계 평균 21.1보다 높게 나타남

성장 기조에서 중남미 국가들의 재정수지 악화에 따라 더 이상 정부주도의 인프라 투자가 확대되기는 어려울 것으로 보인다. 따라서 중남미 건설시장은 어느 때보다 민간투자에 대한 필요성이 증대되고 있으며, 최근 5년간(2011-2015년) 민간투자 비중이 더욱 높아지고 있는 실정이다(World Bank, 2017). 최근 중남미 최대 시장인 브라질은 투자가 감소하였으나 에너지 개혁정책을 통해 정유 · 가스, 전력시설 확충을 추진 중이고, 광물자원 수출 확대로 재정구조가 개선된 페루, 콜롬비아, 칠레 등을 중심으로 건설공사의 발주가 확대될 것으로 기대하고 있다. 하지만 최근 경제위기가 심각한 베네수엘라는 정치적 불안이 가중되면서 공사 발주가 급감하고 있으며, 예정된 사업이 중단되거나 취소되는 등 리스크가 높은 상황이다.

2017년 북미 건설시장은 2016년에 비해 4.2% 증가한 1조 5,788억달러로 예상되고 있으며, 세계건설시장에서 15.8% 비중을 차지할 것으로 전망된다.[8] 북미 건설시장 성장률은 2016년 2.4%로 나타났으나 2017년 3.0%, 2018년 1.4%로 추정되고 있으며, 2018년에는 비주거 부문 투자가 감소하고 인프라 부문 투자가 증가할 것으로 보인다. 북미 시장에서 가장 큰 비중을 차지하고 있는 미국은 지난 몇 년간 정부의 재정긴축으로 많은 프로젝트들이 지연되었으나 트럼프 정부의 1조 달러 인프라 투자시장 공약에 따라 인프라 부문 투자가 확대될 것으로 기대하고 있다. 특히 미국 의회가 의결한 교통재정비법(Fixing America's Surface Transportation Act)에 따라 2020년까지 3,000억달러 이상을 집행할 예정으로 도로, 교량 및 공항 개선 및 신규 프로젝트 발주가 예상된다. 또한 미국 정부의 탄소배출 완화 정책과 에너지 및 석유화학 관련 승인 규제 완화와 함께 자국 전통에너지 산업 육성 정책 등으로 인해 관련 프로젝트가 발주될 것으로 전망된다.

그림 10. 중남미 건설시장 성장률

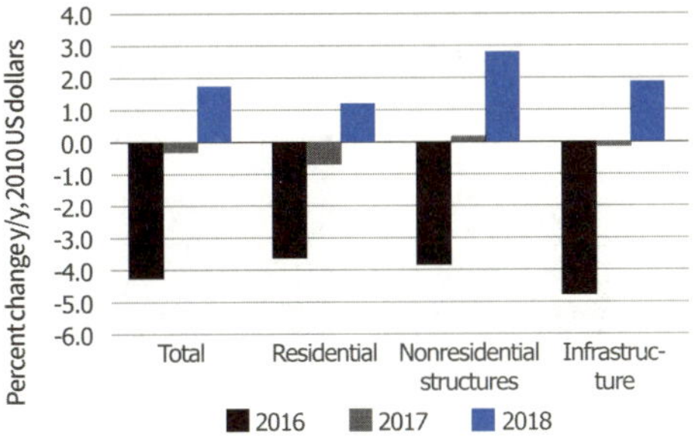

그림 11. 북미 건설시장 성장률

자료 : IHS Markit, June 2017 forecast

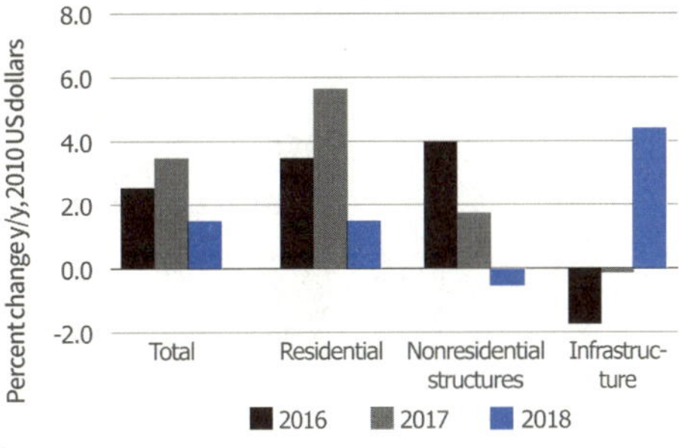

8) 태평양지역 포함

2017년 유럽건설시장은 전년 대비 0.1% 증가한 2조 1,866억달러로 추정되고 있다. 2015-2020년 기간 동안 유럽 건설시장 투자규모는 동유럽과 서유럽이 각각 연평균 2.7%와 2.1% 증가할 것으로 예상되며, 2020년에는 2조 8,778억달러로 확대될 것으로 전망된다. 이는 세계건설시장의 22%의 비중을 차지하는 것으로써 브렉시트(Brexit), 동유럽 경제 침체 등 영향에 따른 성장둔화 결과로 분석되고 있다(해외건설협회, 2017).

동유럽 건설시장 투자규모는 2016년 6.7% 감소하였으나 2017년 1.3%로 반등하고, 2018년 2.4%로 성장할 것으로 추정된다. 그림 12와 같이 2015-2020년 기간 동안 동유럽 건설시장 성장률은 2.7%로 세계건설시장의 3.2%에 미치지 못하는 것으로 나타났다. 이는 동유럽 건설시장의 47%를 차지하고 있는 러시아의 투자 감소에 따른 영향이 크게 나타나는 것으로 볼 수 있으며, 러시아는 2016-2021년 기간 동안에도 동유럽에서 투자증가율이 가장 낮은 수치로 예상되고 있다. 반면 우크라이나는 같은 기간 연평균 성장률이 5% 이상으로 나타나 투자가 확대될 것으로 보인다. 향후 동유럽은 EU기금을 활용한 교통, 환경, 발전 프로젝트 발주가 지속될 것으로 전망된다.

서유럽 건설시장 투자규모는 2016년 2% 증가하였으며, 2017년 2.5%, 2018년 2.1% 성장할 것으로 추정된다. 그림 13과 같이 2015-2020년 기간 동안 서유럽 시장 성장률은 2.1%로써 동유럽과 마찬가지로 세계 평균에는 미치지 못하는 수치이다. 그럼에도 서유럽은 투자 리스크가 가장 낮은 시장으로서 향후 인프라 신설 및 개보수 사업이 추진되고, 네덜란드, 스페인 등 주택시장이 활성화 될 것으로 전망된다.

그림 12. 동유럽 건설시장 성장률

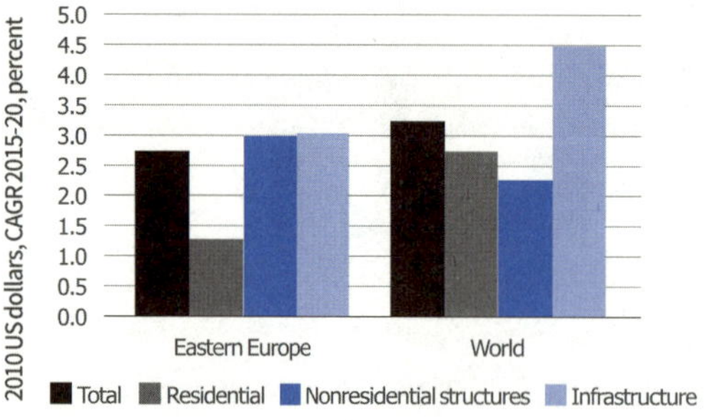

그림 13. 서유럽 건설시장 성장률

자료 : IHS Markit, June 2017 forecast

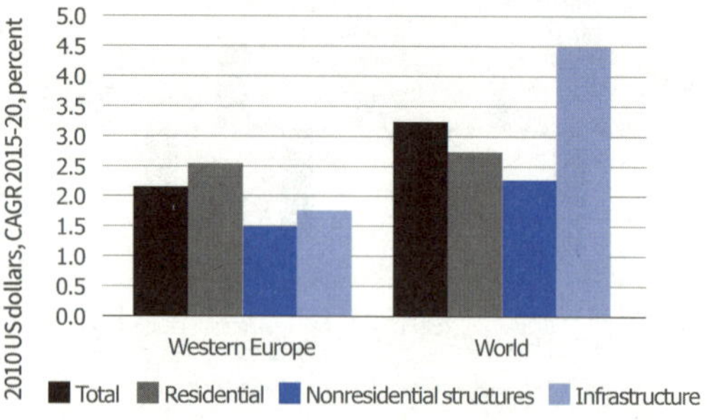

표 1. 지역별 세계건설시장 규모 (단위 : 억불)

자료 : 해외건설협회(2017)

구 분	2016	2017	2018	2019	2020	연평균성장률
	규모(비중)	규모(비중)	규모(비중)	규모(비중)	규모(비중)	'17~'20
전 체	96,908.0	100,105.1	106,304.6	114,483.8	122,785.3	7.0%
	100.0	100.0	100.0	100.0	100.0	
중 동	4,237.2	4,393.8	4,822.4	5,341.5	5,907.5	10.4%
	4.4	4.4	4.5	4.7	4.8	
아 시 아	49,065.7	51,225.7	53,982.6	57,933.3	62,216.5	6.7%
	50.6	51.2	50.8	50.6	50.7	
북미 태평양	15,321.8	15,788.7	16,332.7	17,132.0	17,895.9	4.3%
	15.8	15.8	15.4	15.0	14.6	
아프리카	688.1	716.4	771.8	815.0	864.2	6.5%
	0.7	0.7	0.7	0.7	0.7	
유 럽	22,262.8	22,217.2	24,165.9	26,629.9	28,783.4	9.0%
	23.0	22.2	22.7	23.3	23.4	
중 남 미	5,332.5	5,763.4	6,229.2	6,632.1	7,117.8	7.3%
	5.5	5.8	5.9	5.8	5.8	

이처럼 세계건설시장은 높은 잠재력을 가진 신흥국 및 개발도상국을 중심으로 성장할 것으로 예상되지만 저성장 추세에서 각 국 정부의 재정여력이 충분하지 않기 때문에 대규모 프로젝트의 경우 민간투자가 도입되는 PPP방식이 확대될 것으로 전망되고 있다.

2016년 지역별 PPP투자현황을 살펴보면 아시아태평양 지역(EAP)이 전년도에 비해 43% 증가하여 유일하게 증가세로 나타났다. 반면 중남미 지역은 2년째 PPP투자규모가 감소되는 경향을 보이고 있다.[9] 중남미(LAC) 지역의 투자규모는 전체 투자규모의 47% 수준인 332억달러로 집계되었으며, 총 96건의 프로젝트 중 에너지가 62건, 교통 27건, 수자원 7건으로 나타났다. 특히 브라질은 중남미 전체 사업실적의 절반에 가까운 47건의 프로젝트가 진행되어 큰 비중을 차지하였으며, 콜롬비아와 멕시코가 각각 16건, 11건으로 나타났다. 하지만 페루의 경우 2016년 투자규모가 4,442백만달러로 나타나 지난 5년간 평균 투자규모에 비해 90%이상 감소하였다.

아시아태평양(EAP) 지역은 전체 투자규모의 35% 수준인 248억달러로 집계되어 중남미 지역에 비해 두 번째로 큰 비중을 차지하고 있다. 2016년 아시아태평양 지역의 PPP사업은

9) 중남미 지역과 아시아태평양 지역의 PPP 투자규모는 전체의 80% 수준으로 집계될 정도로 큰 비중을 차지하는 지역임

총 80건의 프로젝트가 진행되었으며, 공종별로는 에너지가 52건, 교통 9건, 수자원 19건으로 나타났다. 이중 중국은 총 61건의 프로젝트가 진행되어 가장 큰 비중을 차지하였다. 한편 몽골, 미얀마, 베트남 등 3개 국가는 2015년 PPP투자가 전무하였으나 2016년 각각 128백만달러, 200백만달러, 205백만달러의 투자가 이루어졌다.

남아시아(SAR) 지역은 전년도에 비해 6.9% 감소한 49억달러로 집계되었으며, 이는 지난 5년간 평균 투자규모의 76% 수준으로 볼 수 있다. 남아시아 지역에서 시장규모가 가장 큰 비중을 차지하는 인도는 2011년과 2012년 66건의 도로 프로젝트가 발주되었으나 2016년에는 교통 분야 프로젝트가 12건으로 감소할 정도로 크게 위축되었다.

유럽 및 중앙아시아(ECA) 지역의 투자 규모는 터키, 러시아에 대한 급격한 투자 감소로 전년도에 비해 큰 폭으로 감소하였다. 2016년 PPP투자 규모는 34억달러로 전년도 491억달러에 비해 크게 급감하였으며, 총 18건의 프로젝트 중 에너지가 15건, 교통 2건, 상하수도 1건으로 집계되었다. 이는 지역 내 큰 비중을 차지하는 터키, 러시아의 정치 · 경제적 리스크가 결정적인 영향을 미치고 있는 것으로 분석되고 있다.

남아프리카(AFR) 지역은 전체 투자규모의 5% 수준으로 감소하였다. 남아프리카 지역의 2016년 PPP투자 규모 33억달러는 지난 5년간 평균 투자규모인 64억 달러의 48% 수준이다. 총 11건의 프로젝트 중 에너지가 9건, 교통 2건으로 집계되었으며, 우간다가 4건, 가나, 세네갈 등이 각각 2건으로 집계되었다.

중동 및 북아프리카(MENA) 지역은 정치적 혼란과 갈등의 영향으로 투자가 감소하였다. 중동 및 북아프리카 지역의 2016년 PPP투자 규모 18억 달러는 전년도에 비해 26%(25억달러), 지난 5년간 평균 투자규모에 비해 21% (23억달러)수준이다. 공종별로는 에너지 분야가 8건으로 가장 많은 투자가 이루어졌으며, 이중 요르단이 4건으로 가장 활발하게 투자된 것으로 나타났다.

그림 14. 최근 10년간 지역별 건설시장 PPP투자현황

자료 : PPI Database, World Bank(2017)

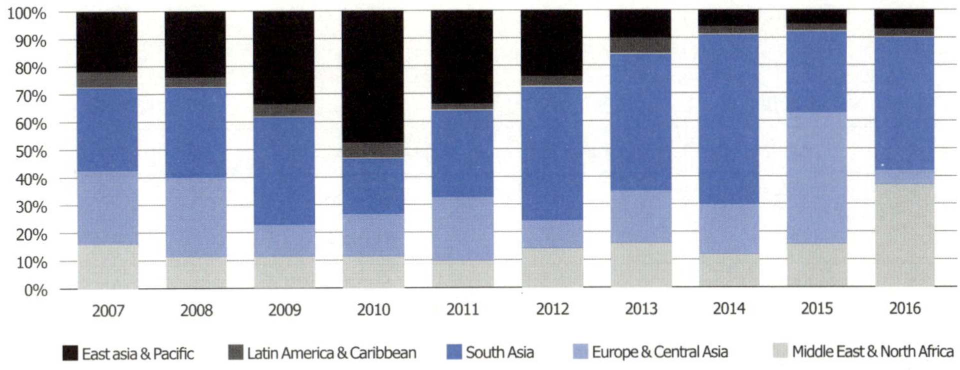

3 국내 기업 해외건설 수주현황

유가 변동 리스크에 부진, 투자개발형 변화에 약세

가. 최근 10년간 수주현황

본 절에서는 국내 기업의 국가별 수주현황을 파악하기 위해 연평균 수주액과 수주증가율을 분석하였다(표2). 최근 10년간(2007-2016년) 국내 기업의 연평균 수주액을 분석한 결과 상위 20개국 중 7개국이 중동국가로 나타나 중동 건설시장의 높은 비중을 나타내었다. 국가별로는 사우디가 76억달러로 가장 높게 나타났으며, 아랍에미리트(60억달러), 쿠웨이트(35억달러) 순으로 높은 수치가 나타났다. 아시아에서는 우리나라 ODA 최대지원국인 베트남이 평균 수주액 30억달러 수준으로 네 번째로 높게 집계되었다.

지난 10년간(2007-2016) 우리 기업의 연평균 수주증가율 분석에 따르면 최근 수주실적이 높게 나타난 투르크메니스탄, 미얀마 등이 상위국가에 포함되었다. 풍부한 자원을 바탕으로 플랜트 발주가 지속되고 있는 투르크메니스탄이 평균 수주증가율 157.3%로 가장 높게 나타났으며, 2015년 우리나라 ODA 중점협력국에 포함된 미얀마는 91.8% 증가율로 두 번째로 높은 수치로 나타났다.

표 2. 최근 10년간 해외건설 연평균 수주액[10] 및 수주증가율 상위 20개 국가 (단위 : 천달러)

구 분	지난 10년간 평균 수주액		지난 10년간 평균 수주증가율	
1	사우디아라비아	7,600,708	투르크메니스탄	157.3%
2	아랍에미리트	6,041,802	미얀마	91.8%
3	쿠웨이트	3,591,976	호주	83.6%
4	베트남	3,020,767	보스니아헤르체고비나	81.0%
5	싱가포르	2,734,327	방글라데시	77.8%
6	이라크	2,600,665	콜롬비아	67.4%
7	카타르	1,520,888	브라질	63.5%
8	알제리	1,323,318	알제리	47.1%
9	호주	1,261,570	페루	46.3%
10	필리핀	975,009	에티오피아	43.5%
11	중국	960,805	르완다	42.5%
12	베네수엘라	923,404	말레이시아	34.4%
13	리비아	875,028	멕시코	34.4%
14	말레이시아	864,962	네팔	33.9%
15	인도	801,635	콩고민주공화국	33.5%
16	태국	762,000	탄자니아	33.5%
17	카자흐스탄	734,865	우간다	33.0%
18	인도네시아	729,846	말리	32.1%
19	나이지리아	707,069	우크라이나	24.3%
20	오만	639,965	볼리비아	21.1%

나. 수주 동향과 전망

2016년 기준 국내 기업의 해외건설 수주규모는 전년대비 38.8% 감소한 282억달러로 최근 10년 내 최악의 수주 실적을 기록하였다. 지역별로 살펴보면 해외건설 주력시장인 중동 지역 수주규모가 전년대비 35.2% 감소한 107억달러에 불과했으며, 아시아 지역 수주규모도 35.5% 감소한 127억달러에 불과하여 극심한 수주부진에 빠진 것으로 분석되고 있다. 공종별로는 플랜트 분야 수주실적 부진이 해외건설 수주감소에 결정적 요인으로 나타났다. 2016년 플랜트 분야 수주금액은 전년대비 50% 감소한 132억달러에 불과했으며, 토목 및

10) 2007년부터 2016년 연도별 수주액 중 최고수치와 최저수치를 제외한 평균 수주액으로 산출함

건축 수주도 전년대비 각각 24.7%, 25.3% 감소한 것으로 분석되었다. 특히 국내 기업의 플랜트 분야 실적부진은 경기 변동에 따른 리스크 증가 및 국내 기업 간 과도한 수주 경쟁으로 인한 수익성 저하가 원인으로 파악되고 있다.

2016년 최악의 수주실적을 나타냈음에도 2017년 우리나라 해외건설 수주실적은 소폭 회복될 것으로 전망되고 있다. 해외건설협회에 따르면 2017년 상반기(1월~6월) 국내 기업의 수주실적은 수주건수는 총 335건, 금액은 163억1505만달러로 집계되어 전년도 같은 기간(총 313건, 152억1781만달러)과 비교해 수주건수와 수주금액 모두 7%씩 늘어난 수준으로 나타났다. 이는 중동 시장에서 저유가 여파로 지연되었던 사업들이 2016년 하반기부터 유가상승으로 인하여 다시 발주되면서 작년보다 실적이 늘어나고 있는 추세로 파악되고 있다.

하지만 중동 이외에 다른 지역의 수주실적은 오히려 감소세로 나타나고 있어 여전히 유가 변동에 따른 리스크에서 벗어나기 힘든 상황이다. 단순 도급사업 중심의 수주실적을 쌓아온 국내 기업들은 최근 중국, 인도 등 신흥 경쟁국의 약진과 유럽 등 선진국들의 가격경쟁력 확보로 점차 수주경쟁력을 상실하면서 어려움에 처해있다. 또한 최근 신흥국 및 개발도상국을 중심으로 한 세계건설시장의 발주 형태가 단순 도급사업에서 PPP등 투자개발형 사업으로 빠르게 변화하고 있어 국내 기업들이 상대적으로 부담을 가질 수밖에 없는 수주여건이다. 이러한 시점에서 국내 기업들은 신시장 개척을 통한 시장 다변화와 투자개발형 사업 진출에 대한 필요성을 인식하고 있으며, 신재생에너지 등 유망 사업분야에 대한 진출을 모색하고 있다.

다. 해외건설 수주 특성

최근 국내 기업의 해외건설 수주특성을 살펴보면 지역별로는 아시아지역의 비중 증가가 두드러지게 나타났다. 국내 기업의 아시아지역 수주 비중은 2012년 29.9%에서 2016년 45.0%로 증가할 정도로 큰 폭의 상승세를 나타내었다. 세계 건설시장에서도 아시아지역의 비중이 2012년 44.4%에서 2016년 50.7%로 꾸준히 증가하고 있어 이러한 추세는 당분간 지속될 것으로 보인다.

사업유형별로는 도급형 사업 대비 개발형 사업의 수주 비중이 미미한 수준으로 감소하였다는 점이 특징이다. 세계건설시장의 발주형태가 PPP등 투자개발형 사업으로 전환되고 있는 시점에서 국내 기업들은 중장기 투자에 대한 부담, 파이낸싱 능력 열위, O&M 경험 부족 등으로 2016년 투자개발형 사업 비중이 0.3%(98백만달러)에 그쳤다(표 3).

표 3. 사업 유형별 수주현황 (단위 : 백만달러)

자료 : 해외건설정보시스템(http://kor.icak.or.kr/)

구 분	도급형			투자개발형		
	건수	수주액	수주액 비중	건수	수주액	수주 비중
2013년	677	62,710	96.2%	5	2,502	3.8%
2014년	703	63,843	96.7%	5	2,167	3.3%
2015년	690	44,795	97.1%	7	1,349	2.9%
2016년	604	28,095	99.7%	3	98	0.3%

또한 대형 건설사의 편중이 지속되는 가운데 중견기업의 수주실적이 큰 폭으로 증가하였다. 아직까지 해외건설 수주실적 상위 10위권 대형 건설사의 비중이 대부분을 차지하고 있으나 최근 5년간 중견업체의 수주비중을 살펴보면 1%대 비중에서 2016년 11.5%로 크게 증가한 것으로 나타났다. 특히 해외건설 수주여건이 불안정한 상황에서 대형 건설사가 주춤하는 사이 중견기업들이 경쟁력을 보유한 공종에 사업 역량을 집중하면서 나타난 결과로 평가되고 있다.

라. 국내기업 지역별 수주성적

2016년 기준 지역별 국내 기업 수주현황을 살펴보면 표 4와 같다. 아시아 지역 수주실적은 총 126.8억달러로 전년 대비 35.7% 감소하였으나 전체 수주규모의 45.0%로 나타나 2015년에 이어 국내 기업 최대 수주시장을 유지하였다. 국가별로 살펴보면 싱가포르 27.9억달러, 베트남 23.2억달러, 말레이시아 16.0억달러, 필리핀 15.8억달러, 홍콩 10.8억달러 등 아시아 수주금액 상위 국가들이 2015년에 비해 상승한 반면 우리나라 주력시장인 베트남은 48.5% 감소하였다.

중동 지역 수주실적은 국제 유가 하락에 따른 중동 전체 수주 규모 감소로 인하여 총 106.9억달러로 전년 대비 35.3% 감소한 것으로 나타났으며, 점유율은 아시아에 이어 37.9%를 기록하였다. 국가별로는 사우디 41.6억달러, 쿠웨이트33.2억달러, UAE 16.5억달러, 이라크 6.7억달러로 나타났다.

아프리카 지역 수주실적은 전년 대비 63.4% 증가한 총 12.3억달러로 나타나 가장 높은 성장률을 기록하였다. 중남미 지역은 국내 기업이 경쟁력을 갖춘 산업설비를 중심으로 총 16.2억달러를 수주하여 전체 수주규모의 5.7%로 나타났으며, 북미 · 태평양에서 13.8억달러, 유럽에서 6억달러를 수주하였다.

하지만 2017년 상반기(1~6월) 지역별 수주현황을 살펴보면 중동 지역이 89.9억달러로 전체 수주규모의 55.2%로 가장 비중이 높은 것으로 나타나 다시 최대 시장으로 부상하였으며, 아시아 지역이 65.9억달러로 그 뒤를 이었다. 그밖에 유럽 2.9억달러, 중남미 지역 2.2억달러, 아프리카 1.3억달러, 북미 · 태평양 지역 0.7억달러 순으로 나타났다.

표 4. 지역별 국내 기업 수주현황 (단위 : 백만달러)

자료 : 해외건설정보시스템(http://kor.icak.or.kr/)

지역	2017.06.30		2016.12.31		2015.12.31	
	건수	금액	건수	금액	건수	금액
계	472	21,090	607	28,192	697	46,144
	(100)	(100)	(100.0)	(100.0)	(100.0)	(100.0)
아시아	324	10,077	402	12,675	437	19,720
	(68.6)	(47.8)	(66.2)	(45.0)	(62.7)	(42.7)
중 동	48	9,637	72	10,694	74	16,530
	(10.2)	(45.7)	(11.9)	(37.9)	(10.6)	(35.8)
중남미	34	250	30	1,618	52	4,532
	(7.2)	(1.2)	(4.9)	(5.7)	(7.5)	(9.8)
북미, 태평양	11	549	27	1,380	30	3,648
	(2.3)	(2.6)	(4.4)	(4.9)	(4.3)	(7.9)
아프리카	24	280	47	1,225	63	750
	(5.1)	(1.3)	(7.7)	(4.3)	(9.0)	(1.6)
유 럽	31	297	29	600	41	964
	(6.6)	(1.4)	(4.9)	(2.2)	(5.9)	(2.2)

마. 공종별 수주현황과 사례

2016년 국내 기업의 공종별 수주현황을 살펴보면 표 5와 같이 수주규모는 산업설비, 토목, 건축, 용역, 전기, 통신 순으로 나타났으며, 2015년에 비해 산업설비는 감소, 전기는 증가 추세로 나타났다. 특히 산업설비는 132.5억 달러를 수주하면서 전체 수주에서의 비중이 가장 높았으나 2010년 80.0%에서 점차 감소하여 2016년 47.0%를 차지하였다. 토목은 총 53건, 64.4억 달러(53건), 건축은 총 53.3억 달러(201건)를 수주하였다. 다만 전기 분야 수주규모는 2015년 보다 72.7% 증가한 14.8억 달러(52건)로 크게 증가하였다.

표 5. 공종별 국내 기업 수주현황

자료 : 해외건설정보시스템(http://kor.icak.or.kr/)

공종	2016.12.31		2015.12.31		1965.1.1 ~ 현재	
	건수	금액	건수	금액	누계건수	누계금액
계	607	28,192	697	46,144	11,707	750,432
	(100.0)	(100.0)	(100.0)	(100.0)	(100.0)	(100.0)
산업설비	56	13,245	50	26,490	1,758	430,941
	(9.2)	(47.0)	(7.2)	(57.4)	(15.0)	(57.4)
토 목	53	6,444	68	8,493	2,134	137,696
	(8.7)	(22.9)	(9.8)	(18.4)	(18.2)	(18.3)
건 축	201	5,330	245	7,110	3,756	147,735
	(33.1)	(18.9)	(35.2)	(15.4)	(32.1)	(19.7)
용 역	240	1,692	285	3,011	3,075	14,828
	(39.5)	(6.0)	(40.9)	(6.5)	(26.3)	(2.0)
전 기	52	1,477	34	855	826	15,926
	(8.6)	(5.2)	(4.8)	(1.9)	(7.1)	(2.1)
통 신	5	4	15	185	158	3,306
	(0.9)	(0.0)	(2.1)	(0.4)	(1.3)	(0.5)

다음은 우리 기업의 주요 공종별 진출 사례와 시사점에 대해 분석해 보고자 한다. 먼저 우리 기업의 최근 수주실적 관련 주요 공종별로 대표적인 사례는 다음과 같다.

산업설비

- 쿠웨이트 아주르 LNG 터미널(29.2억불)
- 사우디 파드힐리 복합화력발전소(9.0억불)
- 필리핀 수빅 석탄화력발전소(8.4억불)
- 말련 라피드(RAPID) 프로젝트 11(EO/EG)(5.8억불)
- 보츠와나 모루풀레 석탄화력발전소 증설공사 5,6호기(5.7억불)

토목

- 싱가포르 톰슨 이스트 코스트 라인 T301공구(14.6억불)
- 파나마 콜론 복합화력발전소 및 LNG Facility 건설공사(6.5억불)
- 싱가포르 다운타운 라인 3단계 Contract T313(6.1억불)

건축

- 사우디 메디나 하지 시티 패키지 4A(9.0억불)
- 베트남 SDV V3-PJT 건설공사(8.0억불)
- UAE 더 로얄 아틀란티스 리조트 & 레지던스(4.2억불)

전기

- 이라크 900MW 디젤발전소 운영 및 유지 보수(5.5억불)
- 필리핀 마닐라 MRT 7호선 사업(4.4억불)

1) 산업설비

[쿠웨이트 아주르 LNG 터미널]

구 분	주요 내용
사업개요	■ 시공사 : 현대엔지니어링, 현대건설, 한국가스공사 컨소시엄 ■ 사업명 : Al-Zour LNG Import Terminal Project ■ 사업형태 : EPC ■ 수주시기 : 2016년 3월 ■ 수주액 : 29억3000만달러 ■ 쿠웨이트 수도 쿠웨이트시티에서 남쪽으로 90km 떨어진 알주르 지역에 바다를 매립해 하루 30억㎥ 처리능력이 재가스화 및 송출시설과 22만5000㎥ 규모의 LNG 저장탱크 8기 규모의 LNG 인수기지를 건설하는 프로젝트 주간사는 현대엔지니어링이며, 현대건설의 지분은 15억2000만달러, 현대엔지니어링과 한국가스공사의 지분은 각각 13억9000만달러, 1600만달러임 알주르 LNG 인수기지는 연간 2200만 톤의 송출용량을 갖추고 있으며 주요설비로는 접안설비 2식과 저장탱크 8기, 2차펌프 14기, BOG처리설비, Flare 설비 등 현대건설은 LNG 저장탱크와 해안접안시설 공사, 현대엔지니어링은 재가스화 플랜트 건설 담당, 시운전과 발주처 운전교육 등은 한국가스공사, LNG탱크 설계 및 탱크 부속 기자재 일부 구매는 한국가스기술공사가 수행
시사점	■ 저유가 흐름과 세계 경기불황으로 침체된 사업환경 속에서 공사의 LNG 하류분야 세계 최고 수준의 운영과 저장탱크 설계기술력, 민간기업의 플랜트 건설기술이 합쳐져 이뤄진 민관협력 우수성과

[사우디아라비아 파드힐리 복합화력발전소]

구 분	주요 내용
사업개요	■ 시공사 : 두산중공업, 프랑스 에너지 전문기업 엔지 ■ 사업명 : Fadhili Gas-Fired Combined Heat and Power (CHP) Plant ■ 사업형태 : EPC ■ 수주시기 : 2016년 10월 ■ 수주액 : 9백만 달러 ■ 사우디 주베일(Jubail) 항구에서 북서쪽으로 85km 떨어진 파드힐리 가스 단지(Fadhili Gas Complex)에 전력과 열을 공급하는 플랜트로, 발전용량이 1519MW에 달하는 대형 프로젝트 상업생산은 오는 2020년 1월부터 시작하여 20년간 운영한 뒤 정부에 기부채납함 엔지는 파드힐리 열병합발전소 계약의 디벨로퍼(Developer)로 프로젝트 발굴과 기획, 지분 투자, 금융 조달, 건설, 운영 · 관리 등 사업 전체 구조를 짜고 두산중공업이 발전소 설비를 담당하는 구조
시사점	■ 저유가로 중동 플랜트 발주가 줄고 국내 건설사의 해외 수주가 부진한 가운데 거둔 성과로, 이를 통해 2024년까지 약 4만MW규모의 복합화력을 추가 건설할 예정인 사우디 발전시장에 유리한 입지 구축

[필리핀 수빅발전소]

구 분	주요 내용
사업개요	■ 시공사 : 두산중공업 ■ 사업명 : Subic Redondo power plant ■ 사업형태 : EPC ■ 수주시기 : 2016년 10월 ■ 수주액 : 8억5000만 달러 ■ 두산중공업은 필리핀 민간발전사업자인 레돈도 페닌슐라 에너지와 공동으로 수주 ■ 수빅 레돈도 발전소는 총 2기로 구성, 필리핀 수도인 마닐라에서 북서쪽으로 130km 가량 떨어진 지역에 건설됨 ■ 필리핀에서 300MW급 순환유동층(CFB, Circulating Fluidized-Bed) 보일러 기술을 최초 적용한 사례
시사점	■ 두산중공업이 해외 M&A를 통해 기술력을 확보하고 수주한 사례(2011년 인수한 독일 자회사 두산렌체스를 통해 CFB 보일러 원천기술을 확보) ■ 이번 수주를 시작으로 기술력을 인정받아 향후 필리핀 시장 및 세계 CFB 발전시장에서 본격적인 인수 시너지 효과가 날 것으로 기대하고 있음

[말레이시아 RAPID 프로젝트]

구 분	주요 내용
사업개요	■ 시공사 : 삼성엔지니어링 ■ 사업명 : RAPID(Refinery And Petrochemicals Integrated Development) Project ■ 사업형태 : EPC ■ 수주시기 : 2015년 12월 ■ 수주액 : 8억8000만 달러 ■ 아시아 최대 규모인 하루 30만배럴 생산 규모의 정유시설과 연간 300만톤 생산 규모의 석유화학 시설을 통합 건설하는 RAPID(Refinery And Petrochemicals Integrated Development) 프로젝트의 일환 ■ 'RAPID(라피드) 프로젝트'의 3억달러 규모 패키지 6-A번 LLDPE(Linear low density polyethylene; 선형 저밀도 폴리에틸렌) 플랜트와 5억8000만달러 규모의 11번 EO(Ethylene Oxide, 산화에틸렌) · EG(Ethylene Glycol, 에틸렌글리콜) 플랜트 ■ 플랜트는 2019년 완공될 예정으로써 말레이시아 남부 조호르(Johor) 주 펭거랑(Pengerang) 지역에 건설되며, 각각 연간 35만톤의 LLDPE와 74만톤의 EG를 생산할 계획
시사점	■ 이번 수주로 거대 국영기업인 페트로나스와 여섯번째 공사를 진행하며 파트너십을 구축, 향후 페트로나스가 추진하는 추가 공사의 수주 경쟁에서도 유리한 위치를 차지하게 됨

[보츠와나 모루풀레 석탄화력발전소]

구 분	주요 내용
사업개요	■ 시공사 : GS건설 ■ 사업명 : Morupule B power station ■ 사업형태 : EPC ■ 수주시기 : 2016년 12월 ■ 수주액 : 약 5억6천511만 달러 ■ 보츠와나의 수도 가보로네에서 북쪽으로 280㎞ 떨어진 팔라페 지역에 있으며 150MW급 순환유동층 보일러(CFBC) 방식 발전소 2기를 짓는 공사
시사점	■ 보츠와나는 대부분의 전력을 남아프리카공화국으로부터 수입하고 있어, 이번 프로젝트를 통해 국가의 안정적인 전력 수급에 기여할 것으로 기대 ■ 최근 저유가로 인한 중동 오일시장의 발주가 급감해 국내 건설업계의 해외 수주가 위축된 상황에서 GS건설은 중동 중심에서 벗어나 동남아, 아프리카, 남미 등 해외 시장 다변화를 모색중 ■ 이번 수주를 통해 GS건설은 남부 아프리카 중 가장 안정적인 국가로 꼽히는 보츠와나 시장에 처음 진출

[슈퀘이크 화력발전소]

구 분	주요 내용
사업개요	■ 시공사 : 현대중공업 ■ 사업명 : SHUQAIQ Steam Power Plant Project ■ 사업형태 : EPC ■ 수주시기 : 2013년 8월 ■ 수주액 : 32억6,100만달러 ■ 슈퀘이크 화력발전소는 사우디아라비아에 위치한 화력발전소로 '사우디아라비아 전력공사 (SEC)' 가 발전 시설 중장기 확충사업에 따라 건설하는 총발전용량 2,640MW급의 초대형 중유 연소 초임계압 화력 발전소 ■ 4기의 연료 보일러에서 각각 최소600 MW의 전기를 생산하고 보일러의 주요 연료는 중유와 중질 원유 ■ 플랜트 주요 영역은 전력 블록 지역, 일반 시설 지역, HFO/HCO 탱크 지역, 380KV전변전소 등 ■ 슈퀘이크 화력발전소는 사우디 남서부 지잔(Jizan)시에서 북쪽으로 135km 떨어진 홍해 연안에 2017년 까지 건설되며, 현대중공업은 이 공사의 설계부터 기자재 제작 및 공급, 건설, 시운전까지 전 과정을 일괄 수행함
시사점	■ 저가 입찰이 제기되는 상황에서 무리한 발주로 설계 인력 확보, 공사 관리, 자재 수급 등에서 문제가 발생하고 공기가 지연되어 5,000억원이상의 영업 손실 ■ 중동 플랜트 시장에서 무리한 저가경쟁 지양

2) 토목

[싱가포르 톰슨 이스트 코스트 라인 T301 공구]

구 분	주요 내용
사업개요	■ 시공사 : GS건설 ■ 사업명 : T301 project ■ 사업형태 : EPC ■ 수주시기 : 2015년 12월 ■ 수주액 : 14억6000만 달러 ■ 빌딩형 차량기지 공사 T301 프로젝트로, 세계 최대 규모의 최초 차량기지 건설공사 ■ 이 차량기지는 싱가포르 남동부 창이공항 인근에 위치한 지하철 3개 노선(다운타운라인, 톰슨이스트코스트라인, 이스트웨스트라인)의 차량기지로 쓰이며, 32만㎡(9만6800평) 부지에 지하 1층~지상 2층 규모의 지하철 차량기지와 지상 1~4층 규모의 버스 차량기지로 구성됨 ■ 이밖에 1.45km의 연결 터널 공사도 이번 프로젝트에 포함
시사점	■ GS건설은 입찰 설계 시 3D 설계 모델링인 빌딩정보모델링(BIM)을 활용해 발주처에 최적의 공법을 제시, 전 세계 선진 건설사들을 제치고 최종 낙찰자로 선정됨 ■ GS건설은 싱가포르 다운타운라인 차량기지인 'C911 프로젝트'의 공사 기간을 싱가포르 내 지하철 프로젝트 중 유일하게 연장 없이 6개월 단축한 사례 등 성공적인 차량기지 공사 수행 경험도 이번 T301 프로젝트 수주에 도움이 됨 ■ GS건설은 싱가포르에서 지하철 공사로만 총 6건(총 1.8조원 규모)의 공사를 수주하며 GS건설 인프라 부문의 기술력을 인정받고 있음

[파나마 콜론 복합화력발전소 및 LNG Facility 건설공사]

구 분	주요 내용
사업개요	■ 시공사 : 포스코건설 ■ 사업명 : Combined Cycle Power Plant and LNG Terminal Project ■ 사업형태 : EPC ■ 수주시기 : 2016년 2월 ■ 수주액 : 6억 5000만 달러 ■ 콜론 복합화력발전소는 파나마 수도인 파나마시티(Panama City) 에서 북쪽으로 약 60km 떨어진 콜론(Colon) 지역(파나마운하 대서양쪽 초입)에 위치해 있으며, 포스코건설은 저장용량 18만㎥의 가스터미널도 함께 건설함
시사점	■ 콜론 복합화력발전소에서 생산되는 전력은 약 15만 가구가 동시에 사용할 수 있는 규모로, 파나마운하 인근 산업단지와 콜론 지역에 안정적인 전력 공급이 가능해질 전망 ■ 국제유가하락 등으로 인한 어려운 해외수주환경 속에서도 포스코건설은 필리핀과 칠레에 이어 파나마 복합화력발전소 수주를 연달아 성공하며, 중남미 에너지플랜트시장에서 위상을 높이는 밑거름이 됨

[싱가포르 다운타운 라인 3단계]

구 분	주요 내용
사업개요	■ 시공사 : 삼성물산 ■ 사업명 : Downtown Line (DTL) 3 Extension ■ 수주시기 : 2016년 3월 ■ 수주액 : 6억1378만 달러 ■ 싱가포르 동남부 시린 지역을 연결하는 길이 1200m의 지하 터널과 정거장 1개소를 건설하는 공사 ■ 공사환경이 녹록지 않아 세밀한 공정관리와 고난도의 기술 역량이 필요한 구간으로, 공사 지역 위에 있는 하천을 이설해야 하며, 2개의 신규 지하철 라인과 차량기지를 연결해야 하는데, 선로가 일직선이 아닌 나뭇가지처럼 복잡한 구조로 설계돼 고난도 기술이 필요한 구간
시사점	■ 삼성물산은 가격입찰에서 2위를 기록했지만 연약지반으로 유명한 싱가포르에서 그동안 수행한 토목공사 경험을 바탕으로 기술제안에서 높은 평가를 받아 최종 낙찰자로 선정됨 ■ 삼성물산은 가격을 중심으로 한 경쟁에서 기술력과 안전관리 역량을 바탕으로 고객의 신뢰를 높여 양질의 프로젝트를 수주함

3) 건축

[사우디아라비아 메디나 하지 시티 패키지 4A]

구 분	주요 내용
사업개요	■ 시공사 : 포스코건설 ■ 사업명 : Hotel Construction Project ■ 수주시기 : 2016년 11월 ■ 수주액 : 6억1378만 달러 ■ 사우디 메디나시 인근 메디나 하지 시티에 지하 2층~지상 20층, 5개 동(棟), 총 객실 수 3070실의 4성급 호텔을 짓는 공사 ■ 포스코건설이 사우디 국부펀드인 '퍼블릭인베스트먼트펀드(PIF)'와 공동 투자해 합작법인 '펙사'를 만들고 이 합작법인과 공동으로 사우디 국가산업 프로젝트를 수주한 첫 사례 ■ 이 프로젝트에서 포스코건설의 시공 지분은 15%, 합작법인의 지분은 85% ■ 포스코건설은 합작법인의 지분을 40% 소유하고 있어, 이번 전체 수주액 중 50% 가까운 금액이 포스코건설 몫인 것으로 추정
시사점	■ 사우디아라비아 정부는 메카~메디나로 이어지는 이슬람교 성지 순례객을 위한 신도시 '메디나 하지 시티'를 개발 중 ■ 해외 국부펀드와 합작법인을 만들고, 합작법인이 소유한 자회사가 발주한 사업을 수주한 첫 사례 ■ 발주처, 시공사간의 관계를 넘어 상호 지분투자에 따른 협력 구조로 저위험 · 고수익형 공사수행이 가능하다는 점에서, 저가수주, 발주처 · 사우디 현지하도업체간 분쟁 등으로 사업 수행이 까다로운 중동건설시장에서 활로가 될 새로운 사업모델로 평가

[베트남 SDV V3-PIT 건설공사]

구 분	주요 내용
사업개요	■ 시공사 : 삼성물산 ■ 사업명 : SDV V3-PJT Construction Works ■ 수주시기 : 2016년 7월 ■ 수주액 : 9294억700만원 ■ 베트남 박닌성 옌퐁 1산업단지에 삼성디스플레이의 디스플레이 모듈 생산시설 3동을 짓는 공사
시사점	■ 삼성전자의 자회사인 삼성디스플레이가 2020년까지 베트남에서 디스플레이 모듈 생산 규모를 확대하기 위해서 30억 달러를 투자할 계획 ■ 삼성전자는 스마트폰 시장에서 가격경쟁력 우위를 점하기 위해 베트남에 디스플레이 생산 시설을 넓히는 것으로 추정됨

[아랍에미리트 더 로얄 아틀란티스 리조트 & 레지던스]

구 분	주요 내용
사업개요	■ 시공사 : 쌍용건설 ■ 사업명 : Royal Atlantis Resort and Residences ■ 수주시기 : 2015년 12월 ■ 수주액 : 8억4000만달러 ■ 두바이의 인공섬 팜 주메이라에 지어지는 로얄 아틀란티스 호텔은 795개 객실을 갖춘 47층 높이의 호텔 1개 동과 37층 높이의 최고급 아파트 231가구 1개 동으로 구성됨 ■ 2016년 7월 착공하여 2019년 9월말 준공될 예정 ■ 2015년 쌍용건설이 두바이투자청(ICD)이 최대주주로 맞이한 뒤 수주한 프로젝트로서 두바이에서 사업을 확장하고 있음
시사점	■ 쌍용건설은 두바이에 13년 만에 재진출하면서 시공을 위한 초기 네트워크를 보완하기 위해 부르즈 칼리파의 메인 시공사인 벨기에 베식스(BESIX), ENR지 선정 세계 1위 건설사 중국건축공정총공사(CSCEC) 등과 전략적으로 조인트벤처를 구성함

4) 전기

[필리핀 마닐라 MRT 7호선 사업]

구 분	주요 내용
사업개요	■ 시공사 : 현대로템 ■ 사업명 : MRT-7 Line, North EDSA~San Jose Del Monte ■ 사업형태 : 턴키방식 ■ 수주시기 : 2016년 1월 ■ 수주액 : 4억4000만 달러 ■ 필리핀 마닐라 내 퀘존 시티(Quezon city) 노스 에드사(North EDSA)역에서 불라칸(Bulacan)주에 위치한 산호세델몬테(San Jose Del Monte)역을 연결하는 신규 노선 사업 ■ 현대로템은 이 노선에 투입될 전동차 108량과 신호, 통신, 전력 등 기전시스템 분야까지 오는 2019년 하반기까지 제작 및 납품하게 됨
시사점	■ 현대로템이 해외에서 처음으로 지하철 사업 턴키 수주에 성공한 사례 ■ 이전 현대로템이 제작 · 납품한 마닐라 2호선 전동차 72량 및 필리핀 철도청 디젤동차 18량 사업의 성공적인 사업수행 실적을 인정받아 우위를 점할 수 있었음 ■ 마닐라 2호선 전동차 72량은 필리핀 내에서 가장 좋은 전동차로 평가 받고 있음 ■ 이번 수주는 현대로템이 필리핀 시장에서 수주한 사업 가운데 최대 규모로, 해외에서 차량뿐 아니라 신호, 전력, 통신, 궤도 등 기전 시스템 분야 전체를 함께 수주한 것은 이번이 최초임

4 해외건설시장 진출환경 분석

사업 유형 · 지역별 환경 달라… 관련제도 숙지 필수

가. 사업유형별 진출환경 분석

본 절에서는 사업유형별 건설시장 진출환경을 분석하기 위해 PPP, ODA, MDB, 정부발주사업[11] 진출환경에 대해 살펴보고자 한다. 이 과정을 통해 사업유형별로 진출가능성이 높은 국가를 도출하고 이를 기반으로 전략지도를 구축하고자 한다.

1) PPP 진출환경

가) PPP 환경평가

PPP 진출환경 분석에 앞서 국가별 PPP 투자현황을 살펴보면 2016년 기준 상위 국가는 브라질, 중국, 콜롬비아, 인도네시아, 필리핀 등 5개국이며, 전체 투자규모의 69%의 비중을 차지하였다(World Bank, 2017). 특히 브라질은 2016년 PPP 투자규모가 총 152억달러로 집계되어 가장 비중이 높은 국가이며, 이중 93%에 이르는 142억달러가 에너지 분야에 투자되었다. 중국은 정부의 적극적인 추진 하에 PPP 투자규모가 총 114억달러로 집계되어 지난 5년간 평균치보다 75% 성장하였으며, 특히 교통 분야는 전체 투자규모의 62%인 71억달러를 기록하였다. 콜롬비아는 전년도에 비해 40% 증가한 총 101억달러로 집계되었으며, 총 16건 프로젝트 중 14건이 교통 분야에 집중되었다. 인도네시아는 2016년 PPP 투자규모가 총 69억 달러로 집계되어 지난 10년 중 가장 높은 실적을 기록하였으며, 에너지 분야가 전체의 93%로 가장 큰 비중을 차지하였다. 필리핀은 2016년 총 54억달러가 투자되었으며, 에너지 분야 3건, 교통 분야 3건, 수자원 분야 1건으로 집계되었다.

본 연구에서 PPP 진출환경에 대한 종합적인 평가는 EIU[12] 및 World Bank가 발간하는 국가별 PPP 환경 평가 보고서를 통해 분석하였다. 이 보고서들은 대상 국가별 PPP진출 전

11) 본 연구에서는 EPC중심의 도급사업을 의미함
12) 이코노미스트 그룹(Economist Group)의 연구관련 자회사인 EIU(Economist Intelligence Unit)와 IDB의 자회사인 MIF가 공동으로 발간하고 있음

략을 수립하는데 현명한 의사 결정을 내릴 수 있는 평가도구로 활용되고 있다. EIU의 PPP 환경 평가는 표 6과 같이 정성적 방법과 정량적 방법을 통해 평가하며, 6개 평가항목 총 19개 지표를 토대로 작성되었다. 또한 PPP 환경을 평가하는 사업 범위는 교통, 에너지, 수자원 및 상하수도 시설의 건설 및 운영 분야로 한정하고 있다.

이 보고서에서 정의하고 있는 PPP 준비도(Readiness)는 국가별 맞춤형 PPP 전략을 수립하기 위해 평가하는 종합지수로서 대상 국가별 PPP관련 법령, 프로세스, 제도 및 관행 등을 효율성과 지속가능성에 초점을 두고 평가한다. EIU는 아시아 태평양 지역(2014), 아프리카 지역(2015), 중남미 지역(2009, 2010, 2014, 2017), CIS 지역(2012) 등을 대상으로 해당 지역내 국가들의 PPP 환경을 평가하여 보고서를 발간하고 있다. 평가항목은 표 6과 같이 법과 규제, 제도, 운영성숙도, 투자환경, 금융조달, 지방정부의 역량 등 6개 항목으로 구분하여 평가한다.

표 6. EIU의 PPP환경 평가방식

자료 : EIU(2015)

평가유형	가중치	평가항목	평가 방법	평가 점수
법과 규제	25%	PPP법령의 일관성과 질	정성평가	0-4
		효과적인 PPP선정과 의사결정	정성평가	0-4
		입찰과 계약변경의 공평성과 투명성	정성평가	0-4
		분쟁-조정 메카니즘	정성평가	0-4
제도	20%	제도 디자인의 질	정성평가	0-4
		PPP 계약, 홀드업(hold-up)과 수용문제 발생 가능성 [13]	정성평가	0-4
운영성숙도	15%	PPP사업에 대한 정부의 계획 및 관리 능력	정성평가	0-4
		프로젝트 우수성을 보상하는 기준과 방법론	정성평가	0-4
		규제 당국의 리스크 분산 기록	정성평가	0-4
		교통 수자원, 전기 양허 관련 경험	정량평가	0-4
		교통과 물 양허 관련 품질	정량평가	0-4
투자환경	15%	정치적 왜곡/병폐	정량평가	0-100
		기업/비지니스 환경	정량평가	0-100
		정치적 의지	정성평가	0-4
금융지원	15%	정부의 비용지불 리스크	정성평가	0-4
		민간 인프라금융	정성평가	0-4
		시장성부채	정성평가	0-4
		저소득이용자를 위한 정부의 지원과 지불능력	정성평가	0-4
지방정부의역량	10%	지방행정조정	정성평가	0-4

13) 계약이 지연되거나 계약체결 이후 토지수용 등 행정절차로 인하여 사업이 지연되는 경우를 의미함

법률과 규칙은 PPP 규정의 일관성과 질, PPP 선정과 정책결정의 효율성, 입찰과 계약변경의 공정성 및 개방성, 분쟁해결 메커니즘 등으로 구분되며, 제도는 제도의 설계의 질적 수준, PPP 계약, hold-up 및 수용 리스크로 구분된다. 운영성숙도는 PPP 계획 수립 및 감독에 대한 공공부문의 능력, 낙찰 방법과 기준, 규제당국의 리스크 할당 기록, 교통, 수자원, 전력분야에서 양허 경험, 교통 및 수자원 양허의 질적 수준이 포함되며, 투자환경에는 정치적 왜곡, 비즈니스 환경, 정치적 의지가 포함된다. 금융조달 항목에는 정부지불 리스크, 자본시장(민간인프라금융), 저소득층 사용자에 대한 정부의 지원과 지원 능력을 포함되며, 지방정부의 역량에는 지방정부의 조정이 포함된다.

특히 평가항목의 중요도에 따라 가중치가 부여되며, 평가점수에 따라 PPP 환경을 성숙, 성장, 도약, 초기 등의 발전단계로 구분한다. 6개 항목에 대한 가중치는 법과 규제에 25%, 제도에 20%, 운영성숙도, 투자환경, 금융조달에 각각 15%, 지방정부의 역량에 10%가 부여되며, 평가 결과 100점을 기준으로 80점 이상(80~100점)은 성숙단계, 60점 이상(60~79.9점)은 성장단계, 30점 이상(30~59.9점)은 도약단계, 30점 미만(0~29.9점)은 초기 단계로 구분한다.

이러한 기준을 바탕으로 성숙단계는 선진국인 영국, 호주가 유일하고, 성장단계는 중남미 지역(콜롬비아, 칠레, 브라질, 멕시코, 페루)이 가장 많았으며, 아시아태평양지역(한국, 인도, 필리핀), 아프리카(남아프리카공화국) 순으로 나타났다. 표 7과 같이 지역별 PPP 환경 평가 점수(평균점수)를 비교한 결과 전체 평가점수는 아프리카 지역이 가장 높았으며, 중남미 지역이 가장 낮게 나타났다.

표 7. 지역별 PPP환경 평가 현황

자료 : 대외경제정책연구원(2016)

구분	중남미	아프리카	아태지역	신흥지역
전체	42.5	43.8	43.7	43.3
법과규제	45.4	47.9	42.1	45.2
제도	37.7	40.6	38.3	38.8
운영성숙도	36.9	39.2	38.5	38.1
투자환경	57.7	54.2	61.6	57.8
금융지원	41.7	40.4	43.1	41.7
지방정부의역량	31.6	36.7	40.0	35.7

법과 규제, 제도, 운영성숙도 항목에서는 아프리카가 가장 높았으나 투자환경, 금융조달, 지방정부의 역량 항목에서는 아시아태평양 지역이 가장 높게 나타났다. 중남미 지역은 성장 단계 국가가 가장 많이 포함되었지만 상위국가와 하위국가 간 PPP 환경 격차가 크게 나타나 평가점수가 전반적으로 낮게 나타난 것으로 파악된다(대외경제정책연구원, 2016).

최근 세계은행은 82개국을 대상으로 국가별 PPP 제도를 비교 · 분석한 PPP 조달 벤치마킹 보고서(Benchmarking PPP Procurement 2017)를 발행하였다. 앞서 언급한 EIU 보고서와 같이 민간부문에서 지역별 PPP 환경을 비교한 적은 있었으나 국제기구가 국가별 PPP 제도를 평가한 사례는 최초로 파악된다. 이 보고서는 국가별 PPP의 정책 및 규정을 계획하기 위한 의사결정과정으로서 평가항목은 준비 및 평가(Preparation of PPPs), 계약 및 사업추진(Procurement of PPPs), 운영관리(PPP Contract Management)의 3가지로 구분된다.

평가결과 표 8과 같이 필리핀, 영국, 리투아니아, 남아프리카공화국 등이 총점기준 상위 국가에 포함된 것으로 나타났다. 다만 평가 항목별로 독립적이고 각각 다른 성격이 있기 때문에 합산 점수보다는 부문별 평가점수가 의미가 있다고 알려져 있다. 이 보고서에서는 사업타당성 평가를 통하여 적합한 인프라 개발사업을 선정하고, 민간투자사업이 정부사업보다 유리한 사업들을 선별하여 PPP 사업으로 고시하는 프로세스를 제안하였다. 따라서 본 연구에서는 외부 평가자의 시각에서 평가한 국가별 PPP 환경 점수를 통해 국내 기업의 PPP 진출환경을 정량적으로 평가하고 국가별 PPP 법제도를 고찰하고자 한다.

표 8. 지역별 PPP환경 평가 현황

자료 : World Bank(2017)

국가	준비 및 평가	계약 및 사업추진	운영관리	총점
필리핀	96	85	84	265
영국	96	85	82	263
리투아니아	96	85	74	255
남아프리카공화국	96	80	79	255
호주	79	90	80	249
멕시코	75	87	87	249
캐나다	92	93	63	248
칠레	69	83	87	239
한국	83	78	71	232
콜롬비아	88	75	66	229
인도	73	80	73	226
페루	83	70	73	226
브라질	52	85	88	225
이탈리아	71	75	77	223
베트남	75	85	58	218
우루과이	69	74	74	217
프랑스	65	80	68	213
불가리아	46	93	68	207
포르투갈	54	83	69	206
이집트	71	73	58	202

나) 주요 국가별 PPP현황 및 법제도 분석

인도

인도는 열악한 인프라 개선을 위해 대규모 예산을 투입할 계획으로 투자 재원으로 민관협력 비중이 증가할 것으로 전망되고 있다. 인도 정부는 2012년 제 12차 경제개발계획(2012-2017)예산안을 통해 인프라 개발 부문에 약 50조 루피(약 860조원)을 투입할 계획을 발표하는 등 인프라 부문이 주요 정책 의제로 대두되고 있다. 총 예산 중 절반수준을 PPP 방식으로 조달할 예정이며, 약 6천억 루피 규모로 면세채권을 발행하여 자금을 확보할 계획이다. 인프라 예산 중 가장 큰 비중을 차지하는 분야는 도로 및 철도(메트로)분야이다.

인도의 PPP 현황 및 법제도를 살펴보면 PPP전담기구, 인프라금융공사, 사업이행자금(VGF)제도 등을 갖추고 있어 PPP 환경이 비교적 양호한 것으로 평가되고 있다. 인도 정부는 민관협력평가위원회(PPP Appraisal Committee, PPPAC)를 설립하여 PPP 사업

승인과 관련한 효율성을 도모하고, 인도인프라금융공사(India Infrastructure Finance Company Limited, IIFCL)를 통해 사업성 있는 인프라 사업에 대한 장기대출을 지원하며, PPP 사업에 대한 정부보조금인 사업이행자금(Viability Gap Funding, VGF)제도를 마련하였다.[14] IIFCL은 사업 장기자금 지원을 목적으로 설립되었으며, PPP사업비의 20% 이내에서 타 금융기관과의 협조융자를 통해 정부 보증으로 자금을 조달하고 10억루피 이상의 PPP사업(중앙정부)에 대해서는 PPPAC의 승인을 요구한다. VGF는 PPP 사업의 경제성 제고를 위해 정부에서 지원하는 자금으로서 교통, 전력, 상하수도, 컨벤션센터, 관광시설 등 분야에 대해 총 사업비의 20%를 지원하며, 주무부처 및 주정부가 추가로 보조할 경우 총 사업비의 40%까지도 지원이 가능하다. 특히 인도 정부가 시행하고 있는 VGF에 대해 세계은행, 아시아개발은행 등이 전면 지원할 계획이 있다는 점에서 PPP사업 전망은 긍정적이라고 볼 수 있다.

인도의 PPP 사업 프로세스는 비교적 투명하고 공정한 입찰을 지향하지만 평가인력이 제한적이며, 입찰 사전 자격심사제도를 시행하고 있기 때문에 입찰 참가자격을 확보할 필요성이 있다. 인도의 PPP 사업 추진절차는 사업계획서 준비, 사업계획 검토 및 승인, RFQ고시, 입찰후보자, 사업제안서 검토, 사업제안서 고시, 사업자 선정의 과정으로 이루어진다(그림 15).

인도의 PPP 사업 입찰제도는 제출된 제안서 중에서 실적과 경험이 우수한 상위 5개 업체가 평가 대상으로 선정되는 경우가 많으며, 입찰자격을 사전에 심사하여 후보자를 선정한다. 따라서 우리 기업은 입찰 참가자격을 확보하기 위해 적극적으로 참여해야 하며, 이를 확보하기 어려울 경우 이미 자격을 취득한 현지 기업 또는 외국 기업과의 컨소시엄 등도 고려해야 한다. 현지 기업들이 외국 기업에 대한 협력에 매우 적극적인 경향이 있으므로 우리 기업이 비교우위에 있는 분야를 토대로 협력 기반을 구축하는 전략이 필요할 것이다.

14) https://www.pppinindia.gov.in/home

그림 15. 인도 PPP사업 프로세스

자료 : 인도 인프라위원회(https://infrastructureindia.gov.in/)

인도네시아

인도네시아 정부는 2010~2014년의 기간 동안 PPP사업을 통한 민간투자 목표치를 약 940억 달러로 설정하는 등 민간-정부 간 공동 사업에서 민간자본의 역할을 매우 중시하고 있다. 인도네시아 PPP 관련 규정은 표 9와 같이 PPP 규제와 정부지원 부문으로 구분되며, PPP 규정은 대통령령에 의해, 정부지원 규정은 장관령에 의해 시행된다.

표 9. 인도네시아 PPP 관련 규정

자료 : 인도네시아 국가개발기획부(https://www.bappenas.go.id/)

구분	법규	내용
PPP 규제	대통령령 67호 (2005년)	■ 항만, 공항, 도로/교량, 철도, 수처리 및 수자원 공급, 폐기물, 정보통신, 전기, 오일 & 가스로 분야를 정의 ■ 공개 및 비공개입찰로 추진될 수 있으나 원칙은 공개입찰
	대통령령 13호 (2010년 수정)	■ 계약 기관은 중앙정부 및 지방정부가 되며, 사업은 상호협약 혹은 정부허가에 근거해 추진 ■ 사업의 재정 및 비재정적 지원
정부지원	재무부 장관령 38호 (2006년)	■ 조건부 정부보증 조건과 절차에 대해 설명 ■ 재무부는 리스크를 정치적 리스크, 사업시행 리스크, 수요 리스크에 대한 보증을 정의
	경제조정부 장관령 4호 (2006년)	■ 재무부에서 정의한 조건부 정부보증 요청은 F/S가 필요 ■ 협조요청서, 재무분석, 공청회 결과도 함께 제출
	정부령 35호 (2009년)	■ 정부보증 지원을 위해 PT. PII를 설립

인도네시아의 인프라 개발은 해외 원조 및 차관을 활용하는 Blue Book 사업과 민간투자를 활용하는 PPP 사업으로 구분할 수 있다. 정부 재정여건을 고려하여 도로, 철도, 공항 등과 같은 대형 사업에는 PPP 방식을 적극적으로 활용하는 경향이 있으며, 대부분 BOT와 BOO 방식으로 건설 및 운영과정에서의 정부지원은 없는 것이 일반적이다. 인도네시아 PPP 사업 프로세스는 그림 16과 같다.

그림 16. 인도네시아 PPP사업 프로세스

자료 : 인도네시아 국가개발기획부(https://www.bappenas.go.id/)

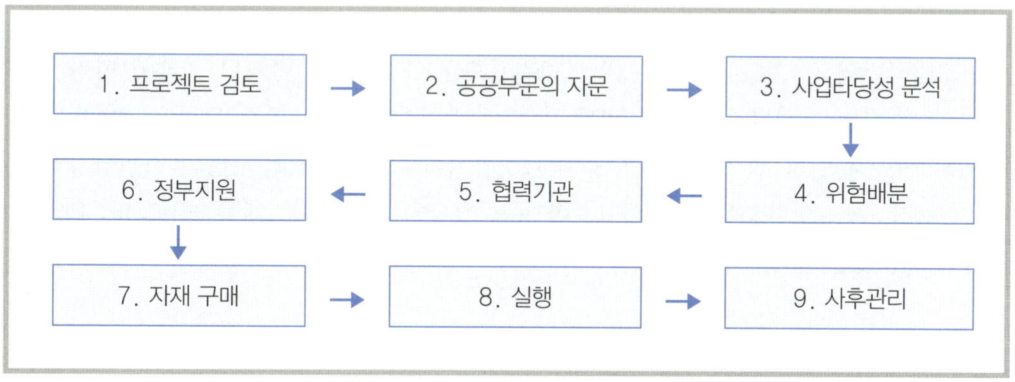

인도네시아의 PPP 사업은 정부고시형과 민간제안형 모두 사업공고 후 사전적격성 심사를 통해 시행되며, 제안서 평가로 낙찰자를 선정하여 협상을 진행하는 절차를 따른다. 민간제안형의 경우는 정부에서 최초 제안자에게 10% 가산점을 부여하거나 지적재산권을 매입하기도 한다. PPP 사업 선택은 다기준분석법(MCA:Multi-Criteria Analysis)에 의해 우선순위가 정해지며, 가능성 있는 사업은 정부계약기관(GCA: Government Contracting Agency)의 종합계획에 의해 공고된다. 국가개발기획부(Bappenas)는 사업 프로세스의 중심적인 역할을 담당하며, 민관협력중앙부서(P3CU: Public-Private Partnership Central Unit)를 설치하여 PPP 사업개발 및 검토, 공공부문의 자문, 위험 분담 등을 전담시키고 있다(그림17).

그림 17. 인도네시아 PPP사업 추진 구조

자료 : 인도네시아 국가개발기획부(https://www.bappenas.go.id/)

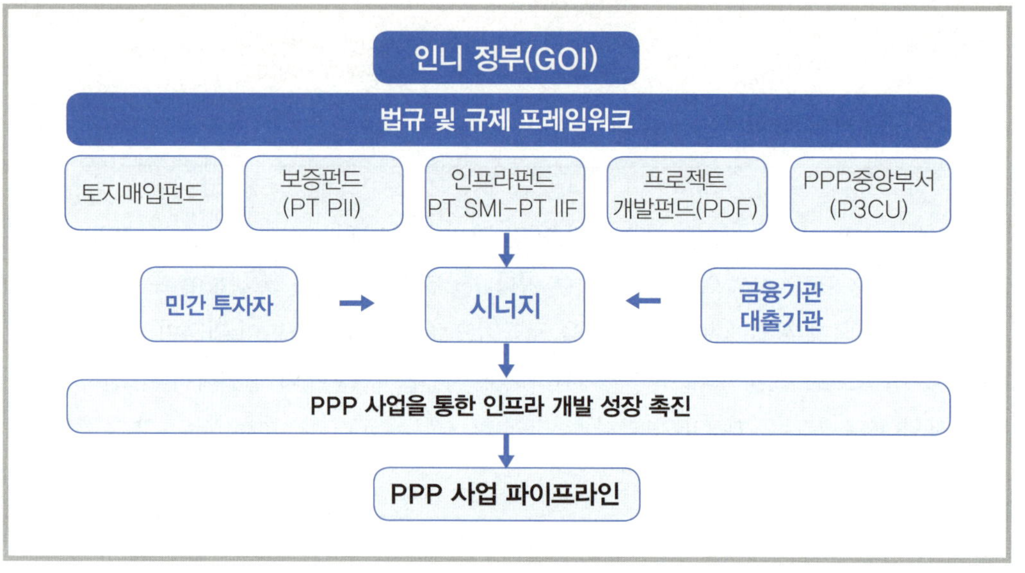

인도네시아의 P3CU는 인프라개발정책위원회(KKPPI)에서 협의된 정책에 따라 잠재적인 PPP 사업을 식별하고 공식 PPP Book에 등재한다. 정부계약기관은 PPP Book에 등재된 PPP사 업만 실행할 수 있다. 국가개발기획부에서는 PPP사업의 사업타당성 분석, 기술적, 재무적, 법적 자문, 입찰준비 등을 담당하는 프로젝트개발기금(PDF: Project Development Fund)을 운용중이다.

인도네시아 정부는 PPP 사업의 원활한 진행을 위해 보증펀드(IIGF: Indonesia Infrastructure Guarantee Fund)를 조성하여 PPP 사업을 지원하고 있다. IIGF는 사업 인허가 지연, 불이행, 사업주의 과실로 발생하는 파이낸싱 지연 및 실패, 법 · 규제 변경, 계약위반, 수입 리스크 등에 대해 지원한다. 이 펀드는 인프라보증기관(PT. PII: Penjaminan Infrastruktur Indonesia)이 운영 · 관리한다.

베트남

베트남 정부는 2015년 Decree No.15와 Decree No.30를 제정하여 PPP 투자 규제 가이드라인과 투자자 선정을 위한 입찰 수행 가이드라인을 마련한 바 바 있다. 베트남 외국인투자유치청(FIA: Foreign Investment Agency)에 따르면, 앞으로 10년간 베트남 인프라 개발에 4,000억달러의 투자 유치가 필요하며, 정부 재정으로 약 50%가 충당될 전망이다(정창구 · 손준형, 2016).

KOTRA에 따르면 베트남 정부는 도로 및 교량 건설을 위해 2011년부터 2015년까지 기간에 총 228억달러의 예산, 2016년부터 2020년까지 총 347억달러의 예산이 소요될 것으로 집계하고 있으나 정부 예산은 턱없이 부족해 전체 예산의 30~40% 정도는 PPP 방식으로 예산을 조달하고자 추진 중이다.[15] PPP 사업에 대한 정부 참여는 정부 자본, 투자 인센티브, 사업 실행 가능성을 지원하기 위한 재정 정책을 통해 이루어지며, 베트남 정부는 SPC 지분 취득, 사업 수입의 이익배당권을 갖지 않는다.

PPP 사업에 대한 정부 참여 비율은 총리가 관계 당국의 제안 및 기획투자부(MPI: Ministry of Planning and Investment)의 평가 등을 근거로 하여 결정된다. 정부 참여 비율은 이전에는 총 투자금의 30%를 넘지 못하는 등 한계가 있었으나 현재에는 별도의 한계를 두지 않고 있다. 민간사업자의 경우 최소자본 투자 규정을 두고 있는데, 이는 총투자금에 대하여 (a) VND 1,500 billion 까지는 동금액의 15%, (b) VND 1,500 billion을 초과하는 금액에 대해서는 해당 초과 액수의 10%에 해당하는 금액의 합계액으로 설정하고 있다.

한편 PPP 사업은 다음과 같이 6단계 절차에 따라 진행된다. 먼저 민간으로부터 사업을 제안 받고 정부 공고법령에서는 민간에서 발굴한 사업도 제안할 수 있도록 규정한다. 투자자는 공개입찰 방식으로 선정되며, 주로 국제 공개입찰(ICB)을 이용하여 사전 심사단계(PQ)에서 60점 이상을 얻어야만 기술 및 가격 평가를 받을 수 있다. 기술평가 단계에서는 70점 이상, 가격 평가 단계에서는 기술 평가가 통과한 투자자의 제안서만을 검토한다. 가격 평가 단계에서는 서비스 가격, 정부 지원 자본, 사회적 이득 및 정부의 수익효과 중에서 한 가지 기준만을 이용하여 심사한다. 사업 계약을 체결할 때에 계약자간 협의를 통해 계약을 수정할 수 있으며, 주정부 기관도 투자자와 사업 계약 전에 협의해야 한다. 사업 계약이 체결되고 나면 투자자에게 45일 정도 소요되는 심사를 거쳐 최종적으로 투자 허가증이 발급된다.

15) KOTRA(2014. 4. 11). "베트남 PPP(민관협력)사업 기회 증가, 현실은 미지수"

법인세는 첫째, 15년간(최장 30년) 10%의 우대 세율을 적용 받거나, 둘째, 4년간 법인세를 면제받고 이후 9년간 50%의 법인세를 감면 받는 혜택 중 유리한 투자 인센티브를 선택하거나, 해당 사업을 위하여 해외로부터 수입하는 장비, 부품 등에 대해서도 관세의 면제 등 PPP 사업에 대한 투자 혜택도 존재한다. 베트남의 PPP 사업 프로세스는 그림 18과 같다.

그림 18. 베트남 PPP사업 프로세스

자료 : 베트남 기획투자부(http://www.mpi.gov.vn/)

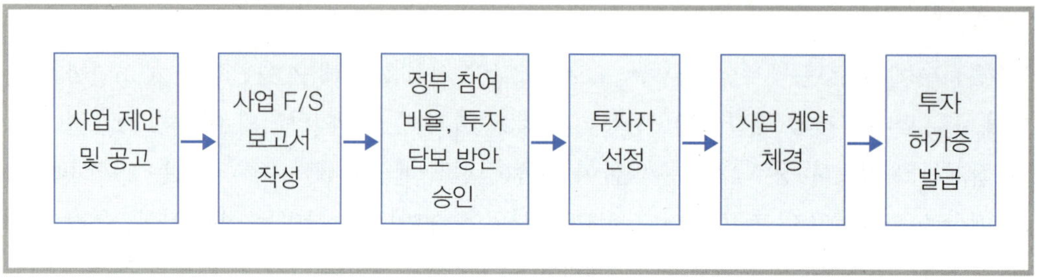

방글라데시

방글라데시는 PPP를 통해 민간을 참여시켜 정부의 재정부족 문제를 해결하고 인프라 개발 활성화 전략을 추진하고 있다. 민간투자에 대한 정책으로 PSIG(Private Sector Infrastructure Guideline)가 있었으나, 2010년 Policy and Strategy for PPP로 새롭게 정책이 개정된 바 있다. PPP 적용분야는 에너지, 석유화학, 전력(발전 및 송배선), 교통 인프라(도로, 항만, 공항), 수처리, 환경, 관광, 도시 개발, 통신, e-서비스 등으로 기존 PPP 정책보다 영역이 확대되었으며, 사업 규모별로 소형, 중형, 대형으로 구분되어 있으며 유형별로 입찰절차는 상이하다. PPP 사업에는 방글라데시 현지기업은 물론 외국기업(방글라데시 현지법인)도 참여가 가능하며, 사업의 승인 소요기간은 최소 14주에서 최대 54주로써 PPP 사업 규모별로 최종 승인기관이 달라진다.

한편 PPP에 대한 방글라데시 정부의 금융참여(financial participation) 방식은 사업의 성격, PPP 모델에 따라 첫째, 기술지원 금융(Technical Assistance Financing), 둘째, 사업이행자금(Viability Gap Funding), 셋째, 인프라 금융(Infrastructure Financing) 등 세 가지로 구분할 수 있다. 기술지원 금융(TAF)은 타당성조사(F/S), Request for Quotation(RFQ)및 Request for Proposal(RFP) 문서 준비, 사업 양허계약 준비, 기타 PPP 관련 필요 자금(사업 설명회) 등에 활용된다. 사업이행자금(VGF)은 PPP Unit에서 관리하며, 수익성은 낮지만 경제적, 사회적으로 사업타당성이 높은 BOT 사업에 대해서만 외국의 무상원조를 통해 제공된다. 인프라 금융(IF)은 방글라데시 인프라 금융기금(BIFFL:

Bangladesh Infrastructure Finance Fund Limited)과 같은 금융기관을 통해 지원되는 방식(납입자본 160억 BDT)으로 민간대출보다 이자율이 낮은 일종의 기금이다.

PPP 사업 프로세스는 그림 19와 같이 사업 승인, 타당성조사, 사전입찰 심사, 입찰심사, 계약과정 총 5가지도 나타난다. 사업승인은 발주처 또는 참여하는 민간투자자가 예비타당성조사 보고서와 PPP 개발계획을 정부에 제출하는 과정으로, 중형과 대형 사업의 경우는 정부의 승인이 필요하며 소형은 발주처 자체승인으로도 가능하다. PPP 사업 승인이후 PPP 사무국에서는 컨설턴트를 선임하고, 컨설턴트가 사업의 타당성조사와 사전입찰 및 본 입찰 참가서류를 작성하며, 소형 사업은 사전입찰 심사 없이 바로 본 입찰로 진행된다. 이후 제출한 서류를 바탕으로 가격과 기술 등을 심사·평가하게 되며 입찰순위에 따라 우선협상 대상자가 선정되고, 협상과정을 거쳐 낙찰자에 대해 최종 승인이 이루어진다.

그림 19. 방글라데시 PPP사업 프로세스

자료 : Investing in Bangladesh : Handbook & Guidelines(2011)

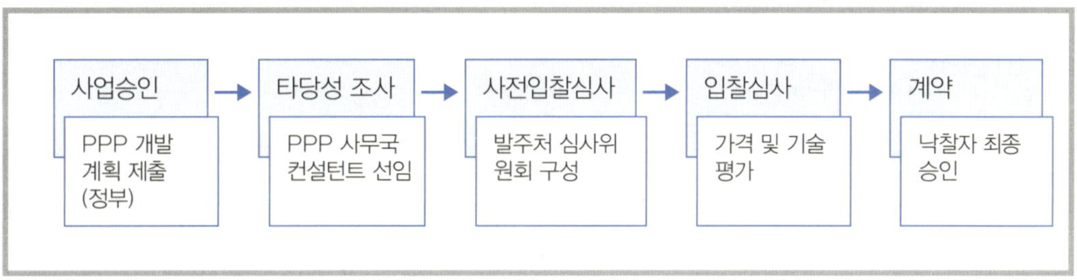

필리핀

필리핀은 동남아 국가 중 최초로 BOT 법(RA 6957)을 제정해 다양한 국가인프라 사업을 BOT 방식으로 추진하고 있다. PPP 사업에는 해당 인프라의 개발계획 수립, 타당성조사, 설계, 시공, 자재 등과 같은 시공과정 전반이 포함되어 사업자 입장에서는 설계, 자금조달, 시공, 운영관리 등 사업 전반에 보다 광범위한 참여가 가능하다. 다만 필리핀 외국인투자법에 따르면, BOT 방식에 의한 인프라 개발시 개발 및 건설 단계에서 외국인 지분 100%를 허용하나 운영 단계에서는 외국인 지분을 40% 이하로 제한한다. 그러나 BOT 방식의 발전소 건설시 외국인지분 비율을 100% 허용하고 있다.

필리핀에서의 건설 활동에는 통상산업부(Department of Trade and Industry: DTI) 산하기관인 필리핀인정원(Philippine Contractors Accreditation Board: PCAB)의 건설면허가 필요하다. 필리핀인이 지분 60% 이상을 보유한 법인에 발급되는 일반면허(Regular

License)가 필요하며, 외국인이 지분 50% 이상을 보유하고 있는 컨소시엄, JV, 특정 건설사업을 보유한 기업 등은 특수면허(Special License)의 발급이 필요하다(표10).

표 10. 필리핀 진출 외국기업 BOT사업 참여 관련 내용

자료 : 해외건설정책지원센터(2016)

외국 기업의 BOT 사업 참여 가능 여부
■ Project Proponent and Facility Operator of a BOT Project Requiring a Public Utilities Franchises(RA 7718 Section 2(a), 헌법 Section 11 Art XII) 조항에 의거, 외국 기업은 BOT 사업의 운영사, 제안사 지분의 40% 초과 소유가 불가능함 ■ 단, 건설사의 경우 건설 단계에서는 특수건설면허(Special License) 취득을 통해 외국인 지분 100% 보유 기업도 참여 가능함 ※ 실제로는 외국인 지분 40% 초과 기업이 관리감독회사(Management Entity)를 설립하여, 건설 및 운영 단계에서 사업에 직·간접 참여하는 경우가 대다수임(RA 6957 Section 5.4, a–ii) ■ 필리핀 내 인력조달이 가능할 시에는 필리핀인을 고용해야 함 ■ 재원 조달시 전체 사업비의 50% 이하 한도 내에서 외국 차관, ODA 통해 자금 조달이 가능함(RA 7718 Section 2a)

필리핀 민관협력(PPP) 사업이 본격화되기 위해서는 우선 경제개발원-투자조정위(NEDA-ICC), NEDA Board7)의 승인이 필요하다. 3억페소(약 70억원) 이상의 중앙부처 사업, 2억페소(약 50억원) 이상의 지방정부 사업(BOT, PPP 방식) 수행시 NEDA-ICC의 승인이 필요하며, 해당 사업은 NEDA-ICC 승인 후 대통령이 공동 의장으로 있는 NEDA Board 승인까지 거쳐야 시행 가능하다(표11).

표 11. NEDA-ICC 및 NEDA Board 승인필요 사업

자료 : 필리핀 경제개발청(http://www.neda.gov.ph/)

구 분	사업규모 제한사항
중앙정부 추진사업	5억 페소 (약 120억 원) 이상
공기업, 정부출연기관 및 중앙정부 보증 아래 자금 조달 추진하는 신규사업	5억 페소 (약 120억 원) 이상
중앙정부 및 공기업이 추진하는 BOT 또는 이에 준하는 방식으로 추진하는 사업	제한 없음
지방정부가 추진하는 BOT 사업	2억 페소 (약 50억 원) 이상
민자, ODA, PPP 사업	5억 페소 (약 120억 원) 이상

BOT 사업자 선정 방식은 크게 최우선 추진사업(Priority Projects), 순수민간제안(Unsolicited Proposals)사업, 직접협상을 통한 수의계약 등 3가지로 구분된다. 최우선 추진사업은 관련 개발계획이 6개월마다 신문, 광고 등을 통해 공표되며, 이후 관련 기관의 승인이 완료되면 공개입찰 방식(기술과 가격을 별도 평가하는 Two envelopes(2 stages) 방식)을 통해 사업자가 선정된다. 순수민간제안 사업은 첫째, 정부의 기존 최우선 추진사업 목록에 포함되지 않으면서, 둘째, 신기술, 신개념이 적용되었거나, 셋째, 정부의 직접보증, 보조, 지분투자가 수반되지 않는 경우, 넷째, 공개입찰은 생략되며 정부와 협상을 통해 사업자로 선정 가능하다. 따라서 우리 기업들은 필리핀 인프라 사업은 제도의 불투명성과 정부정책의 일관성 부재로 자격요건, 선정과정 등은 BOT 법을 파악해 이에 대비해야 할 필요가 있다.

태국

태국 정부는 공공인프라 건설 방안으로 PPP 사업을 적극 추진 중이며, 5개 인프라 건설 사업에 대한 신속한 추진을 위해 2016년 상반기 입찰단계를 조속한 마무리를 목표로 하는 PPP FAST TRACK 계획을 발표하는 등 제도적 기반 마련과 실질적 행정지원에 노력 중이다. 2013년 민관공동사업(PPP)을 위한 공공기관정책사무국(State Enterprise Policy Office, SEPO)과 PPP정책위원회(PPP Policy Committee)의 역할과 책임, 사업추진 대상과 절차, 이행방법, 그리고 관리와 감독에 대한 내용의 PISU 법령을 제정하였으며, 이 법령에 의하면 PPP정책위원회는 5년마다 PPP 마스터플랜을 작성해 정부에 제출해야 한다. 이 계획에 따르면 향후 5년간 20개 분야 65개 사업에 약 381억 달러 투자를 목표로, PPP 사업 지원을 위해 20억 바트(약 6천만달러)의 사업개발기금(Project Development Fund)을 정부가 조성할 예정이다.

태국에서 PPP 대상사업은 크게 3가지로 구분한다. 첫째, Commercial PPP는 에너지, 통신, 항공운송 등 높은 수익성을 낼 수 있는 사업을 포함하고, 둘째, Economic PPP는 지하철, 도로, 철도 등 어느 정도의 수익성이 확보되나 정부 지원 필요한 사업이다. 셋째, Social PPP는 의료, 수자원, 교육 등 수익성이 없으며 전적으로 정부 재원이 투입되어야 하는 사업을 포함한다. 사업 규모가 1억4천만달러 이상이거나, 2억8천만~1억4천만달러 사이인 경우에는 인프라 혹은 공공시설 분야에 해당하는 사업만 PPP정책위원회의 심사를 받아야 한다. 사업 규모가 3천만 미만이거나 3천만~1억 4천만 사이인 경우에는 기타사업(인프라, 공공시설 외)은 해당 부처 장관의 승인으로 추진가능하다.

그림 20. 태국의 PPP 전략적 계획

자료 : 태국 State Enterprise Policy Office(http://www.sepo.go.th/)

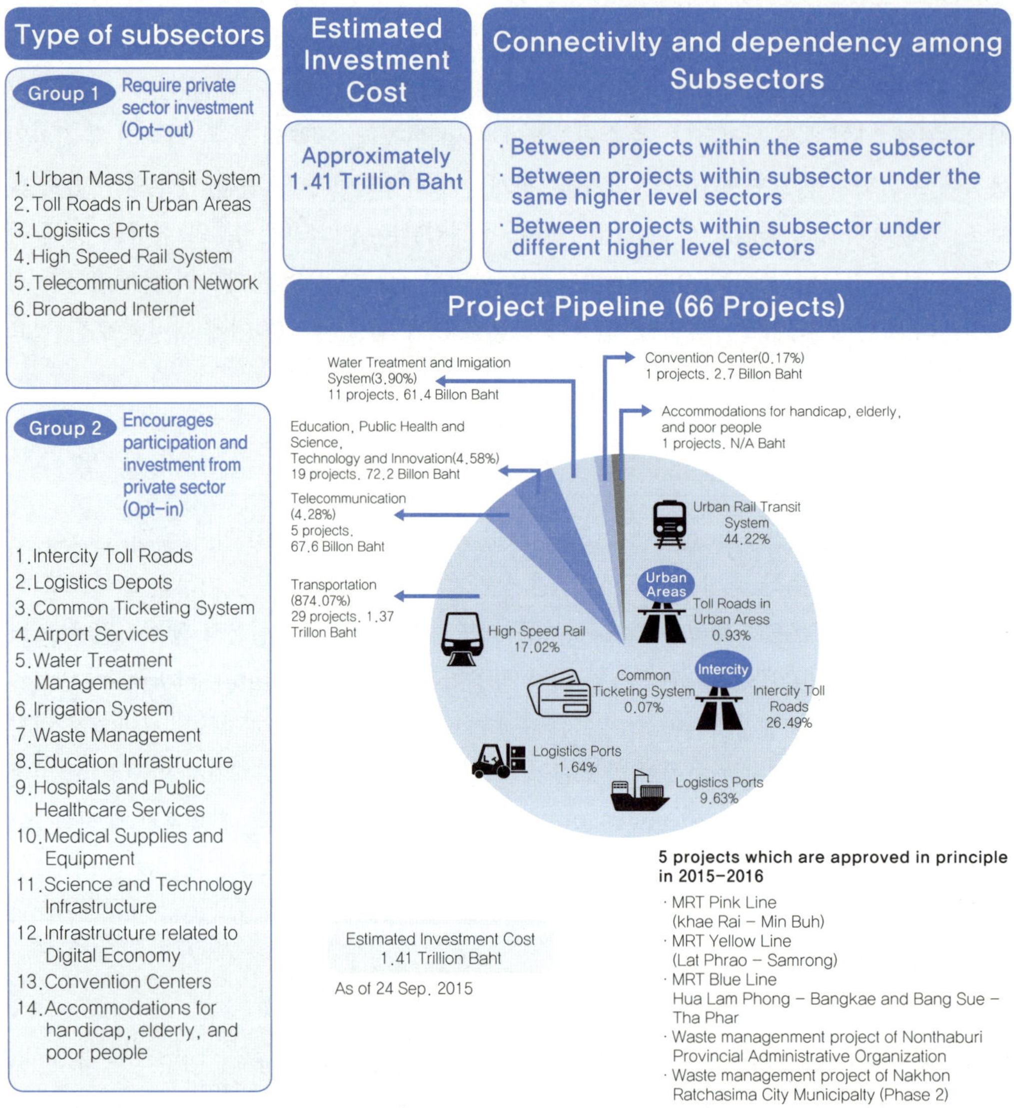

브라질

브라질 정부는 민간투자 유치를 통한 인프라 개발을 위해 지난 1995년 정부양허 제도(Lei 8.987)를 제정하고, 1995년 Concession Law, 2004년 PPP Law가 제정된 이후에도 정부의 재정부족과 민간분야의 사회기반시설 투자 수익성에 대한 부정적 시각으로 투자유치가 부진하였다. 2004년부터 전력, 운송, 통신 등 기초 인프라 분야에 대한 중점투자유치 계획을 수립하고 부분투자를 시작하였으나 경제안정을 위한 긴축재정으로 정부의 자체적인 인프라 투자가 어려워지면서 PPP 제도를 도입하기로 결정한 것이다. 2004년 12월 PPP 사업의 구체적인 내용을 다룬 법률인 Lei 11.079가 제정되었으며, 2005년 3월 시행령인 대통령령 제5385호를 발표하였다. 여기서 PPP 사업과 기존의 정부양허 사업과의 가장 큰 차이는 정부책임 불이행에 따른 보상 등의 내용을 법으로 명시한 점과 금융기관의 피해최소화를 위한 융자보증에 대한 내용이 명시되어 있다는 것이다(표12).[16)]

표 12. 브라질 정부양허 사업과 PPP 사업 비교

자료 : KOTRA(2007)

관련 법률	정부양허 사업(Lei 8.987/95)	PPP 사업(Lei 11.079/04)
사업기간	없음	5년~35년
위험요인	추가 위험요인만 공동부담	모든 위험요인을 민관이 공동부담
정부책임 불이행	관련 내용 없음	책임 불이행으로 간주되는 경우 시정기간, 보상 등을 법으로 명시
투자금 회수	사업 수익만으로 회수 가능	계약조건에 따라 일정부분 정부보상으로 회수 혹은 정부 100% 보상으로 회수
보증	민간기업만 보증 발급	민관 모두 보증 발급
벌칙	민간기업에 불리한 벌칙	민관 양측에 위반내용의 따라 조치
융자 보증	관련 내용 없음	사업무효를 대비하여 금융기관의 손해가 없도록 제도적 장치 존재

브라질에서 시행되는 PPP 사업들은 현지 민간기업과 브라질 정부가 협력하는 도로, 교통, 공중위생시설, 사회복지시설 등으로 수익성은 크지 않지만 민간기업 위주로 구성된 컨소시엄이 공사비를 부담하는 방식으로서 정부에서 민간의 투자금 회수를 보증하기 때문에 사업은 안정적인 편이다. 브라질 내 PPP 제도를 채택하고 있는 주요 지역은 상파울루, 미나스 제라이스, 바이아, 고이아스, 세아라, 히우 그란지 두 술, 산따 까따리나 등이다.

브라질의 PPP는 특수양허(Special Concessions)의 한 종류로 분류되는데 다시 두 가지 형태로 구분될 수 있다. 후원양허(Sponsored Concession) PPP 방식은 공공사업자가 공공서비스 및 공사를 민간 사업자에게 위탁하면 민간 사업자는 이용자로부터 사용료를 받는 것 외에도 정부의 보조금을 받아 진행하는 사업으로서 공사를 수주한 기업은 브라질 정부가 허가하는 약 30년의 기간 동안 시설 운영권을 보유하게 되며, 이 기간 동안 시설 사용요금을 징수해 일부 투자비용을 회수하고 나머지 부분은 브라질 정부로부터 직접 돌려받는 구조이

16) KOTRA(2007. 5. 29). "브라질, 인프라 건설산업 진출유망"

다. 행정양허(Administrative Concession) PPP 방식은 민간 사업자가 시설을 건설하여 사업을 운영하지만 이용자인 정부가 사용량에 대한 대가를 지불하는 형태이다. 브라질은 연방정부에서 국가 전체 인프라 PPP 사업을 담당하고, 주와 시정부에서 지역단위 사업을 담당하는 구조로서 주요 사업절차는 표 13과 같다.

표 13. 브라질 PPP사업 프로세스

자료 : 브라질 기획예산부(http://www.planejamento.gov.br/)

일반 절차	변칙 절차
1) 입찰 공고	1) 입찰 공고
입찰절차 시작 ■ 조건 및 규정 명시 ■ 공사 목적 및 계약조건 결정	입찰절차 시작 ■ 조건 및 규정 명시 ■ 공사 목적 및 계약조건 결정
2) 자격 심사	2) 분류
■ 각종 구비서류 제출 ■ 자격 심사	■ 입찰서류 제출 ■ 서류 개봉 ■ 기술심사를 통해 최소 자격 미달기업 탈락 ■ 서류 심사
3) 분류	3) 자격 심사
■ 서류 개봉 ■ 기술심사를 통해 최소 자격 미달기업 탈락 ■ 서류 심사	■ 선발된 업체의 자격 유무 심사
4) 최종 판결	4) 최종 판결

연방정부와 주정부는 각각 4개년 개발계획(PPA: Plano Pluri Anual)을 세우는데, 연방정부의 경우 도로, 도시교통, 주택, 철도 보급을 주요 인프라 투자분야로 설정하고 있다. PPP사업 시행법인은 PPP 법률 제9조에 의거하여 설립되는데 공기업이나 연방정부가 대주주로 있는 기업의 경우 사업 시행법인에 대한 대출한도는 법인의 총 금융자산의 70%를 초과할 수 없다. 특수목적을 가진 사회보장기금단체 등이 참여하는 경우에도 80~90%를 넘지 못하는 수준이며, 민간사업자가 조달해야하는 자금규모는 총 사업비용의 10%에서 30% 수준이다. 브라질 연방정부는 PPP에 대한 재정지출을 총 경상수지의 1%를 넘지 않도록 제한하고 있다. 이를 초과할 경우정부의 보증 등의 혜택을 받을 수 없도록 규제하고 있다.

브라질 PPP 사업의 계약기간은 최소 5년에서 최장 35년이며 필요시 연장이 가능하다. 계약금액이 2천만헤알(약 70억원) 미만이거나 서비스 제공기간이 5년 이하인 경우 PPP 계약 대상에서 제외된다. 다만 PPP 사업이 노동력 제공, 자재 공급, 설비 설치, 공공공사 실시와 같이 한 가지 목적만 추구할 경우 승인되지 않는다. 브라질 PPP사업의 일반 절차와 변칙 절차의 내용은 유사하다. 변칙 절차의 경우 자격 심사 이전에 기술심사와 서류심사를 실시하여 최소 자격 미달기업을 미리 걸러내어 일반절차와 차이가 있다. 연방정부의 PPP 사업을 관할하는 감독조직(Orgao Gestor)은 정부가 지명하는 기획예산부, 재무부, 대통령비서실의 대표로 구성되며, 이 조직은 PPP 시행사업의 우선순위 결정, 계약과정의 정비, 입찰개시 승인, 계약시행보고서 평가 등을 담당한다.

브라질의 PPP 사업은 사업자체의 발전수준, 연방정부의 개발전략, 수익성, 민간부문의 관심정도를 고려하여 예비적격판단의 형태로 선정되는 형태로 볼 수 있다. 브라질은 1990년대 초부터 시장개방, 공기업 민영화, 탈규제화를 추진하고 있으며 공기업 민영화 및 PPP 방식을 활용한 외국인 투자유치에 적극적이지만 민간 부문의 사업 입찰은 대부분 비공개 입찰방식으로 진행되기도 하여 관련 정보입수가 매우 어려운 편이며, 주요 사업이 인맥을 통해 추진되고 핵심정보 또한 인맥을 통해 제한적으로 공유되기도 한다. 따라서 국내 기업 진출시에는 인프라 부문 공기업 출신 인사나 각 분야별 영향력 있는 인맥 구축을 통한 사업 추진이 효과적일 수 있다. 브라질은 PPP 사업뿐만 아니라 일반사업 입찰 규정이나 제도가 자주 변경되기도 하므로 현지 국내 법무법인이나 전문컨설팅 기관을 통해 환경 변화에 대한 대비책을 마련해야 할 필요성이 있다. 브라질의 진출이 처음인 경우, 단독 진출보다는 동반진출을 모색하는 것이 바람직하다.

콜롬비아

콜롬비아는 인프라 확장 및 공공서비스 확충의 자본금 조달방안으로서 새로운 인프라 사업에 민간부문의 적극적인 참여를 유도하고자 PPP 법 · 제도를 제정하였다. 1990년대에 공기업 민영화을 통해 경제 개혁을 시작하고 PPP 시스템 도입 및 인프라 확충에 대한 법률체계를 갖추었으며, 2012년 1월 민간 자본 조달을 통한 인프라 확충을 위해 새로운 PPP 법률(Ley No. 1508)을 제정하였다. 콜롬비아의 PPP법은 PPP 사업의 대상범위를 확대하여 기존의 도로, 철도 등의 경제적 인프라뿐만 아니라 학교, 병원 등의 사회적 인프라까지 포함한다. 사업자에 대한 정부 보조금은 시공기간 도중에는 지급할 수 없으며, 인프라 시설이 완공되어 이용할 수 있는 경우에만 지급할 수 있다. 건설비 초과 위험, 수요 추정위험, 토지수용 등의 위험을 정부에서 민간으로 이전하는 방식이다. 사업 기간을 최대 30년으로 제한하고, 사업 기간 연장은 최초기간의 20% 이내, 정부 보조금 증가 또한 최초 추정액의 20% 이내로 한정한다. 민간 제안사업의 경우 정부 보조금의 지급여부에 따라 각각 다른 입찰 절차를 따르도록 규정한다.

콜롬비아 PPP 사업은 국가기획부(Departamento Nacional de Planeacion: DNP)가

국가 정책 및 공공 투자와 관련된 모든 활동에 대해 관련 부처를 조정하는 기관으로서 국가개발계획 수립을 담당한다. 국가기획부 산하의 국가경제사회정책위원회(Nacional de Politica Economica y Social: CONPES)는 행정부의 경제 및 사회 정책을 분석 및 승인하고, 집행부처의 사업 집행을 조정하는 역할을 담당하며, 국가발전기금(Fondo Financiero de Proyectos de Desarrollo: FONADE)은 정부 재정투자의 연간 한도액을 설정하여 사전타당성 및 타당성 조사를 지원하는 역할을 한다. 재무부(Ministerio de Hacienda y Credito Publico: MHCP)는 DNP에서 수립한 투자 예산을 운영예산에 추가하여 중앙정부의 매년 예산을 수립하고 의회에 제출한다. 재무부는 예산기관으로서의 일반적인 역할 외에, 정부와 민간 사이의 위험 배분과 우발채무의 가치평가 등 PPP 사업의 승인 과정에서 매우 중요한 역할을 수행하는 것이다. 교통부(Ministry of Transportation: MOT)는 산하에 정부재정에 의한 도로투자 사업을 책임지는 도로관리청(INVIAS)과 민간에 의한 도로 투자 사업을 책임지는 민자관리청(ANI)이 있다.

콜롬비아는 100개 이상의 지방정부가 법률에 따라 부처별 개발 계획과 지방 개발 계획을 수립하고 있으며, 중앙정부가 수립하는 국가개발계획(NDP)과 연계되어 PPP 사업을 추진 가능하다. 콜롬비아의 PPP 사업추진절차는 그림 21과 같이 진행된다.

그림 21. 콜롬비아 PPP사업 프로세스

자료: 콜롬비아 국가기획부(https://www.dnp.gov.co)

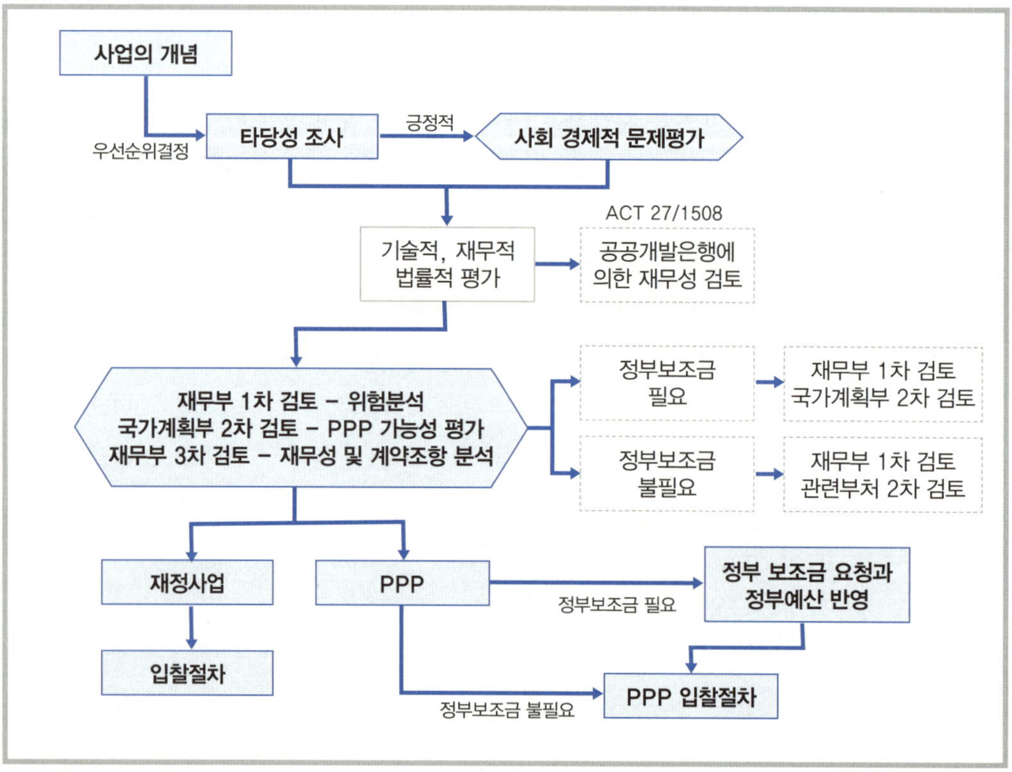

콜롬비아 PPP 사업의 준비단계에서는 크게 정부고시(Solicited) 사업과 민간제안(Unsolicited) 사업으로 구분된다. 정부고시 사업자는 일반적인 경쟁 입찰을 통해 선정되며, 정부는 입찰자에게 첫째, 기술, 경제, 환경, 토지, 법 등 일반적인 사항, 둘째, 설계, 건설, 유지 보수, 운영 기간, 재무 모델 등에 대한 정보, 셋째, 사회, 경제 및 환경적 영향에 대한 분석 정보, 넷째, 위험 요소 및 취약성에 대한 분석 정보, 다섯째, 위험 유형, 추정과 배분, 잠재적 불확실성에 대한 정보 등을 제공한다. 입찰자를 평가할 때는 첫째, 법률, 재무 혹은 재정 능력, 투자와 시공 경험과 같은 조건, 둘째, 서비스 수준, 품질 기준, 추정 수입의 현재 가치, 정부 보조금 지원 수준의 평가 요소를 기준으로 적용한다.

민간제안 사업은 다음의 두 가지 프로세스를 통해서 추진된다. 첫째, 사전타당성 조사로서 사전타당성 조사를 위해 사업 제안하는 민간기업은 사업의 범위, 수요 추정과 자금 출처 등 사업에 대한 자세한 내용을 제시해야 한다. 정부는 이를 바탕으로 3개월 이내에 제안된 사업의 실행 가능성을 평가하며, 사업이 승인된 경우에만 민간기업이 사업을 계속 추진 가능하다. 둘째, 사업타당성 조사로서 사업을 제안한 민간기업은 상세한 재무모델과 사업별 위험 분석, 사회 · 경제 · 환경적 영향에 대한 보고서, 그리고 기술, 토지, 재정 및 법적 수용 가능성에 관한 보고서를 제출하고, 법률 및 재정능력에 관한 증빙서류를 제출하여야 한다. 정부는 6개월 이내에 제출된 사업을 평가해야 하고, 필요한 경우 3개월 연장을 할 수 있다. 평가가 완료된 이후, 정부는 사업 승인에 관한 모든 조건 등을 공개 발표하며, 최초 제안자는 2개월 이내에 사업승인 조건을 수락하거나 다른 대안을 제시해야 한다.

PPP 사업의 실행단계에서는 정부고시 사업의 경우 정부가 제안요청서(RFP)를 공표하고 민간이 제출한 제안서는 평가를 거쳐 최우수제안서가 선정된 후 협상을 하게 된다. 민간제안 사업의 경우에는 사전타당성 조사를 통한 계획서 제출 후 개략분석, 타당성 조사를 거친 후 제안서가 평가되며, 보완 연구가 필요한 경우 최대 3개월까지 추가 분석이 요구되며, 그 후 2개월 동안의 협상을 통해 계약이 체결된다. 민간제안 사업의 경우 정부 보조금을 지원 받는 경우와 정부 보조금 지원을 받지 않는 경우로 나누어 절차가 달라진다. 정부 보조금 지원을 받는 사업의 경우 정부는 사업에 대한 경쟁 입찰을 통해 사업자를 선정한다. 최초 제안자는 총 점수의 10% 이내에 해당하는 가산점을 얻을 수 있다. 정부 보조금은 사업비의 20%를 초과할 수 없으며, 정부 보조금을 지원받지 않는 사업의 경우 정부가 정부의 조달 홈페이지에 최소 2개월간 공표하여야하고, 제3자가 참여하지 않는 경우에는 최초 제안자가 사업자로 선정된다. 제 3자가 참여하는 경우에는 간소화된 절차를 거쳐 선정하며 필요한 경우 제 3자의 개선 방안이 포함되기도 한다. 정부 보조금 지원과 관계없이 최초 제안자가 선정되지 않는 경우에는 선정된 제3자가 최초 제안자에게 제안 비용을 보상해야 한다.

이란

이란 정부는 2002년 외국인 투자촉진 및 보호에 관한 법률(Foreign Investment Promotion and Protection Act, 이하 FIPPA)을 제정하면서 외국인 투자자의 진출영역을 주요 인프라까지 확대하였으며, 외국인 투자에 대한 정의를 외국인 직접투자(FDI), 민간참여, 바이백(Buy-Back) 방식, 연계무역 및 각종 건설 · 운영 · 양도(BOT) 방식 등 다양한 유형의 프로젝트 금융조달 방식에 이르기까지 모든 형식의 투자를 포함하고 있다. 이는 투자 허가신청 및 승인절차를 간소화하여 신속하게 처리하도록 한 조치이다.

PPP 사업과 관련하여 이란 투자청(Organization for Investment Economic and Technical Assistance, OIETAI) 내에 신설된 외국인 투자서비스 센터(Center for Foreign Investment Services)는 모든 업무를 처리할 수 있도록 하여 이란 내 외국인 투자사업에 대한 집중적이며 효율적인 지원을 제공한다. 외국인 투자자들이 자본 이전을 목적으로 하는 외환 거래를 쉽게 이용할 수 있도록 규제업무에 융통성을 부여하여 하였다. 또한 FIPPA 제7조에 따르면 경제재무부, 상무부, 노동 및 사회부, 이란이슬람공화국 중앙은행, 이란이슬람공화국 관세청, 기업 및 산업재산 등록 총괄이사회, 환경보호기관 등 모든 관련 부서는 해당 부서장에 의해 전권을 위임 받은 대표를 지명하여 지원기관에 파견하도록 규정하였다.

한편 외국인 투자 허가절차는 그림 22와 같이 4단계로 구분된다. 첫째, 투자청(OIETAI)에 신청서 제출단계이다. 신청인은 투자하고자 하는 프로젝트에 관한 타당성 조사를 해야 하며, 타당성 조사가 없는 경우 투자를 원하는 프로젝트에 관한 정보 일체를 신청서에 상세히 기재하여 이란 투자청(OIETAI)에 제출해야 한다.[17]

둘째, 외국인투자위원회(FIB) 심의단계이다. OIETAI는 검토 보고서를 작성하여 신청서 접수 후 15 영업일 내에 외국인투자위원회(Foreign Investment Board, FIB)에 투자신청서를 제출해야 한다. 검토 보고서 작성을 위해 관련 부문에 대한 책임을 지고 있는 부의 견해를 청취하는데, 관련 부에서 질의를 받은 날로부터 10일이 지나도 답변이 없는 경우 투자에 대해 동의한 것으로 간주한다. FIB는 검토보고서 제출일로부터 1개월 이내에 투자허가 여부를 결정하고, 외국인투자자에게 사업설명을 위해 회의참석을 요구하는 경우가 많다.

17) http://www.investiniran.ir/

셋째, 신청기업의 투자허가 초안 내용 검토단계이다. 투자자가 FIB의 결정에 만족하는지 여부를 확인하기 위해 최종 투자허가 발급 전에 허가 초안을 검토할 기회를 제공하며, OIETAI는 투자자가 이의를 제기할 경우 이의 내용과 투자허가 초안을 FIB에 재송부해야 한다.

넷째, 투자허가 발급단계이다. 최종 투자허가(FIPPA Licencse)는 투자자가 허가 초안에 이의가 없다는 합의 후에 경제재무부 장관의 서명을 받아 발급된다.

그림 22. 이란 외국인 투자 허가 절차 및 소요기간

자료: Linklaters(2016)

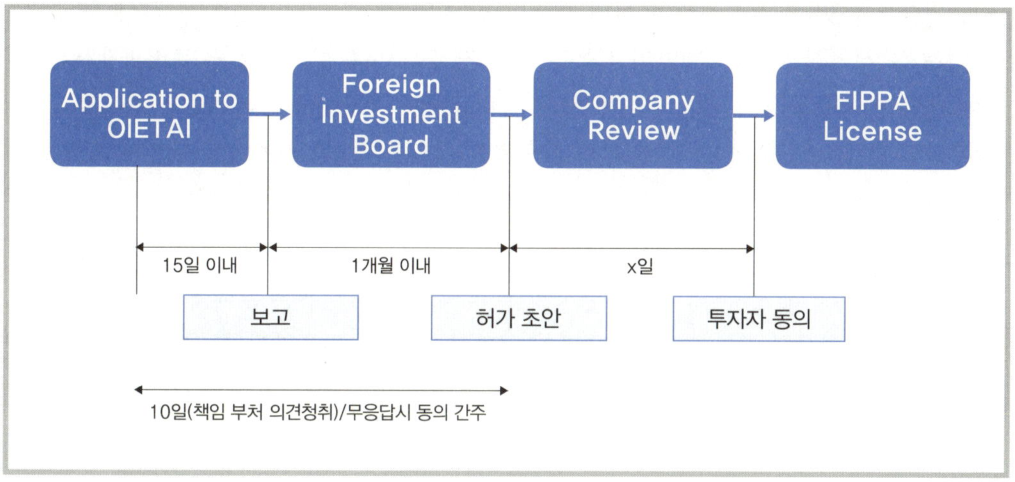

연간 수입이 계약상 합의된 수입비용 분석모델에서 예측한 수익의 85%에 못 미칠 경우 정부가 85%와의 차액을 총 예상수익의 최대 2001년 개정된 PPP법에는 프로젝트 회사가 고속도로 운영을 통한 25% 한도 내에서 보상해준다는 규정이 추가되었다. 2015년 PPP 사업 진행을 위해 제정된 세부조례에는 사업개발, 프로젝트 회사 요건 및 의무, PPP 제도의 구조 및 주요 정보, 사업비 지급 및 양허기간, 투자 리스크 보상범위, 불가항력에 의한 보상 등을 규정한다.

한편 도로 · 도시개발부(Ministry of Roads & Urban Development, 이하 MRUD)는 도로 및 교통인프라 부문의 PPP 사업에서 설계도 승인, 자문 엔지니어 임명, 감독기관 인력 관리, 기술적 세부요건 변경허가 등에 관해 독점적인 권한을 가지며, 이에 수반되는 비용을 조달한다. PPP 사업은 교통서비스와 인프라 제공으로 창출되는 예상수입뿐만 아니라 사업부지 이용수익, 장기임대 수익, 홍보수익, 사업개발 인근 부지 투자로 인한 수익 등을 포함하여 산출된 양허기간 동안의 총 예상수익을 근거로 추진된다. 공사 착수 이전에 환경 · 기술 및 재무 타당성 조사를 포함한 광범위한 사전 조사가 수행되어야 하며, 프로젝트 회사는 PPP 양허계약에 관한 초안을 사전에 준비해야 하지만 이는 MRUD가 대신할 수 있다. 프로젝트 최종 승인여부는 MRUD, 관계 부처 감독기관, 조달부처, 구매자(Off-taker), 프로젝트 회사, 건설사 등으로 구성된 위원회에서 결정한다. 투자자들은 발주처로부터 사전의향서를 받은 날로부터 2달 이내에 주식회사 형태의 프로젝트 회사를 설립해야 하며, PPP 양허합의 이행 이전에 MRUD에 등록증명서를 제출해야 한다.

프로젝트 회사는 타당성 조사를 통해 산출된 사업비의 최소 30%에 해당하는 금액을 지분 또는 주주대출형식으로 투자해야 하며, 계약기간 동안 해마다 총 사업비의 5%에 해당하는 이행보증을 제출해야 한다. 계약기간 동안 회사 자금을 이용해 회사 설립 목적과 무관한 거래에 개입하는 것이 금지되며, 관련법이나 관계 규정에 근거하여 기획, 설계, 품질관리, 감독 등의 수행을 위해 관계 당국으로부터 발급받은 신뢰할만한 자격증빙을 보유한 하도급 회사를 선정할 수 있다. 다만 프로젝트 회사가 직무태만이나 개발계획 · 사업추진에 손해를 초래하거나 보안문제를 야기했을 경우 MRUD는 사업 개입 예정고지를 서면을 통해 전달하고, 이로부터 15일 후 관련 업무를 수행하게 된다. 사업 소요비용은 손해배상금 15%를 부가하여 프로젝트 회사에게 지급할 사업비에서 공제하게 되며, 비용발생 후 1달 이내에 청구서를 발행하여 통보한다. 양허기간 동안 건설, 운영, 지분투자 상환 등에 소요되는 비용이 프로젝트 회사에 적절히 지급될 수 있도록 MRUD 승인 하에 재무모델이 설계, 시행된다. 어떠한 사유로든 초기에 설정된 양허기간 내에 지분투자 상환을 포함한 사업비가 프로젝트 회사에 제대로 지급되지 않은 경우 정산 완료시까지 양허기간이 연장되는 것이다.

이를 위해 경제재무부(Ministry of Economic Affairs and Finance)가 임명한 감사가 프로젝트 회사에 대한 사업비 지급의 적정성 여부 입증 및 감독을 담당한다. 투자금 상환방식은 사용자로부터 회수하거나 정부가 지급하는 2가지 유형이 있다. 정부지급의 경우 프로젝트 회사는 정부와 프로젝트 관련 임차구매를 진행하게 되며, 2가지 사업유형 모두 양허기간 종료 후 정부에게 사업이 귀속된다. 또한 MRUD는 양허기간 중이나 사업권 이전 이후에도 투자금 상환이 제대로 이행되지 않을 가능성에 대한 대비책으로서 초기에 합의한 배당률에 근거한 보상방안을 계약서에 명시하여야 한다.

모잠비크

모잠비크 정부는 2011년 민관협력사업 추진을 위한 법적 체계를 구축하고자 PPP 법을 제정하였다. PPP는 정부와 특수한 목적을 가진 사업간 계약으로 이용자를 위한 효율적 공공재의 공급을 목적으로 하며, 모든 민관협력 사업과 대규모 프로젝트 및 채굴 등의 사업권을 적용 대상으로 포함하고 있으며 사업 분야별 소관부처가 책임자가 되어 관리 및 규제역할을 한다는 내용을 포함한다.

PPP 사업추진을 위한 고려사항으로 정부정책 및 개발계획과의 관련성, 국가자원 가치 향상에 기여, 창출된 효용의 공평한 분배, 프로젝트 실현가능성, 위협 · 제약요인 제거, 일자리 창출 및 기술이전, 자국 자본시장 발전에 기여, 자국 기업의 사업 참여 보장 및 중소 규모 기업과의 파트너십 구축을 통한 기술 공유, 지역사회 발전에 기여 등을 제시하고 있다. 특히 사업의 경제 · 재무적 평가를 위한 별도 조직의 설립을 허용하는데 이렇게 만들어진 PPP 사무국은 재무부 산하에 설치되어 공적자산의 사용 및 인허가를 포함한 프로젝트의 평가와 승인 및 관리감독 등의 기능을 실행하고 있으나 사업추진에 있어 절대적인 권한을 갖지는 않는다.

사업선정절차는 첫째, 단순 프로젝트의 경우 PQ 통과 기업들 간의 입찰을 통한 경합(완전경쟁), 둘째, 복합 프로젝트의 경우 입찰 전 최종기획안 심사 등을 포함한 2단계 절차(제한경쟁), 셋째, 개별협상에 따른 정부와의 수의계약 등의 세 가지 형태가 있다. 각 사업진행단계에서 민간참여자의 이행보증을 필요로 하지만 자국 재무부가 승인하는 경우에 한해 예외를 둔다는 조항이 있다. 수익사업이 아닌 공공복지 증진을 위한 사업인 경우 재무부의 승인 하에 보조금 또는 직접보증을 제공하며 다자기구 또는 원조국과의 협상도 용이하도록 협조한다는 내용을 명시한다. 계약은 사업형태에 따라 기간을 달라질 수 있다. Green field 사업의 경우 최장 30년, 복구 사업은 20년, 운영형 사업의 경우에는 10년이 기한이다. 이는 사업규모 또는 기술적 특수성 그리고 불가항력적 사항 발생에 따른 참작이 필요할 시 최장 10년까지 연장 가능하다. 계약종료와 종료 시 보상절차에 대한 세부 조항을 명시하고 있지만 중요사항 미이행, 포기, 승인 없는 계약 이전, 세금 등 기타 지불금 납입 불이행과 같은 사항 발생 시 계약은 파기될 수 있다는 특별조치를 규정하고 있다(KOTRA, 2013).

2) ODA 진출환경

가) 국내 ODA 지원현황

공적개발원조(ODA)는 정부 또는 공공기관이 개발도상국의 경제개발과 복지증진을 주요 목적으로 하여 수원국 정부에 제공하는 양허적 성격(Concessional Loan)의 공적자금을 의미한다. 우리나라의 ODA는 외교통상부 산하 KOICA에서 전담실시하고 수원국의 변제의무를 부여하지 않는 무상원조와 기획재정부 산하 한국수출입은행(KEXIM)이 전담실시하고 상환의무가 있는 개발차관(유상자금)으로 구분된다. 이와 같이 ODA로 추진되는 사업은 자금 안정성 측면에서 리스크가 낮고, 국제기구나 MDB사업의 참여를 위한 주요 실적으로 활용할 수 있기 때문에 국내 기업의 관심이 높은 편이다. ODA사업은 사업규모 특성상 중견 및 중소 건설업체들의 활용가치가 높은 편이다. 개발도상국 정부가 추진하는 인프라 사업 중 정세 불안으로 인해 국가 위험도가 높거나 낮은 사업성 등으로 민간 기업들의 참여에 한계가 있는 경우, 양허성 차관 지원으로 사업성을 보완함으로써 민간의 개발도상국 사회간접자본 및 인프라 투자를 유도할 수 있기 때문이다. 특히 EDCF[18]는 해외건설 진출 시 발주자의 금융 제공 요구에 대응해 활용할 수 있는 중요한 재원이자 중견 및 중소업체들이 해외건설 진출 경험 및 실적을 쌓을 수 있는 대안으로 인식되고 있다.

특히 새 정부가 ODA 확충의지를 나타냄에 따라 정부의 개발도상국 지원과정에서 인프라 개발 등 해외건설 시장이 확대될 것으로 전망되고 있다. 정부의 계획과 같이 ODA 규모가 확대될 경우 ODA가 해외건설, 특히 중소 건설업체들의 수주에 미치는 영향은 더욱 증대될 것으로 예상된다. 2018년 정부 및 지자체의 ODA 예산 요구액이 2017년 예산보다 5천억원이 넘는 3조1895억원으로 집계되면서 내년 ODA규모가 더욱 늘어날 전망이며, 이중 ODA 중점협력국의 중점지원분야에 대한 ODA 지원액은 총 1조580억원으로써 전체 중점협력국 지원 총액의 83.3%를 차지한다(국제개발협력위원회, 2016). 또한 전체 양자 협력 ODA 재원의 72.6%인 1조 2천억원이 베트남, 인도네시아 등 중점협력국에 투입되며, 교통, 수자원, 의료 등 분야에 집중될 예정이다. 다만 ODA 언타이드(untied)화 확대 경향에 따라 우리나라 건설업체의 수주경쟁력 확보와 동시에 ODA사업 이전에 프로젝트에 관한 사전 정보 수집, 진출 국가 정부와 우호적인 입찰 환경 조성 등 정부의 역할이 중요한 상황이라고 볼 수 있다(한국건설산업연구원, 2013).

우리나라의 지난 10년간 ODA 지원현황을 살펴보면 2006년 이후 연평균 약 17.3%의 증

18) 한국수출입은행 대외경제협력기금

가율로 빠르게 증가하는 추세로 파악된다. 우리나라의 ODA 규모는 2015년 순지출 기준 약 19.1억달러로, 29개 OECD DAC 회원국 중 14위를 차지하였으나 국민소득(GNI) 수준에 비해 미비한 실정이다(표 14). 2010년 우리나라는 DAC에 가입한 이후 ODA 규모를 매해 꾸준히 확대하고 있으며, GNI 대비 ODA 지원규모 비율 또한 증가하는 추세로써 2015년에는 2014년에 대비 약 0.01%p 상승해 0.14%를 기록하였다. 다만 2015년까지 ODA 규모를 국민총생산(GNI) 대비 0.25%로 높일 예정이었던 당초 계획에는 미치지 못하는 수준이다. 이와 같이 우리나라 GNI증가와 GNI 대비 ODA 비중이 지속적으로 상승할 것으로 예상되면서 국내 기업의 인프라 분야 ODA사업도 확대될 것으로 전망되고 있다.

2015년 우리나라 ODA 지원규모는 총 약 19억달러로 집계되어 전년대비 3.2% 증가하였으며, 양자간 원조는 증가, 다자간원조는 감소 추세로 나타났다(한국수출입은행, 2016) 또한 양자간 원조 중 유상원조는 전년 대비 9.8% 증가, 무상원조는 9.6% 증가하였으며, 무상원조는 양자간 원조의 63.3%를 차지하였다.

표 14. 2015년 우리나라 ODA통계 현황

자료 : 국제개발협력위원회(2017)

구 분			2014년	2015년	증감률(%)	비중(%)
총ODA (A+B)			1,856.73	1,915.39	+3.2	100.0
양자간 원조 (A)			1,395.77	1,531.14	+9.7	79.9
	유상원조(EDCF)		512.12	562.37	+9.8	(양자 중 : 36.7)
	무상원조		883.65	968.77	+9.6	(양자 중 : 63.3)
		(KOICA)	(551.15)	(563.22)	+2.2	(무상 중 : 58.1)
다자간 원조 (B)			460.96	384.25	△16.6	20.1
GNI(국민총소득)			1,415,434	1,383,853	-	-
ODA/GNI(%)			0.13	0.14	-	-

한편 우리나라의 비구속성(untied) 현황을 살펴보면 2007년 ODA의 언타이드화 추진 로드맵이 제시된 이후 ODA의 비구속성 비율이 급격히 증가한 것으로 나타났다. 2015년 기준 우리나라 ODA 비구속성 원조 비율은 전년(62.3%) 대비 2.9%p 감소한 59.4%로 집계되었으며, 유상원조는 전년(47.8%)대비 3.6%p 감소한 44.2%, 무상원조는 전년(91.7%)대비 5.4%p 감소한 86.3%로 나타났다(표 15).

표 15. 양자간 ODA 비구속성 원조현황

자료 : 국제개발협력위원회(2017)

구 분		2014년		2015년		비중 증감(%p)
		금액	비중(%)	금액	비중(%)	
전체 ODA	비구속성	1,183.48	62.3	1,139.23	59.4	△2.9
	부분구속성	11.99	0.6	6.01	0.3	△0.3
	구속성	704.94	37.1	771.25	40.2	+3.1
	합 계	1,900.41	100.0	1,916.49	100.0	-
유상	비구속성	608.74	47.8	540.10	44.2	△3.6
	부분구속성	0.00	0.0	0.00	0.0	-
	구속성	664.70	52.2	682.00	55.8	+3.6
	합 계	1,273.43	100.0	1,222.10	100.0	-
무상	비구속성	574.74	91.7	599.13	86.3	△5.4
	부분구속성	11.99	1.9	6.01	0.9	△1.0
	구속성	40.25	6.4	89.25	12.9	+6.5
	합 계	626.98	100.0	694.39	100.0	-

나) ODA 사업 진출가능 국가

본 연구에서 ODA 사업 진출가능 대상 국가는 OECD DAC에서 발표하는 수원국을 기준으로 우리나라 정부에서 선정한 ODA사업 중점협력국, 최근 10년간 우리나라 ODA지원(KOICA, EDCF) 상위 국가를 기준으로 검토하였다.

OECD의 DAC에서는 3년마다 한 번씩 ODA 수원국 리스트를 발표하고 있으며, 표 16은 2013년 GNI기준 OECD DAC 수원국 리스트이다. 개발도상국의 소득 및 발전단계는 인프라 개발 수요를 파악할 수 있는 요인이기 때문에 ODA사업 수주참여 시 고려해야 할 필요성이 있다. 개발도상국들은'저중소득국(Lower Middle Income Countries)'소득단계에 진입하면 ODA사업을 통해 인프라 분야에 본격적으로 투자되기 시작하는 경향이 있으므로 이 시점부터 민간부문이나 일반금융을 이용한 인프라 투자가 되기 시작될 가능성이 높다(한국건설기술연구원, 2015). 따라서 국내 기업들은 ODA사업을 통하여 대상국가에 진출하고, 이러한 경험과 실적을 기반으로 공공사업이나 민간사업으로 영역을 확대할 필요성이 있다. 이러한 측면에서 OECD DAC 수원국 중 저중소득국에 포함되는 36개국은 ODA 사업 진출가능 국가로 포함될 수 있다고 판단된다.

표 16. OECD ODA 수원국 리스트(2013년 UN총회 승인, 소득 기준 : 2013년 GNI)

자료 : OECD(2017)

지역	최빈국 (48개국) (Least Developed Countries) (GNI < $1,045)	기타 저소득국 (4개국) (Other Low Income Countries) (GNI < $1,045)	저중소득국 (36개국) (Lower Middle Income Countries) (GNI $1,046-$4,125)	고중소득국 (58개국) (Upper Middle Income Countries) (GNI $4,126-$12,745)
아시아	네팔, 동티모르, 라오스, 미얀마, 방글라데시, 부탄, 캄보디아	북한	몽골, 베트남, 스리랑카, 인도, 인도네시아, 파키스탄, 필리핀	말레이시아, 몰디브, 중국, 태국
중동/중앙아시아	예멘, 아프가니스탄	타지키스탄	시리아, 아르메니아, 우즈베키스탄, 서안과 가자지구, 키르키스스탄	레바논, 요르단, 이라크, 이란, 카자흐스탄, 투르크메니스탄
아프리카	앙골라, 감비아, 기니비사우, 기니아, 남수단, 니제르, 라이베리아, 레소토, 르완다, 마다가스카르, 말라위, 말리, 모리타니, 모잠비크, 베닌, 부룬디, 부르키나파소, 상투메프린시페, 세네갈, 소말리아, 수단, 시에라리온, 에리트레아, 에티오피아, 우간다, 잠비아, 적도기니, 중앙아프리카공화국, 지부티, 차드, 코모로스, 콩고민주공화국, 탄자니아, 토고	짐바브웨, 케냐	가나, 나이지리아, 모로코, 스와질랜드, 이집트, 카메룬, 카보베르데, 코트디부아르, 콩고	가봉, 나미비아, 남아프리카공화국, 리비아, 모리셔스, 보츠와나, 세이셸, 세인트헬레나, 알제리, 튀니지
중남미	아이티		가이아나, 과테말라, 니카라과, 볼리비아, 엘살바도르, 온두라스, 파라과이	그레나다, 도미니카, 도미니카공화국, 멕시코, 몬트세라트, 베네수엘라, 벨리즈, 브라질, 세인트루시아, 세인트빈센트&그레나딘, 수리남, 아르헨티나, 안티구아&바부다, 에콰도르, 우루과이, 자메이카, 칠레, 코스타리카, 콜롬비아, 쿠바, 파나마, 페루
유럽			몰도바, 우크라이나, 조지아, 코소보	마케토니아 공화국, 몬테네그로, 벨라루스, 보스니아헤르체코비나, 세르비아, 아제르바이잔, 알바니아, 터키
오세아니아/태평양	바누아투, 솔로몬 군도, 키리바시, 투발루		미크로네시아, 사모아, 토켈라우, 파푸아뉴기니	나우루, 니우에, 마샬 군도, 월리스푸투나제도, 쿡아일랜드, 통가, 팔라우, 피지

우리나라 ODA 사업의 국가협력전략(CPS : Country Partnership Strategy)대상 국가는 표 17과 같이 총 24개 국가이다. 중점협력국은 유·무상지원을 통틀어 전체 ODA 예산의 70% 이상을 집중적으로 지원하는 국가로서 ODA사업 진출에 유리한 국가로 파악된다. 당초 우리나라는 2010년 국제개발협력위원회가 채택한'국제개발협력 선진화 방안'에 의거하여 26개의 유·무상 통합 중점협력국을 선정한 바 있으며, 2015년 정부가 24개국으로 재조정하였다.

우리나라는 양자 간 지원 규모에서 지난 5년간(2011-2015) 중점협력국에 대한 지원 비중이 50% 이상으로 나타날 정도로 ODA지원이 집중되었으며, 2015년에는 59.6%로 나타났다. 특히 베트남은 우리나라의 최대 협력대상국으로서 2015년 양자원조의 14.8%로 나타났으며, 그 뒤를 이어 라오스(6.0%), 캄보디아(4.5%), 방글라데시(3.6%) 순으로 나타났다. 즉 ODA예산이 집중될 가능성이 높은 ODA 중점협력국도 ODA 사업 진출가능 국가에 포함될 수 있다.

표 17. 우리나라 ODA 중점협력국

자료 : http://www.odakorea.go.kr

지역	중점협력국
아시아(11)	베트남, 인도네시아, 캄보디아, 필리핀, 방글라데시, 몽골, 라오스, 스리랑카, 네팔, 파키스탄, 미얀마
중동/중앙아시아(2)	우즈베키스탄, 아제르바이잔
아프리카(7)	가나, 에티오피아, 모잠비크, 르완다, 우간다, 탄자니아, 세네갈
중남미(4)	콜롬비아, 페루, 볼리비아, 파라과이

ODA 지원규모는 국내 기업의 ODA진출을 결정하는 주요요인이 될 수 있기 때문에 중요하다. 지난 10년간(2007-2016) 국가별 EDCF 및 KOICA 지원규모를 집계한 결과 ODA 중점협력국이 대부분 상위권으로 나타났다. 본 연구에서는 우리나라 ODA 지원규모를 한국수출입은행(EDCF)와 한국국제협력단(KOICA)의 투자금액으로 설정하였다. 국가별 ODA 지원규모는 국내 기업입장에서 해외건설 진출 국가를 결정하는 주요 요인으로 작용할 수 있기 때문에 중요하다.

표 18은 EDCF와 KOICA의 국가별 집행액을 합산한 수치로써 상위 20위까지 집계하였으며, 전체 ODA사업 지원예산에서 인프라 분야 예산만을 산출하기 어려운 여건을 고려하여 지원예산 총액으로 집계하였다. 분석결과 베트남이 13억5천만달러로 가장 높은 금액을 나

타냈으며, 캄보디아(4억4천만달러), 방글라데시(4억2천만달러) 순으로 나타났다.

표 18. 국가별 EDCF 및 KOICA 지원실적 상위국가 (단위 : 백만달러)

순위	국가	EDCF 국가별 지원실적	KOICA 국가별 지원실적	총액
1	베트남	1105.01	249.75	1354.76
2	캄보디아	258.55	187.18	445.73
3	방글라데시	321.07	101.21	422.28
4	스리랑카	295.15	95.81	390.96
5	탄자니아	279.64	87.79	367.43
6	필리핀	175.87	180.83	356.69
7	인도네시아	168.52	150.04	318.56
8	라오스	170.16	102.70	272.85
9	몽골	57.45	192.62	250.07
10	모잠비크	205.58	16.13	221.71
11	아프가니스탄	0.00	218.24	218.24
12	요르단	172.44	39.50	211.94
13	에티오피아	88.77	111.76	200.53
14	앙골라	147.77	10.25	158.02
15	우즈베키스탄	61.79	90.56	152.34
16	세네갈	102.77	46.89	149.66
17	네팔	48.08	96.09	144.17
18	이라크	0.00	122.80	122.80
19	가나	71.88	49.35	121.22
20	에콰도르	62.28	58.49	120.77

3) MDB 진출환경

가) MDB 사업 발주현황

최근 민간부문이 자금을 조달하는 PPP 비중이 증가하면서 민간부문의 자금조달 역량 강화와 조달재원의 다각화가 요구되고 있는 실정이다. PPP사업은 초기단계인 사업발굴 및 개발의 성공여부가 재원조달 역량에 있기 때문에 대주단으로 참여하는 금융기관뿐만 아니라 다양한 금융자금원에 대한 이해가 필요하다. 이러한 관점에서 MDB를 적극적으로 활용하는 방안을 모색할 필요성이 있다. 최근에는 다양한 MDB간의 협력을 통해 정책적 공조를 강화하는 기반이 마련되고 있는 추세이기도 하다. MDB는 개발도상국의 PPP환경 개선을 위해 정책자문 및 금융구조화를 지원하고 있으며, 이를 통해 인프라 갭을 극복하고 경제성장 및 빈곤개선에 기여하고 있다. 특히 PPP사업에 대한 MDB의 주요 역할은 직접적인 자금투자 및 PPP사업 계획에 관한 자문을 제공하는데 있다. MDB 발주사업은 개발도상국의 인프라 개발을 위해 수원국 정부나 공공기관에 지원하는 차관형태나 무상원조에 의해 시행되는 각종 개발 프로그램 및 프로젝트를 의미한다.

MDB는 개발도상국의 인프라 개발계획과 부합할 경우 수원국과의 협력을 통해 다양한 지원사업을 지원한다. 개발도상국의 인프라 환경분석 및 PPP를 위한 법제도 기반 구축, 다양한 금융기관을 통한 자금조달 지원 등의 역할을 담당하며, PPP 인프라 투자 촉진을 위해 MDB와 수원국 정부, 원조기관, 민간부문이 PPP정보제공, 지식공유, 사업준비금융(PPF) 등에 대해 협력한다.

최근에는 세계건설시장의 발주형태가'MDB 주도형'에서 사업자가 주도적으로 금융조달 방안을 제시하고 자금을 제공하는 '사업자 주도형'으로 빠르게 변화하고 있으나 국내 기업은 투자개발형 사업 진출 경험이 상대적으로 부족하여 이러한 흐름에 따라가지 못하는 실정이다(해외건설정책지원센터, 2016).'사업자 주도형'사업은 민간사업자가 프로젝트를 직접 발굴하고 MDB에 투자유치를 제안하는 PPP의 형태로 볼 수 있기 때문에 PPP사업에서 재원조달의 한 분야를 담당하는 MDB에 대한 이해와 활용방안을 모색할 필요성이 있다.

나) MDB 진출가능 국가

MDB 진출가능 대상 국가는 세계은행(WB), 아시아개발은행(ADB), 미주개발은행(IDB), 아프리카개발은행(AfDB), 유럽부흥개발은행(EBRD), 이슬람개발은행(IsDB)등 주요 MDB의 국가별 지원규모를 합산하여 산출하였다. MDB 기관별 데이터베이스를 통해 국가별 지원규모를 확인할 수 있지만 유상원조 차관금액뿐만 아니라 차입금액을 합산한 통계를 제공하기 때문에 제약이 있었다. 따라서 각 MDB의 데이터를 토대로 지난 10년간(2007년-2016년) 국가별 사업승인 목록에서 인프라 분야(교통, 에너지, 수자원, ICT 등) 사업실적을 추출하고 그 승인금액을 합산하여 순위를 설정하였다. 표 19는 상위 20위권까지 산출한 국가 목록이다.

지난 10년간(2007-2016) MDB 지원규모 분석결과 브라질, 인도, 중국, 아르헨티나 등 신흥국이 상위국가에 포함되었다. 브라질이 178억 달러로 가장 높게 나타났으며, 인도(171억달러), 중국(106억달러), 아르헨티나(104억달러) 순으로 나타났다. 투자개발형 사업에 있어서 안정적인 재원조달과 수익성 확보가 중요하기 때문에 MDB 실적이 높은 국가를 MDB 진출가능 대상 국가로 볼 수 있겠다.

표 19. 국가별 MDB투자 승인실적 상위국가 (단위 : 백만달러)

순위	국가	WB	ADB	IDB	AFDB	EBRD	IsBD	총액
1	브라질	6,764.24		11,101.28				17865.52
2	인도	12,326.29	4,397.59			425.86		17149.74
3	중국	6,205.26	3,867.50			568.05		10640.81
4	아르헨티나	2,095.65		8,394.72				10490.37
5	콜롬비아							6458.06
6	인도네시아	5,636.63	420.44				100.31	6157.38
7	베트남	5,845.57	211.51					6057.08
8	방글라데시	3,649.02	1,860.00			0.49	125.64	5635.15
9	태국		5,289.64					5289.64
10	멕시코	1,917.96		2,773.81				4691.77
11	페루	1,193.59		3,037.71				4231.30
12	터키	1,862.15				2,287.34		4149.49
13	모로코	1,670.68			1,633.78	152.18	275.31	3731.95
14	에콰도르	353.45		2,880.68				3234.13
15	코스타리카	138.46		3,027.93				3166.39
16	에티오피아	2,884.42			224.04			3108.46
17	러시아	200.00				2,483.55		2683.55
18	파키스탄	2,400.42	225.24				0.30	2625.96
19	케냐	1,769.14			703.13			2472.27
20	아제르바이잔	879.10	1,075.00			217.65	265.19	2436.93

수치상 건설 분야에서의 MDB 조달시장의 규모는 세계시장의 2% 수준이지만 실질적으로 영향을 미치는 시장규모는 약 15% 이상으로 평가되고 있다(곽재성외, 2016). 하지만 우리나라는 ADB 등 주요 MDB에 상당한 수준의 원조분담금을 납부하는 상황에서도 MDB 조

달시장에서의 수주실적은 매우 저조한 실정이다. 또한 주요 MDB들의 차관규모는 지속적으로 증가하고 있음에도 국내 기업들이 MDB사업 참여에 어려움을 겪고 있다. 이러한 국내 기업의 MDB 수주 실적은 MDB시장에 대한 이해 부족과 무관심에서 비롯된 것으로 파악된다. 따라서 본 연구에서는 MDB시장현황 분석을 통해 진출가능 국가를 살펴보고 국내 기업의 MDB사업 수주 확대 방안에 대해 모색하고자 한다.

4) 정부발주사업 진출환경

가) 정부발주사업[19] 현황

해외건설시장에서 국내 건설기업들은 EPC형태의 수주를 통해 양적성장을 지속해 왔으나 기술력과 사업관리 역량에서 우위에 있는 선진 기업에 비해 수주경쟁력이 상대적으로 뒤지고 있으며 무리한 저가수주로 인해 대규모 적자가 발생하는 등 어려움을 겪고 있는 실정이다. 국내 기업의 EPC사업은 시공 매출액 기준으로 세계적인 규모를 기록하였지만 최근 수익성이 떨어지고, 경쟁이 심화되면서 상대적으로 수익성이 높은 투자개발형 사업으로의 전환이 요구되고 있다. 해외건설협회에 따르면 2016년 전체 도급사업 수주의 38%, 플랜트 수주의 52%가 중동지역에 편중되었으며, 전체 수주규모 중 단순 도급 공사 비중이 90% 수준에 육박할 정도로 시장다변화 및 공종다각화는 미흡한 실정이다. 2011년부터 2015년까지 국내 건설기업의 수주총액 3,014억달러 중 투자개발형 수주액은 88억달러로 전체의 3%에 불과하며, 시공자금융까지 포함하더라도 11% 수준에 그치는 수준으로 나타났다. 이는 민간에서 발굴한 해외 프로젝트 비중이 33%에 달하고 있는 일본의 경우와 상반된 모습이다.

현재 세계 EPC시장은 유가하락으로 재정압박을 받고 있는 중동 건설시장이 많이 위축되고 있으나 향후 인도네시아, 말레이시아, 미얀마, 태국 등 아시아 지역을 중심으로 발주가 지속될 것으로 전망되고 있다. 다만 중국이 아시아를 비롯한 해외건설시장에 대한 적극적인 공세를 펼치고 있기 때문에 수주경쟁이 더욱 심화될 것으로 보인다. 최근 플랜트 분야 EPC 시장의 변화도 감지되고 있다. EPC사업에 대한 주요 결정권한이 시공사로부터 발전사 등 소유주로 이동하고 있고, 재생에너지원이 확대되는 만큼 지역에 따라 까다로운 조건을 충족해야 하는 등 다양한 포트폴리오가 요구되고 있는 것이다. 따라서 각 EPC기업 간 네트워크를 강화하고 공정 최적화, 사업관리역량 강화 등 EPC기업의 대응전략이 필요한 실정이다.

19) 본 연구에서는 정부발주사업은 EPC 등 도급사업을 의미함

나) 정부발주사업 진출가능 국가

정부발주사업 진출가능 국가는 그 동안 국내 기업들이 도급형 사업에 대한 수주실적이 높은 국가들로 볼 수 있다. 따라서 해외건설종합서비스의 통계자료를 토대로 지난 10년간(2007년-2016년) 정부발주사업 수주액을 산출하여 국가별 수주규모를 합산하고 높은 순위 순으로 분류하였다. 표 20은 정부발주사업 수주액 상위 20위권까지 산출한 국가 목록 사우디아라비아, UAE, 쿠웨이트, 이라크 등 중동국가가 상위권에 다수 포함되었다.

표 20. 국가별 정부발주사업 수주현황 (단위 : 천달러)

자료 : 해외건설종합정보시스템

순위	국가	수주건수	수주총액
1	사우디아라비아	1,779	80,345,598
2	아랍에미리트	295	64,575,993
3	쿠웨이트	245	38,200,213
4	베트남	1,114	30,080,227
5	이라크	189	28,724,838
6	싱가포르	334	27,014,513
7	카타르	113	16,879,839
8	알제리	106	14,979,424
9	호주	33	13,338,891
10	베네수엘라	14	12,454,943
11	리비아	303	12,449,802
12	인도	223	11,377,471
13	필리핀	417	10,860,599
14	말레이시아	272	10,507,426
15	중국	1,130	10,476,393
16	카자흐스탄	192	10,113,088
17	투르크메니스탄	17	9,936,202
18	우즈베키스탄	106	9,825,354
19	인도네시아	502	8,869,163
20	러시아	129	8,482,383

나. 대륙별 시장 환경과 진출 가능성

위에서 살펴본 바와 같이 국내 기업들이 가용할 수 있는 재원에 따라 진출 국가를 선택할 수 있으며, 사업유형별로 우리나라 ODA(KOICA, EDCF), MDB사업, 타 국가의 비구속성 ODA, 정부발주사업, PPP사업 등으로 접근할 수 있었다. 본 절에서는 정치 · 사회적 접근방법으로서 지역별 진출환경 분석을 통해 국가별 진출가능성을 심도 있게 분석하고자 한다.

이를 위해 문헌분석, 설문조사, 전문가 간담회 등을 활용하여 각 지역별 건설시장 진출환경을 분석하였으며, 주요 내용은 다음과 같다.

가) 아시아

아시아 지역에서는 주요 개발도상국을 중심으로 도로, 철도, 항만, 발전소 등 대규모 인프라 투자가 추진되면서 건설경기 호황이 기대되고 있으며, 필리핀, 베트남, 인도네시아, 방글라데시 등의 진출환경이 비교적 양호한 것으로 평가되고 있다.

국가별로 살펴보면 필리핀은 올해 인프라 투자 예산을 전년 대비 12% 높이면서 약 185억 달러를 배정하는 등 총 710억 달러 규모의 3개년(2018~2020년) 인프라 건설계획을 추진하고 있으며, 최근 ECA, 국제협력기구 등의 투자가 증가하고 있어 장기적으로 긍정적인 시장으로 평가받고 있다. 하지만 현지 법인에 대해 외국기업이 40% 초과 지분 보유 시 외국기업으로 간주되어 각종 법규 적용상 내국기업과 다른 대우를 받는 다는 점에서 대규모 사업 추진에 제약이 있으며, 까다로운 MDB 자금조건 등은 우리 기업 진출에 부정적인 요소로 작용하고 있다.

인도네시아는 2015년 발표한 중기경제개발계획(RPJPN 2015-2019)에 따라 토목, 건축, 발전 플랜트 등 분야에 대해 막대한 투자를 추진하고 있다. 우리 기업 측면에서는 EDCF를 비롯하여 MDB, PPP사업, EPC까지 사업진출이 가능한 국가이다. 다만 인도네시아는 일본이 선점한 시장으로 알려져 있어 수력, 바이오매스 등 분야에 대한 중소규모 프로젝트 수주 활동을 전개할 필요성이 있다.

베트남은 교통, 전력, 항만 등 분야를 중심으로 인프라 사업이 활발하게 추진되고 있으며, 최근 원전 도입계획을 철회하면서 각종 공해물질 배출을 최소화한 친환경 화력발전소 건설이 가속화될 전망이다. 하지만 정부재정사업은 이미 레드 오션으로 알려져 있으며, 투자개발형 사업에 진출하기 위한 시도가 이루어지고 있다. 특히 베트남은 정부재정 부족으로 최근까지 ODA사업을 중심으로 인프라 개발을 추진하였으나 GDP성장에 따른 MDB 지원이 점진적으로 축소될 것으로 발표되면서 향후 PPP 등 투자개발형 사업기회가 증가할 것으로 예상되고 있다.

방글라데시는 2억 인구와 미개발지의 개발가능성, 비교적 높은 외환보유고 등 시장잠재력이 높은 국가로서 인프라 전 분야에 걸쳐 발주가 활발하다. 특히 MDB시장이 활성화 되어 있으며, 한국에 우호적인 인식이 있다는 점에서 진출가능성이 높은 국가이다. MDB사업의 경우 외국 현지법인에 대하여 부가세, 법인세를 방글라데시 정부가 부담한다는 점에서 유리하다.

미얀마는 최근 정치적 안정을 힘입어 MDB 및 외국인투자가 증가하면서 건설시장이 크게 성장하고 있다. 종족국가로서 명확한 타겟을 설정하는데 어렵다는 단점이 있지만 EDCF 지원이 가능하고, 미국자금이 대량 유입되고 있다는 점에서 장기적으로 전망이 밝은 편이다. 특히 올해 EDCF 투자 승인을 앞둔 프로젝트가 2~3건 예정되어 있어 우리 기업의 진출이 더욱 활발해질 것으로 예상되며, 토목 분야가 유망한 것으로 평가되고 있다.

캄보디아는 많은 사업들이 인프라 시설 확충에 집중되어 있으나 해외원조자금에 대한 의존도가 높은 편이다. 정부재정사업은 중국, 태국 등의 저가수주 경쟁으로 어려운 상황이며, MDB, EDCF차관을 통해 추진되는 사업은 수주가능성이 있다.

태국, 말레이시아는 자국 기업의 기술수준이 높아 현실적으로 우리기업 진출이 어려운 국가들이다. 따라서 우리 기업이 가격보다는 기술력 우위를 바탕으로 진출하는 전략이 필요한 실정이다. 최근 말레이시아가 쿠알라룸푸르와 싱가포르를 잇는 고속철(350km, 150억불) 건설 등 인프라 투자를 계획하고 있으며, 태국도 대규모의 인프라 펀드를 조성하였다는 점은 긍정적인 요소이다.

라오스는 바다를 인접하지 않는 내륙국가로서 발전에 한계가 있지만 도로 분야를 중심으로 점차 발주가 진행되고 있으며, 농경중심의 산업구조를 갖고 있어 치수 관련 사업발주가 활발한 편이다. 특히 수력발전을 국가의 주요 수출산업으로 설정하고 중국, 태국, 베트남 등 인접국에 전력을 판매하고 있다.

몽골은 인구가 적고, 무상원조 위주로 지원되고 있기 때문에 아직 시장성이 좋지 않은 편이며, 발주처의 사업관리 역량 및 전문성이 매우 열악하여 진출가능성이 낮은 편이다.

아프가니스탄은 치안문제로 진출이 현실적으로 어려운 상황이다. 한편 인도는 국내 민간기업이 현실적으로 진출이 어려운 시장으로 인식되고 있다. 부패지수가 높으며, 자금회수가 어렵고, 사기행위가 빈번하게 나타나기 때문에 국내 기업 진출 시 주의가 요망되는 국가이다. 기존에 진출했던 국내 기업 중에는 실적이 저조하여 현지 법인을 철수하는 사례도 있었다. 경쟁국 중에서는 최근 일본 JICA의 진출이 활발한 상황이다.

파키스탄은 국내 기업이 수력발전 프로젝트에 진출한 사례가 있으나 테러위험이 높고 분쟁이 빈번하여 국가리스크가 높은 국가로 평가된다. 이에 파키스탄 정부는 국가리스크를 보전하기 위해 다양한 외국기업 유치정책을 시행하고 있다. 정부재정사업의 경우 현지화 계약이 필수적이기 때문에 기성금 송금 및 환전에 대한 제약사항을 신중히 고려할 필요성이 있다. 네팔은 중국, 인도 기업의 진출이 활발하며, MDB지원이 증가하고 있으며, 수질이 좋지 않아 상하수도 사업이 유망하다.

나) 중동

중동 지역은 저유가로 인하여 대부분 국가들의 진출환경이 악화되고 있으며, 정치, 사회, 종교적으로 매우 복잡하게 얽혀 있는 지역으로서 정치 상황에 따른 변수가 매우 많은 지역이다. 이를 고려할 때 시장 및 경제 변동성이 상대적으로 작은 국가를 중점적으로 진출할 필요성이 있는 실정이다. 또한 정부재정과 국제유가의 상관관계가 중요한 지역으로 현지 정부의 외국인투자에 대한 포용성도 중요한 요소이다.

국가별로 살펴보면 사우디아라비아는 철도, 도시개발 분야에서 우리기업의 진출가능성이 높은 편이지만 유가로 인한 리스크가 큰 상황이다. 카타르는 단교사태에 따른 외교 갈등 장기화로 사우디아라비아나 UAE 등을 통한 자재와 장비 조달이 어려워지면서 현지 진출기업의 비용 상승과 공사 지연 등의 문제가 발생할 가능성이 높은 상황이다. 이란은 투자재개에 대한 기대가 높은 국가이지만 불확실성이 상존하고 있다. 아직 미국으로부터 투자부적격국가로 인식되는 부분이 제약요인으로 작용하기 때문에 금융거래 제재 해제가 가장 시급한 문제이다. 이라크는 진출환경이 비교적 양호한 편이다. 특히 한화건설이 수주한 비스마야 신도시를 비롯하여 주택사업이 활발하게 진행되고 있으며, 최근 바스라, 바그다드 등에 대한 진출이 요구되고 있는 실정이다. 다만 이라크는 여행금지국가로 지정되어 수주활동에 타격을 받고 있는 실정이다. 오만은 시장규모가 작은 편이지만 최근 국내업체들이 정유시설, 발전소 등 대규모 프로젝트 수주하는 등 진출환경이 양호한 편이다. 쿠웨이트는 LH와 우리기업이 공동 진출한 스마트시티 사업을 중심으로 유망하지만 토목시장은 중국이 강세를 보이고 있어 진출이 어려운 실정이다. 터키는 자국 기업의 기술력이 높아 경쟁국으로 평가되지만 PPP사업은 진출가능성이 있다. 알제리는 철도, 도로, 수자원, 하천개발 등이 유망하지만 저유가에 따른 정부재정 악화로 인하여 많은 사업들이 중단되거나 보류된 상태이다. 이집트는 IMF 구제금융을 받는 국가이지만 최근 재건사업이 확대되면서 장기적으로 인프라 시장의 성장가능성이 높으며, 철도, 메트로, 상수도 분야를 중심으로 개발이 활발하게 추진될 것으로 전망된다.

다) 아프리카

아프리카 지역은 최근 세계경제 침체 여파로 인한 재정악화 및 외환보유고 감소, 테러에 따른 치안 불안 등으로 프로젝트 발주에 차질이 생기면서 성장세가 둔화되었으나 급속한 인구증가와 도시화로 인프라 중심의 사업추진이 지속될 것으로 전망된다. 막대한 자금력을 바탕으로 한 중국과 미국, 일본 등 선진국들이 아프리카 시장에 빠르게 영역을 넓히고 있어 진입장벽이 높은 편이지만 AfDB가 가장 역점을 두고 있는 분야가 우리 기업들이 경쟁력을 갖추고 있는 전력사업이라는 점에서 진출가능성은 밝은 편이다.

아프리카 지역에서는 케냐, 탄자니아 등을 중심으로 한 동부지역 국가들의 진출환경이 비교적 양호한 것으로 평가된다. 케냐는 동부아프리카의 관문으로서 아프리카 국가 중 비교적 입찰제도가 잘 갖춰져 있으며, WB, AfDB 등 MDB 지원규모가 확대되고 있다. VISION 2030을 기반으로 인프라 개발이 가속화될 것으로 전망되지만 이를 위해 2020년까지 요구되는 자금이 620억불 수준으로 예측되고 있어 재원조달 여부가 중요한 상황이다. 따라서 투자 유치를 통한 사업 추진에 보다 적극적일 것으로 예상되며, 최근 미국 자금이 지속적으로 유입되고 있다는 점은 긍정적이다. 탄자니아는 비교적 정부재정이 양호하고 MDB와 우리나라의 EDCF사업도 활발하게 진행되고 있다. 도로, 철도, 항만, 환경 등 분야가 유망하며, 우리 기업의 입장에서는 현재 아프리카 최대시장으로 인식되고 있다. 특히 현직 대통령이 전직 건설부 장관 출신이기 때문에 인프라 개발에 대한 추진력이 상대적으로 강한 편이다. 하지만 정부의 재정적 여력의 한계로 대부분의 프로젝트가 외국정부, MDB 등의 차관에 의존하고 있어 사업추진이 지연되거나 취소될 가능성도 상존한다. 모잠비크는 아프리카 지역에서 눈에 띄는 경제성장을 나타낸 국가이며, 풍부한 자원을 바탕으로 잠재력이 높은 편이다. 다만 과거 포르투갈 지배를 받아 포르투갈어를 사용하고 있으며, 포르투갈 기업과 브라질 기업의 영향력이 크다는 진입장벽이 존재하는 시장이다. 최근 한국가스공사가 모잠비크 해상가스전 지분을 인수하고, 한국 기업 컨소시엄이 8조원 규모의 가스복합발전소 건설사업을 수주한 바 있으며, 전력, 도로, 철도, 항만 등 인프라 분야에 대한 진출기회가 증가하고 있다. 에티오피아는 인프라 사업 확대 전망과 외국인투자 유치를 위한 정부의지, 우리 기업에 대한 우호적인 인식 등을 고려할 때 긍정적인 시장이지만 중국기업과의 가격경쟁 열위, 발주처의 무리한 요구 등 제약요인이 상존한다. 또한 기 진출 건설사들의 실적이 좋지 않았던 점도 우려되는 부분이다.

산유국인 나이지리아와 앙골라는 석유 개발 분야가 비교적 유망한 국가이지만 저유가로 인하여 진출환경이 불안정하다. 나이지리아는 부패가 심하고 치안이 불안하여 진출환경이 좋지 않으며, 변동환율제 도입으로 급격한 환율변동이 예상됨에 따라 외국기업 진출이 감소할 것으로 전망된다. 앙골라는 저유가로 지연되었던 사업들이 대외원조 자금이 투입되면서 재개될 것으로 보이지만 막대한 자금력을 갖춘 중국의 강세가 두드러지고 있으며, 물가가 높아서 진출환경이 양호하지 않은 것으로 평가된다. 코트디부아르와 세네갈은 비교적 치안이 양호하며, 최근 국가발전이 진전되고 있어 전망은 밝은 편이지만 프랑스어를 사용한다는 점이 제약요인으로 볼 수 있다. 우간다도 아프리카 내 민주화가 진전된 국가로서 MDB사업이 활발한 편이며, 장기적으로 전망이 밝은 것으로 평가된다. 하지만 최근 우간다 도로청의 부정부패 문제로 도로 분야 프로젝트가 급감하였다. 콩고는 자원개발 사업이 유망하며, 말리는 내륙국가라 시장성이 낮은 편이다. 남아프리카공화국은 대부분의 인프라가 성숙도에 진입하였으며, 현지 대형 소수업체가 독과점하는 건설시장으로 진입가능성이 낮다. 적도기니는 산유국이기 때문에 정부에서 발주하는 EPC사업에 대해 진출이 가능한 국가이다.

라) 중남미

중남미 지역은 저유가 추세, 광물가격 하락, 일부 국가의 정치불안 등의 여파로 2016년 저조한 성장치를 기록하였으나 점차 회복세를 보이고 있다. 또한 부족한 인프라 확충을 위해 민간투자를 적극적으로 유치하고 있는 실정이다. 중남미 지역은 페루, 칠레, 콜롬비아를 중심으로 진출가능성이 높은 편이다.

페루는 2016년 신정부 출범 이후, 투자청 조직 및 공공투자시스템(SNIP) 개혁 단행으로 민간투자유치 활성화가 기대되고 있다. 특히 도로, 메트로, 수자원, 도시계획 등 분야의 진출가능성이 높은 편이며, 한국에 대해 우호적인 편이기 때문에 진출이 용이하다. 이에 국내 건설사 및 엔지니어링 업체의 관심이 증대되고 있는 실정이다. 다만 전통적으로 현지 기반을 갖추고 있는 스페인 기업과의 경쟁이 불가피하다. 칠레는 최근 국내 기업이 교량사업 등을 수주한 바 있으나 개발수준이 높은 국가로서 경쟁국으로 분류할 수 있다. 칠레는 민간투자 비중이 높은 국가로서 EIU의 「Infrascope 2014」에 따르면 중남미 국가 중 가장 성공적으로 PPP사업을 운영한 국가로 평가되고 있다. 따라서 향후 PPP사업 진출이 유망한 국가 중 하나이다. 콜롬비아는 반군과의 내전이 종료되어 개발 잠재력이 높은 국가이다. PPP법이 2012년부터 개정 시행 중이며, 철도, 도로, 환경 분야가 유망하다. 볼리비아, 니카라과, 온두라스는 주로 EDCF 사업으로 진출이 가능한 국가들이다. 이중 온두라스는 치안이 불안하지만 볼리비아는 한국이 우호적인 경향이 강하기 때문에 진출가능성이 비교적 높으며, 도로, 철도, 환경, 수력사업이 유망하다. 파라과이는 기 진출 건설사들의 실적부진으로 인하여 향후 진출가능성이 낮은 편이며, 도미니카 공화국은 영토가 비교적 작아 시장성이 떨어진다. 아르헨티나는 외환위기 여파가 지속되고 있어 진출이 어려운 상황이며, 에콰도르는 EDCF 지원이 어려운 국가이다. 코스타리카와 파나마는 철도, 도로 분야를 중심으로 유망한 것으로 나타났다. 브라질은 자국 대형 건설사의 독과점 시장으로 외국기업 진입장벽이 높은 시장이며, 베네수엘라는 정부의 경제정책 실패로 당분간 건설경기도 하강이 예상되므로 진출가능성이 낮다.

마) 유럽 및 중앙아시아

중앙아시아 지역에서는 저유가 추세와 외국인투자 감소로 석유자원에 의존하는 카자흐스탄, 아제르바이잔 등에서 사업추진이 지연되고 신규 프로젝트 발주가 위축되고 있는 상황이다. 반면 우즈베키스탄은 외환거래 자유화 정책, 무비자 제도시행 등으로 외국기업의 진출가능성이 높은 국가로 인식되고 있다. 우즈베키스탄은 인구가 많고 개발여건이 충분하여 시장성을 갖춘 국가이며, 한국에 대해 우호적인 국가로서 국내 기업의 진출여건이 양호한 편이다. 도로, 석유가스, 화력발전, 가스처리시설 등 분야에 대한 진출이 유망하며, 2017년 말 우즈베키스탄 대통령이 방한 예정으로 양국 정부 간 인프라 협력이 강화될 것으로 전망된다. 또한 우즈베키스탄은 2017년 한국수출입은행 지원 핵심전략국에 선정되어 금융지원도 강화될 것으로 보인다. 카자흐스탄은 영토에 비해 인구가 적어 시장성은 우즈베키스탄에 비해 낮은 편이다. 또한 중국의 일대일로 정책과 카자흐스탄 누즐리 졸 계획에 따라 유라시아를 연계하는 도로, 철도사업이 추진되는 등 중국과의 교류가 증가할 전망이다.

투르크메니스탄은 시장규모가 작아 시장성은 떨어지지만 수자원 분야 등이 유망하다. 러시아는 루블화 가치하락으로 정부 및 기업의 대금지불이 어려운 상황이며, 아제르바이잔도 디폴트 위기에 접어들면서 국제신용등급이 급격히 하락하여 진출환경이 악화되었다. 하지만 조지아는 최근 MDB 발주가 증가하는 추세에서 우리나라와 이중과세방지협정을 체결하는 등 국내 기업의 진출환경은 점차 개선되고 있다. 한편 우크라이나, 폴란드, 루마니아 등 동유럽 국가들은 언어문제나 EU 가이드라인에 대한 제약요인이 있지만 장기적 관점에서는 진출 유망한 시장으로 평가하고 있다. 우크라이나는 내전이 마무리되면서 MDB 발주가 증가하고 있어 진출가능성이 높아지고 있으며, 폴란드는 수자원, 산업설비 분야를 중심으로 우리 기업의 진출가능성이 높다.

다. 개발도상국 공무원 설문조사를 통한 진출환경 분석

본 절에서는 지역별 건설시장 진출환경을 실증적으로 분석하기 위해 개발도상국 공무원를 대상으로 설문조사를 실시하였다. 개발도상국 발주처 입장에서 평가하는 자국의 진출환경은 국내 기업 실무자들의 시각과 다를 수 있기 때문에 국내에서 접근하기 어려운 현실적인 정보를 제공할 수 있을 것이라 판단하였다. 특히 현지 건설시장 내에서 한국 기업에 대한 경쟁력 평가 및 인식조사를 통해 국내 기업의 경쟁력 수준과 진출확대를 위한 최우선 과제를 도출하는데 중점을 두었다.

주요 설문항목은 표 21과 같이 현지 인프라 개발수준, 외국인 투자환경, 현지 인프라 시장 등으로 구성되었으며, 다수의 개발도상국 공무원들로 구성된 서울시립대학교 국제도시과학대학원 석사과정(MUAP, MURD, MGLEP)[20]의 재학생 및 졸업생을 대상으로 하였다. 본 기관은 산업화와 도시화를 성공적으로 이끌어낸 한국의 경험과 노하우를 개발도상국에 전수하기 위한 교육과정을 운영하면서 지속적으로 국내 · 외 전문가 및 개발도상국 공무원 간의 네트워크를 구축하고 있어 설문조사 대상으로 적합하다고 판단하였다.

설문조사는 2017년 8월 15일 ~ 28일(13일 간)까지 수행되었으며, 회수된 설문지 52개를 바탕으로 분석을 시도하였다. 설문항목은 아래 표 21과 같다.

20) MUAP : Master of Urban Administration and Planning, MURD : Master of Urban and Regional Development, MGLEP : Master for Global Leaders in Environmental Policy

표 21. 지역별 건설시장 진출환경 설문항목 개요

구분	설문항목	측정방법
인프라 개발	자국 인프라 개발현황(분야별)	5점 리커트 척도
	자국 인프라 개발 전망(분야별)	5점 리커트 척도
	PPP 유망공종	5점 리커트 척도
	PPP Pipeline Project	서술형
	PPP사업 중요도(분야별)	5점 리커트 척도
	인프라 시장 최신동향	서술형
외국인 투자환경	외국인 투자환경	서술형
	외국인 투자 유망사업분야	5점 리커트 척도
	외국인 투자 성공 및 실패사례	서술형
인프라 시장	현지 시장 유력 국가/기업	서술형
	현지 진출 주요 한국기업	서술형
	한국기업 경쟁력	5점 리커트 척도
	한국 기업을 위한 제언	서술형

설문내용은 크게 인프라 개발, 외국인 투자환경, 건설 및 인프라 시장으로 구분하였으며, 인프라 개발현황, 외국인 투자환경 등 총 20문항으로 구성하여 응답자로부터 각 국의 진출 환경을 파악하고자 하였다. 설문방법은 이메일을 통해 설문지를 발송하고 회신받는 온라인 방식으로 진행하였다. 회수된 52개의 설문지 분석결과 응답자 국가는 아래 그림과 같이 아시아지역이 절반 이상의 비중을 차지하였으며, 아프리카, 중동, 중남미, 유럽, 기타(태평양 지역) 순으로 나타났다.

그림 23. 설문조사 대상자 출신 국가

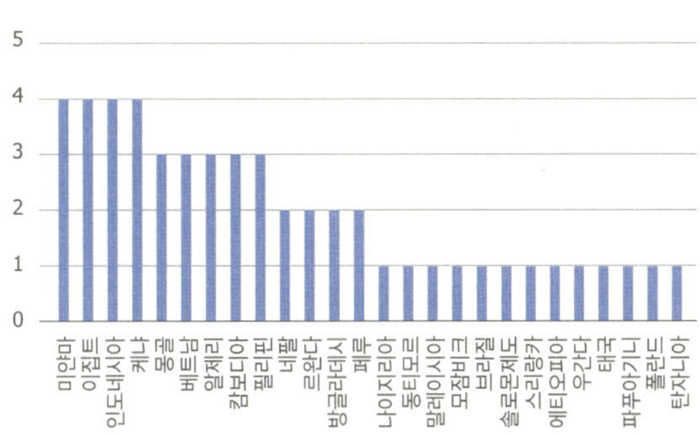

그림 24. 설문조사 대상자 출신 지역

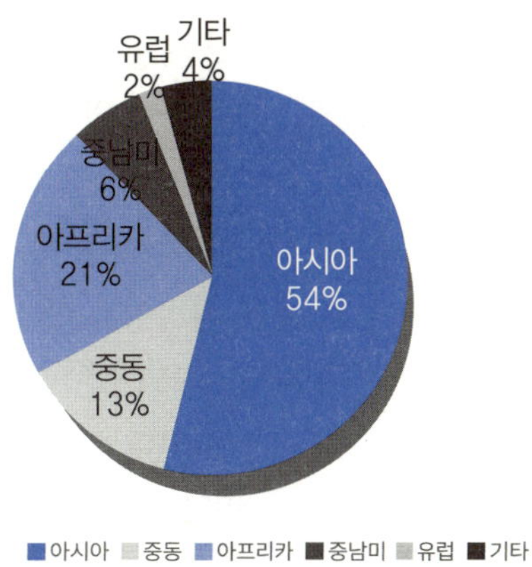

설문조사를 통한 개발도상국 진출환경 분석결과는 다음과 같다. 첫째, 현재 자국의 인프라 개발수준을 분야별로 살펴본 결과 교통 분야가 가장 취약한 것으로 나타났으며, 향후 인프라 시장에서도 가장 활발하게 투자가 나타날 것이라 전망하였다. 응답자 대부분 자국의 교통인프라가 경제활동 및 국가성장에 장애요인이 되고 있는 것으로 나타났다.

그림 25. 개발도상국 인프라 개발현황(설문조사)

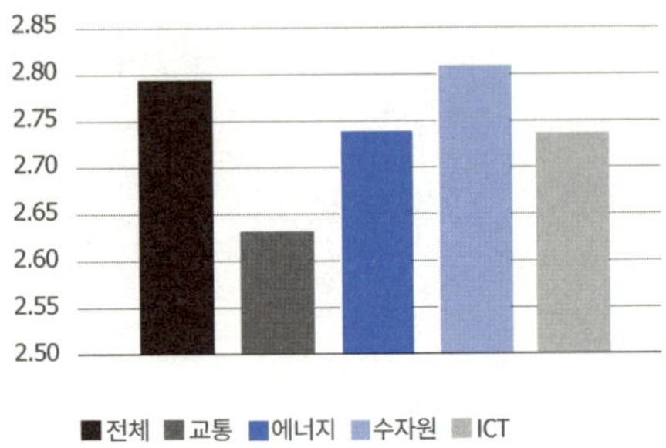

그림 26. 개발도상국 인프라 시장 전망(설문조사)

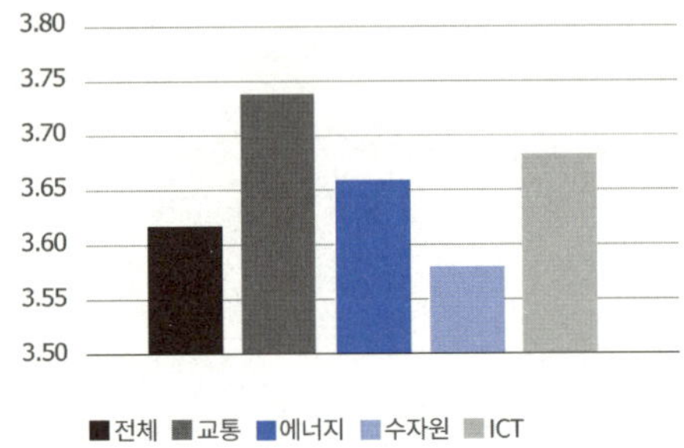

둘째, 자국의 인프라 분야별 PPP사업 중요도를 파악한 결과 교통, 에너지, ICT, 수자원 순으로 나타났다. 에너지와 통신 분야의 경우 교통 분야에 비해 민간투자 비중이 상대적으로 높은 경향이 있기 때문에(ADB, 2017) 교통 분야에 대한 PPP사업 필요성을 높게 평가한 것으로 판단된다. 앞서 인프라 시장 전망에서도 나타났듯이 많은 개발도상국들이 도로, 철도 등 교통 인프라에 대한 수요가 증가하고 있음에도 정부의 재원부족으로 이를 충족시키지 못하고 있기 때문에 교통 분야는 민간투자를 통해 발주될 가능성이 높은 분야로 볼 수 있다.

셋째, 자국의 외국인 투자환경에 대한 평가를 실시한 결과 법과규제, 제도, 환율, 금융지원, 세금, 투명성 부분에서 미흡한 것으로 나타났다. 최근 개발도상국들이 외국인 투자유치를 위해 투자법을 개정하고 인센티브를 제공하는 등 적극적인 의지를 보이고 있으나 안정적으로 정착하기에는 시간이 필요한 것으로 보인다. 또한 환율 리스크에 대한 불안도 높은 편이며, Viability Gap Funding(VGF) 등 민간투자자를 위한 정부 재정지원도 아직 시행되지 않는 국가들이 많은 실정이다. 응답자가 현지 공무원임에도 불구하고 정부기관의 투명성이 낮은 것으로 평가되었으며, 추가 의견에서는 중앙정부에 비해 상대적으로 지방정부의 부패가 심한 것으로 파악되었다. 언어 및 소통부분은 우리 기업들이 해외진출 시 어려움을 겪고 있는 요인이지만 개발도상국 공무원들은 대부분의 발주처에서 영어로 소통이 되기 때문에 양호한 평가를 내린 것으로 판단된다.

그림 27. 분야별 PPP사업 중요도(설문조사)

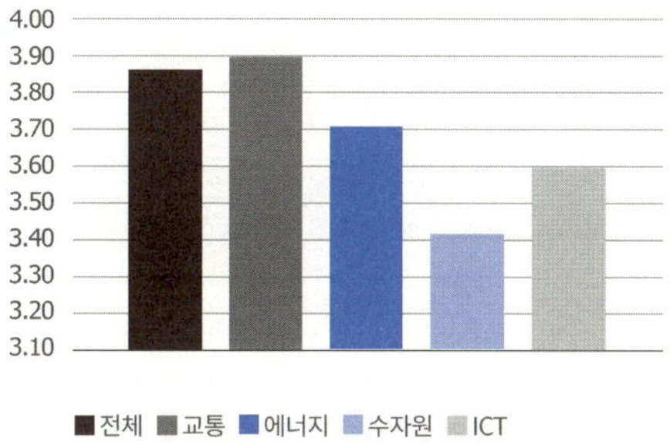

그림 28. 외국인 투자환경 평가(설문조사)

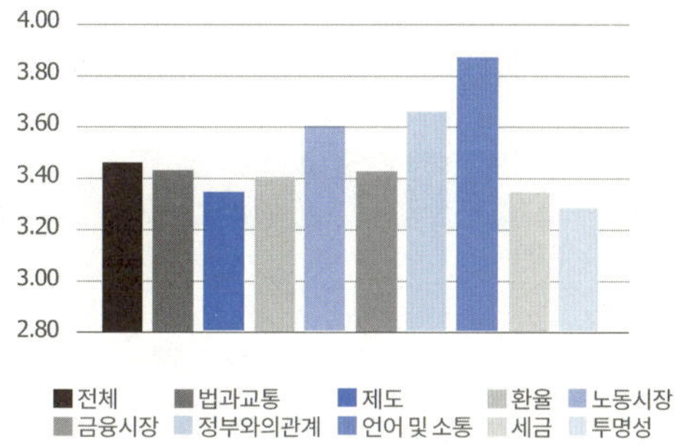

넷째, 자국의 외국인투자 유망사업분야를 파악한 결과 도로와 전력이 가장 유망한 것으로 나타났다. 철도 분야도 전체 평균값보다 높게 나타나 상대적으로 유망한 것으로 평가되었다. 현지 인프라 시장에서 한국 기업의 경쟁력을 파악한 결과 ICT분야가 가장 높은 것으로 나타났다. 응답자 다수가 한국의 정보통신 기술을 세계적인 수준으로 평가하면서 전자정부, 스마트시티 등 ICT 활용사례를 자국에 적용할 것을 제안하였다. 또한 일부 국가에서는 한국 기업의 인프라 개발역량보다 전자, 정보통신 기술에 대한 인지도가 높은 경우도 있었다. 반면 교통, 에너지, 수자원 분야는 평균값보다 소폭 낮게 나타나 타 진출국가와의 경쟁이 쉽지 않을 것이라는 전망이 우세하였다. 다만 추가 의견에서 나타난 바와 같이 글로벌 기업에 비해 한국 기업의 기술력이 현지 시장에 많이 알려지지 않은 경우도 있기 때문에 홍보활동에 대한 필요성도 제기될 수 있다.

그림 29. 외국인투자 유망사업분야(설문조사)

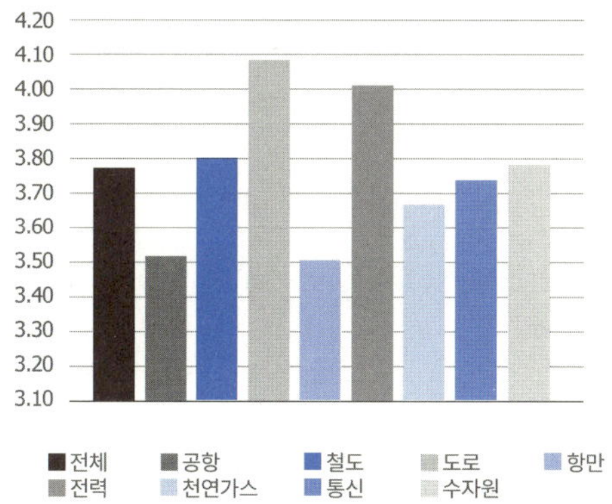

그림 30. 한국 기업의 경쟁력(설문조사)

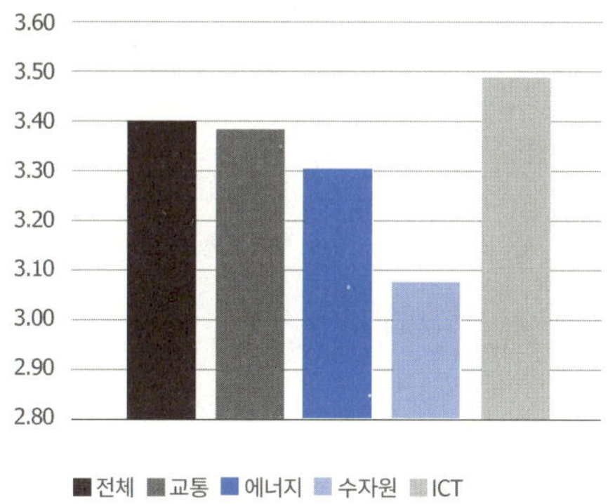

1) 아시아

가) 인도네시아

구분	주요내용
인프라시장 현황 및 전망	■ 인도네시아 정부는 현재 도로, 고속도로, 공항, 철도, MRT 및 항구 등 국가 연결성(Connectivity) 강화를 위한 인프라 개발을 적극적으로 추진 중이지만 균형발전을 위한 재원은 충분하지 않은 실정임 ■ 해상운송수단, MRT, LRT 등 철도기반 대중교통, 고속도로 등 운송비용 불균형을 감소시키기 위한 개발 추진 ■ 대체에너지 개발의 필요성, 저수지 개발, 통신가능범위 확대 등 필요 ■ 인도네시아 조코위 대통령은 주요 인프라 프로젝트의 디벨로퍼로 자산규모나 자금조달이 원활한 국영기업을 지정하였음 ■ 2017년 S&P가 인도네시아의 국가신용등급을 투기 수준인 'BB+'에서 투자적격 등급인 'BBB-'로 상향 조정하면서 인프라 투자기반 강화
주요 계획 및 프로젝트 현황	(공항)2016년까지 4곳의 새로운 공항 건설이 완료되었으며, 2017년 11곳의 공항 건설를 목표/(철도)2015-2016년에는 213.32km의 철도가 건설되었으며, 2017년에는 159.41km의 철도개발 목표/(도로)2017년 고속도로 380km와 일반도로 827km가 완공 될 예정/(항만)5개의 허브항구와 19개의 피더포트로 구성된 해운 개발/(전력)2017년 4월 현재 전력공급비율이 92.26%로 전년대비 1.1%증가/(가스)천연가스 생산량이 목표치의 123.3%에 도달/(통신)광대역서비스를 위한 800, 900, 1,800MHz 주파수 대역 튜닝 완료/(수자원)2015-2016년에는 7개의 저수지 건설완료
외국인투자환경	(법규제) 관련규정의 조화, 투자절차의 간소화, 투자문제 해결촉진 등/(제도) 투자조정청(BKPM) 투자허가 원스톱통합서비스(PTSP)도입/(노동)2016-2017 WEF 경쟁력지수 노동시장부문 전체 138개국 중 108위에 랭크/(금융)2017년 16개의 경제패키지를 통해 비즈니스 환경개선지수가 106위에서 91위로 상승/(대정부관계)중앙 및 지방 정부 기관 간의 조정 및 관계 개선 필요/(세금)ASEAN국가중에는 높은 편이지만 외국인투자자에게 인센티브 제공/(투명성)투명성과 책임성 강화가 필요함
PPP유망공종	전력, 공항, 천연가스, 고속도로 및 항만, 수자원개발 및 대중교통 등
주요 경쟁국 및 기업	싱가포르, 일본, 중국, 홍콩
현지 주요 한국기업	■ 교통 : 코린도 ■ 에너지 E1-페르타가스, 코린도, 페르타-삼탄가스, 포스코에너지 ■ ICT : 국토교통과학기술진흥원(KAIA) ■ 부동산 : 코린도
한국기업을 위한 제언	■ 한국 기업들의 대인도네시아 투자는 지난 5년간 제조업 비중이 71%에 이를 정도로 편중되어 있어 다양한 인프라 개발을 투자가 확대되어야 할 필요성이 있음 ■ 국토 연결성을 강화하기 위한 교통정책은 한국 철도산업에 투자기회가 될 수 있으며, 화석연료에 대한 의존도를 감소시키기 위한 재생에너지 분야 진출도 유망한 것으로 평가됨

나) 베트남

구분	주요내용
인프라시장 현황 및 전망	■ 최근 베트남 정부는 ICT, 에너지, 교통, 농촌 및 수자원, 환경위생 등 분야에 관심을 갖고 지속적으로 확대하고 있음 ■ ICT분야는 모바일시장의 급성한 성장으로 유망한 분야임 ■ 현재 교통량 증가추세에 비해 아직 도로시설 부족하여 신설 필요 ■ 급속한 인구증가 및 도시화로 인하여 식수공급, 고형폐기물, 폐수처리시설 확충 필요 ■ 베트남에 대한 ADB지원이 2019년부터 중단됨에 따라 재원부족을 우려하는 베트남에 일본 정부가 JICA차관 지원을 확대하는 추세임 ■ 베트남 정부는 교통망 확충, 원자력발전, 재생에너지 개발 등 사회 기반 시설 확충 관련 민 · 관 협력 사업(PPP) 추진 확대 계획
주요 계획 및 프로젝트 현황	(공항)항공수요 증가에 따라 호치민 떤선녓 공항은 확장공사를 진행하고 있으며 인근 동나이성의 롱탄(Long Thanh)공항의 신설 공사가 진행 중임. 2017년 APEC이 개최되는 다낭시는 새로운 공항 터미널을 개설했으며 판티엣시도 2018년 공항의 완공을 목표로 함
외국인투자환경	(법규제) 베트남 정부는 투자자들에게 PPP사업 기회를 제공하는 확실한 법률 체계를 Decree 30을 통해 갖추었음. 이를 통해 베트남 정부는 2015년 49%였던 외국 자본의 출자 비율 규제를 폐지하면서 외국인(법인)도 100% 지분소유가 가능하게 되었으며, 외국인 지분이 51% 미만인 기업은 베트남 국내법인과 동일하게 취급하고 있음/(제도) 2013년 개정된 토지법에 따르면 외국인 투자자가 토지사용권을 임대받는 경우 최대 50년까지만 허용되며, 사회경제적 어려움이 있는 지역에 대한 투자로서 장기간을 요하는 경우, 최대 70년까지 가능함
PPP유망공종	교통, 주택건설, 상수도공급, 폐수처리, 고형폐기물 처리 등
주요 경쟁국 및 기업	일본, 중국
현지 주요 한국기업	포스코, 두산중공업
한국기업을 위한 제언	■ 한국 기업들은 베트남 진출 시 대정부 관계, 노동시장 여건, 하청계약조건 등 사회 및 법제도에 대한 분석이 반드시 필요함. ■ 분야별로는 고속도로, 철도, 운송시설, 도시개발 및 폐기물 처리 시설 등이 투자하기에 가장 적합한 분야로 판단됨 ■ 한국은 '전자정부사업'에 경쟁력이 있기 때문에 교육기관(대학 등), 정부 기관 등에 투자할 것을 권장함

다) 필리핀

구분	주요내용
인프라시장 현황 및 전망	■ 국토 연결성 강화를 위한 인프라 개발수준은 수도권과 이외의 지역 간 큰 격차를 나타냄 ■ 최근 필리핀 정부 프로그램은 교육 및 빈곤퇴치를 중심으로 추진되어 인프라 발전은 주변국가에 비해 많이 정체되었음 ■ 두테르테 신 정부는 국가 인프라 개선을 최우선 과제로 선정하고 10대 사회·경제개발 어젠다를 통해 연간 인프라 지출을 GDP의 5% 수준으로 제시하였으며, PPP를 통해 추진할 예정
주요 계획 및 프로젝트 현황	(공항)필리핀 정부는 주요 국제공항인 NAIA, Mactan-Cebu, Clark 공항에 대한 확장/개선 사업을 PPP 방식으로 추진하고 있으며, 이외 지방공항 프로젝트에 대해서는 정부예산으로 운영, 보안, 활주로, 여객터미널, 야간운행 위한 시설 보완 프로젝트를 추진 중/(교통)필리핀 고속도로교통부(DPWH)는 심각한 교통문제를 해결하기 위해 교통량 감축 계획을 발표하고 전국 각지의 고속도로에서 프로젝트를 수행
외국인투자환경	(법규제)필리핀은 법률상 외국인이 토지를 소유할 수 없지만 예외적으로 필리핀 내 등록 기업 중 필리핀인의 지분이 60% 이상인 경우 외국인지분 40%까지 허용/(제도)2010년 필리핀 정부는 PPP 센터 설립을 통해 PPP 프로젝트를 적극 지원하고 주도하고 있음(대정부관계) 미국과 필리핀은 긴밀한 관계를 유지하고 있으며 250억 달러가 넘는 무역이 이루어지고 있음. 필리핀은 미국 특혜관세제도(Generalised System of Preference, GSP)의 가장 큰 수혜국이기도 함
PPP유망공종	교통, 에너지, ICT
주요 경쟁국 및 기업	일본, 중국
현지 주요 한국기업	포스코 건설, 두산중공업
한국기업을 위한 제언	■ 한국 기업들은 일본과 중국 기업들이 필리핀 시장에 어떻게 진입하게 되었는지에 대한 접근 방식을 분석할 필요성이 있음 ■ 일본은 국제협력기구 JICA를 통해 많은 사업타당성 조사(F/S)를 완료했고, 이를 바탕으로 필리핀에 차관을 제공하는 협약을 맺음 ■ 한국 기업도 빠르게 타당성 조사를 추진하고 사업을 추진한다면 필리핀 내 인프라 사업에 참여할 수 있을 것이라 사료됨

라) 방글라데시

구분	주요내용
인프라시장 현황 및 전망	■ 방글라데시는 전 국토의 균형있는 인프라 개발을 목표로 하고 있음 ■ 특히 도로시설과 물관리 기반 등이 열악한 실정임 ■ 방글라데시 정부는 교통 및 전력 인프라 확충에 중점을 두고 추진 ■ 교통분야 주요전략 : 5개의 주요 회랑 개발계획, 지역 교통시스템 개선을 위한 육상-수상교통 연계, 인터모달 환승체계(inter-modal transport)구축, 전체 교통네트워크에서 요금징수체계 개선, 민간투자확대 등 ■ 전력 분야 주요전략 : 전력생산의 민간투자 도입, 가스 및 석탄 생산 확대를 통해 1차 연료 이용가능성 향상, 송배전 손실감소를 통한 전력공급 효율성 증대, 전력 가격 정책 개선, 인접국가에 대한 전력판매 전략 분석(인도, 네팔, 부탄 등)
주요 계획 및 프로젝트 현황	(항만)치타공항만청(CPA)는 민관협력사업(PPP) 방식으로 추진하는 Chittagong항 내 Laldia 다목적 터미널 건설의 국제경쟁입찰을 실시/(전력)전력난 해소를 위해 민자발전소(IPP)건설을 적극 추진하였으나 사업지연에 따라 최근 인도와 단기 공급계약을 체결함/(수자원)방글라데시 정부는 수질오염의 원인이 되는 하수처리를 개선하기 위한 노력을 하고 있으며, 2013는 세계은행 재원으로 M/S를 실시함. 세계은행은 Pagla, Mirpur, Uttara, Daserkandi, Rayerbazar 지역에 우선 하수처리 시설을 설치하는 것을 검토 중임
외국인투자환경	(제도)외국인투자자에 대한 인센티브 :면세기간, 원자재, 자본재 등의 면세, 기술 노하우, 로열티 송금 지원, 외국인 100% 지분 허용 등 인센티브 제공/(세금)세금이 원조자금으로 진행되는 프로젝트라도 무조건 면제되는 게 아니기 때문에 사전에 세금의 종류와 부담주체를 명확히 해야하며, 기성대금 지급 시 원칙적으로 사전소득세(AIT)와 부가가치세(VAT)를 발주처가 공제함
PPP유망공종	교통, 에너지, 물관리, ICT, 기후변화대응
주요 경쟁국 및 기업	일본, 중국, 인도, 네덜란드
현지 주요 한국기업	삼성물산, 현대건설, 현대엔지니어링, 포스코대우, 건화엔지니어링
한국기업을 위한 제언	■ 중국, 인도 등이 가격경쟁을 하고 있는 EPC와 달리 방글라데시 엔지니어링 분야는 기술력을 갖춘 한국 기업이 진출하기에 적합한 시장임 ■ 방글라데시는 식수오염이 심각하여 상수도관망 개선 등이 필요한 상황이며, 우수한 물관리 기술을 보유하고 있는 한국 기업들이 진출유망하다고 판단됨 ■ ICT기업 현지 진출 시 100%의 FDI를 허용하고 10년간 세금 면제

마) 미얀마

구분	주요내용
인프라시장 현황 및 전망	■ 미얀마는 전 분야에 걸쳐 인프라 수준이 매우 미흡하며, 정부도 인프라 개발을 가장 중요한 정책으로 추진하고 있음 ■ 2016년 발표한 국가경제정책에 따르면 인프라 개발 분야에서는 전력공급, 지방도로 신설 및 보수, 항만시설 개발 등을 중점적으로 추진할 계획임 ■ 미얀마의 교통 인프라(도로 및 철도)는 매우 열악한 실정임 ■ 2017 미얀마 인프라 정상회의(Myanmar Infrastructure Summit)에 따르면 고속도로, 철도, 항만, 항구 터미널, 도시 개발 등 지속 가능한 인프라 개발을 향상시킬 수있는 가능성이 높은 편임
주요 계획 및 프로젝트 현황	(공항)최근 양곤 국제공항의 과부화를 해소하기 위해 2022년까지 한따와디(Hanthawady) 공항을 BOT방식으로 건설할 계획임/(도로)만달레이 고속도로 프로젝트, 인도-미얀마-태국 고속도로 프로젝트(Yagyi-Kalewa Road Section), 기타 중소형 고속도로 프로젝트 계획/(건축)미얀마산업단지 (MIP) 개보수 프로젝트 계획
외국인투자환경	(법규제)미얀마 정부는 투자환경 조성 및 보호, 내 · 외국인 투자가 간의 동등한 대우 보장 등의 목적으로 2016년 10월 미얀마 내국인 투자법과 외국인 투자법을 발효하고 2017년 3월 신 투자법에 대한 세부 시행령을 발표함(제도)2016년 미얀마 투자위원회(MIC, Myanmar Investment Commission) 개편을 통해 외국인 투자 규제를 좀 더 줄여주고 외국인 투자를 증가시키기 위해 노력할 것으로 전망됨
PPP유망공종	교통, 전력, 자원개발, 산업단지조성 등
주요 경쟁국	일본, 중국
현지 주요 한국기업	포스코 건설, 포스코대우, 한국가스공사, 한국석유공사 등
한국기업을 위한 제언	■ 미얀마는 인프라 개발을 확대하기 위해 더 많은 해외 금융 투자 및 기술 지원을 요구하고 있으며, 한국과 같이 경험과 기술력을 갖춘 기업들의 진출이 필요함 ■ 미얀마 진출하려는 외국인투자자는 기술력, 안정적인 자금 조달역량을 기본적으로 갖추어야 함 ■ 미얀마 신정부가 균형있는 개발을 지향하고 있기 때문에 양곤을 제외한 다른 도시에 고속도로, 철도, 버스 신속 운송, 도시개발 및 폐기물 처리 시설 부문에서 투자하기에 가장 적합하다고 판단됨

바) 네팔

구분	주요내용
인프라시장 현황 및 전망	■ 네팔은 도로, 철도 등 교통인프라가 매우 열악함 ■ 현재 인구의 절반 정도가 거주하는 테라이(Terai)지역을 동서로 통과하는 고속도로가 존재하지만 다른 지역에서의 접근성이 불량하고, 미흡한 유지관리로 상태가 악화되고 있음 ■ 수력발전 잠재력은 약 84,000MW로 추정되며, 이 중 43,000MW는 경제적으로 가능하지만 현재는 700MW만 생산되고 나머지는 인도에서 수입하는 실정으로써 정부는 PPP방식의 수력발전사업을 모색
주요 계획 및 프로젝트 현황	(공항)Gautam Budhha 국제공항, Pokhara 국제공항, Nijgadh 국제공항 건설 계획(철도)인도 Jaynagar-네팔 Bardibas 구간 전기철도 프로젝트 계획(도로)네팔 육군은 Nijagadha-Kathmandu 구간 도로사업에 대한 외국기업 투자 요청/(전력)1200MW 규모의 Budhi-Gandaki 수력발전프로젝트 추진, 네팔-인도 정부가 추진하는 6,720 MW 수력발전시설을 포함하는 Pancheshwar 다목적 개발 프로젝트 추진/(수자원)Melamchi Water 프로젝트 계획(ADB 차관 사업)
외국인투자환경	(법규제)1995년 개정한 외국인 투자법에는 외국인 투자를 장려하기 위한 각종 인센티브와 시설제공을 법률로 규정하고 있음(제도)면허제도 및 규제 간소화, 외국인투자자 지분 100%허용, 내국인 기업과 동일한 세율 적용 등 외국인 투자우대제도 마련(금융)대규모 프로젝트에 대한 재정지원이 충분하지 않기 때문에 국제원조기관의 지원이 필요한 실정임(노동)노동자의 임금수준이 매우 낮은 수준이며,기술인력이 부족하고 외국인 고용이 까다로움(투명성)특히 지방정부에서 부정부패가 많이 일어남
PPP유망공종	도로, 철도, 수력발전
주요 경쟁국	일본, 중국, 인도
현지 주요 한국기업	한국철도시설공단, 한국남동발전, 현대엔지니어링 등
한국기업을 위한 제언	■ 한국 기업의 경우 저가수주 위주의 기업들과 경쟁하기 어렵기 때문에 정부 관계를 통해 수주하는 것이 바람직함 ■ 네팔 유력기업과 하청계약을 통해 투자할 경우 중국이나 인도 기업에 대한 경쟁력을 갖출 수 있으며, 현지 시장을 이해하는데 도움이 될 것이라 사료됨(현지 업체 및 외국과 합작한 업체에 세금 감면 등 우선권 부여) ■ 네팔은 인도라는 거대한 시장이 인접하기 때문에 수력발전이 가장 유망한 분야이며, 동서 구간 철도와 지하철 공사도 유망한 분야임

2) 중동 및 아프리카

가) 이집트

구분	주요내용
인프라시장 현황 및 전망	■ 이집트는 현재 전반적인 인프라 시설에 대한 개보수가 필요한 실정이며, 특히 상하수도관 개선이 시급함 ■ 이집트 정부가 에너지 분야에 많은 투자를 지속하면서 전력공급은 현재 안정적인 편임 ■ 다만 상하수도 분야는 아직도 투자가 미흡한 실정임 ■ 신도시 개발 및 주택사업 추진 ■ 정부는 외국인 투자를 다시 회복하기 위한 노력의 일환으로 투자 인센티브 부여 강화함 ■ 2030비전에 따라 도시개발, 에너지 등 인프라 개발 추진 예정
주요 계획 및 프로젝트 현황	(에너지)에너지 자급률 확대를 통한 자원안보 강화, 에너지 소비 감축, 환경보호를 기대/(도시개발)750만 가구 주택 건설, 도시 빈민가 개발, 도시화율 증대/(사회교육) 카이로, 알렉산드리아 등 주요도시 학교건립 프로젝트 PPP형태로 추진
외국인투자환경	(법규제)2015년 외국인 투자를 촉진하기 위해 투자법 개정되었으며, 제도적, 행정적 개선 및 인센티브의 법률적 근거를 마련함(제도)이집트 투자청(GAFI)은 특정 투자 프로젝트에 대해 모든 인허가 절차를 원스톱 서비스로 제공할 수 있도록 기능을 강화함, 이집트 재무부 내 "PPP 중앙처(PPPCU)"를 설치함으로써 전체 개발사업 PPP 총괄체계 구축하여 비 건설인프라 부문도 PPP 사업 확대 추진
PPP유망공종	교통, 상하수도, 에너지, 폐기물 처리, ICT
주요 경쟁국	일본, 중국, 프랑스, 영국, 독일, 이탈리아, 러시아
현지 주요 한국기업	삼성건설, 두산중공업, GS건설 등
한국기업을 위한 제언	■ 한국 기업들이 지정학적으로 가치있는 이집트에 지사를 개설하면 중동 및 아프리카 지역에 진출하기 위한 허브로 활용할 수 있음 ■ 이집트 내 운송회사를 개설할 것을 제안함 ■ 한국의 우수한 '전자정부'사업을 통해 이집트 내 공공영역(관공서, 학교 등)에 대한 진출가능성 높음 ■ 폐수처리시설 분야는 매우 넓은 시장과 수익성이 있음

나) 케냐

구분	주요내용
인프라시장 현황 및 전망	■ 케냐는 장기 국가경제개발 종합계획인 "비전2030"정책을 제시하면서 친환경에너지 개발과 도로 등 인프라의 개발을 추진하고 있으나 사업 추진을 위한 재원부족(GDP의 20% 규모의 자금 확보가 필요)으로 민간투자유치 환경을 조성하고 있음
주요 계획 및 프로젝트 현황	(공항)Jomo Kenyatta 국제 공항 개보수 및 확장공사, Mombasa 국제공항 개선 프로젝트 진행중/(철도)총 962km에 이르는 케냐 동서 관통 철도건설사업(Mombasa-Nairobi-Malaba) 건설/(도로)정부는 약 3.2 억 달러 규모의 1만 km 도로를 신설/(항만)케냐 라무항(Lamu Port)을 시작으로 남수단과 에티오피아를 잇는 라무항 종합개발사업(LAPSSET) : 케냐, 에티오피아, 수단을 연결하는 고속도로, 국제공항, 원유 송배관 등 구축/(전력)친환경 에너지에 큰 관심을 갖고 있으며, 최근 독일개발은행 차관으로 20개소의 지열발전 개발추진
외국인투자환경	(법규제)2013년 개정된 PPP법은 인플레이션과 투자이윤에 대한 물가연동제 적용, 각종 리스크로 인한 사업 중단에 따른 손해배상 등 외국인 투자 유치를 위한 내용 법제화(제도)민간투자사업을 통해 투자비용을 회수하지 못하게 되는 경우 그 차이를 보전할 수 있도록 지원하는 공적 금융상품인 시장강화기금(Viability Gap Fund)을 조성하여 지원
PPP유망공종	지열에너지, 주택 및 도시재생
주요 경쟁국	중국, 프랑스, 독일, 이탈리아, 네덜란드, 스위스, 영국, 핀란드
현지 주요 한국기업	한국도로공사, 도화엔지니어링
한국기업을 위한 제언	■ 한국 기업들은 정부와의 적극적인 소통을 통해 관계를 구축할 필요성이 있으며, 중국 기업과는 다른 정체성을 제시할 필요성이 있음 ■ 케냐 기업과의 하청 계약을 통해 입찰참여 요망 ■ 케냐 정부는 향후 운영 및 개발능력 향상을 위해 지식이전을 장려하고 있으므로 고려해야 함

다) 모잠비크

구분	주요내용
인프라시장 현황 및 전망	■ 모잠비크의 인프라 현황은 도로(동서축), 전력, 수자원 및 위생시설 등 분야에서 개발이 필요한 실정임 ■ 모잠비크는 도로분야 발전계획에 의거해 도로망의 개선 및 신설예정이며, 투자재원이 마련되었음 ■ 최근 몇 년간 철도인프라에 대한 민간투자가 활발하게 이루어짐 ■ 모잠비크는 천연자원 개발과 인프라 투자 증가로 경제성장이 급속하게 이루어지고 있음 ■ 모잠비크는 2017년 공공분야에 대한 정부지출이 전년대비 약 16.4% 감소할 것으로 예상되고 있으나 EIU에서는 민간투자에 대한 기회가 증가할 것으로 전망하고 있음
주요 계획 및 프로젝트 현황	(공항)Nacala 국제공항 건설 중/(철도)총 962km에 이르는 케냐 동서 관통 철도건설사업(Mombasa-Nairobi-Malaba) 건설(도로)Mafuto 순환도로 건설 : 대중교통 흐름을 개선하기 위해 추진되고 있으며, 7 단계 도로 구간을 포함하며 74km 구간의 최종 단계 진행 중, 중국 정부가 3억 달러 차관제공(가스)모잠비크는 Afungi 반도를 중심으로 LNG 시설이 개발되면서 세계적인 LNG산업으로 성장하고 있음, 모잠비크 해상4광구 육상 LNG 플랜트 건설 사업, 모잠비크 LNG 플랜트 가동용 가스발전소 건설 사업 등 발주예정
외국인투자환경	(법규제)모잠비크 정부는 정부는 민간 부문의 인프라 개발 참여를 확대하기 위해 PPP 체계를 수립, 2011년 인프라 및 PPP에 대한 민간 투자와 관련된 법률을 제정함, 외국기업을 포함한 민간기업의 민관협력사업(PPP), 대규모투자(LSP), 양여사업(BC)등의 계약, 이행, 점검에 관한 사항을 규정(제도)모잠비크 투자청(Investment Promotion Center)은외국인 투자자에 대한 세제혜택프로그램을 운영하고 있으며, 모잠비크특별경제구역청(GAZEDA)이 인정한 특별경제구역 및 자유공업구역에서도 외국인투자자에 대한 세제혜택을 부여하고 있음
PPP유망공종	발전, 도로, 항만, LNG
주요 경쟁국	중국, 일본, 남아프리카 공화국, 포르투갈, 브라질 등
현지 주요 한국기업	한국가스공사, 한국농어촌공사, 수성엔지니어링
한국기업을 위한 제언	■ 한국 기업들은 모잠비크 투자청, 특별경제구역청, 경제청 등 주요 투자제안기관에서 투자 및 타당성조사가 이루어지고 있는 지역에 대한 더욱 많은 관심을 가질 필요가 있음 ■ 모잠비크 국가전략 2016-2020을 위한 정부 간 파트너십 강화(교통, 에너지, 수자원, 교육 등)를 제안할 수 있음 ■ 현지어(포루트갈어)로 번역된 한국 기업에 대한 광고를 마푸토(수도)시를 중심으로 전개할 필요성이 있음

라) 에티오피아

구분	주요내용
인프라시장 현황 및 전망	■ 에티오피아는 2015년까지 도로개발 계획 RSDP (Road Sector Development Plan)에 따라 도로시설이 확충되었으며, 2020년까지 5단계 사업 추진 중임 ■ 지난 2년간 에티오피아 내 도시지역의 교통계획은 획기적으로 발전하였음(주차, 터미널, 도로시설 등) ■ 이와 같이 교통인프라 개선에 대한 노력이 지속되고 있으나 도시와 지방의 격차가 매우 큰 상황임 ■ 지방에서는 식수공급 문제가 가장 시급하게 해결되어야 할 상황임 ■ 수력발전을 통해 인접국에 전력을 판매하려는 시도가 이루어짐 ■ 고형폐기물 처리시설은 프랑스의 기술지원을 통해 해결하고 있음
주요 계획 및 프로젝트 현황	(도로)GTP II 기간 중 도로 인프라 발전 프로젝트 다수 발주예정, 총 15억 달러 예산, 향후 5년간 11만㎞ 건설을 목표로 함(전력)에티오피아는 전력 공급량이 현저히 부족하지만 수요는 지속적으로 증가하고 있어 전력시장은 잠재력이 높은 것으로 평가되고 있으며, 현재 아프리카 최대 댐인 Grand Ethiopian Renaissance 댐(6,000MW) 건설 중임
외국인투자환경	(법규제) 에티오피아 정부는 2003년 2월 투자법을 개정하여 외국인투자 유치를 위해 투자 행정체계의 투명성 및 효율성을 제고함, 외국인 투자를 장려하기 위하여 행정절차를 개선하고 소득세 면제, 면세기간 동안 발생한 손실의 이월 등 인센티브를 마련(노동)풍부한 노동력과 저임금이 강점
PPP유망공종	도로, 에너지(수력)
주요 경쟁국	중국, 프랑스, 이탈리아, 캐나다
현지 주요 한국기업	대우엔지니어링, 도화엔지니어링, 경남기업
한국기업을 위한 제언	■ 도시계획 분야(주택사업 등) 진출제안 ■ 한국전쟁 참전용사 이름의 기념병원 설립 제안 ■ 많은 프로젝트를 중국 기업이 수주하고 있으나 질적인 측면에서 문제가 발생하고 있음

4) 중남미

가) 브라질

구분	주요내용
인프라시장 현황 및 전망	■ 브라질은 아직도 개발잠재력이 높은 국가이며, 풍부한 천연자원을 고려할 때 개발 환경이 양호한 편임 ■ 다만 인프라 개발에 대한 정책지원과 민간투자와 관련된 법제도적 환경에서 여전히 문제점들이 지적되고 있음 ■ 특히 연방정부의 공공정책은 개선이 필요한 실정임 ■ 남, 북 지역간 인프라 개발수준이 차이가 큰 편임 ■ 중남미에서 가장 인프라 프로젝트가 많음
주요 계획 및 프로젝트 현황	2010년 브라질 정부는 경제성장촉진 프로그램인 PAC(Programa de Aceleração do Crescimento) 2차계획을 발표하고, 주요 인프라 보강 및 확충프로젝트 등 총 8,883억 달러의 재원을 투입하여 교통, 에너지, 전력, 공공위생, 주택 등 6개 분야에서 다수의 프로젝트를 추진하는 내용을 발표함
외국인투자환경	(법규제)브라질의 법률 제4131조는 외자에 대한 전반적인 통제를 목적으로 제정되었으나 외국인투자를 유치하기 위해 별도의 특별한 혜택을 부여하지는 않음/(제도)브라질 내 모든 투자유치 정책은 국내기업과 외국기업에 동일하게 적용됨, 연방제도의 특성상 연방정부, 주정부, 시 정부 별로 외국인투자에 관한 정책 및 법규 차이가 있어 외국인투자 시 연방 인센티브를 확인할 필요가 있음/(세금)브라질은 한국과 이중과세 방지협약을 체결되어 있음
PPP유망공종	신재생에너지, 수자원, 교통(메트로 등)
주요 경쟁국	포르투갈, 미국, 브라질(Andrade Gutierrez, Camargo Correa, Odebrecht 등)
현지 주요 한국기업	포스코 건설 등
한국기업을 위한 제언	■ 역사적으로 한국은 작은 영토에서 인프라 개발이 성공적으로 이루어진 국가이기 때문에 이러한 사례는 브라질 연방정부의 롤 모델이 될 수 있음 ■ 따라서 중앙정부 차원에서만 접근하지 말고 브라질 연방정부와 협력할 필요성이 있음 ■ K-pop 등 대중문화를 통해 한국에 대한 인지도가 서서히 높아지고 있으나 정부(공공영역)간 상호협력을 위한 시도가 미흡함 ■ 상파울로, 리우데자네이루 등 거대한 인구를 보유한 대도시를 중심으로 메트로 분야가 유망함 ■ 브라질은 수자원이 풍부한 국가이지만 아직 미개발된 곳이 많음 ■ 북동부지역을 중심으로 태양광, 풍력 등 신재생에너지가 유망함

나) 페루

구분	주요내용
인프라시장 현황 및 전망	■ 페루는 남미에서 경제성장률이 가장 높고, 국가 신용등급과 기업 환경에서도 남미에서 양호한 수준으로 평가됨 ■ 지역 간 인프라 개발 수준 격차가 큰 편임 ■ 2016년 출범한 신정부는 집권기간 동안 17개 주요 대형 프로젝트에 약 791.5억 달러를 투자할 계획을 발표함 ■ 인프라 사업들이 주로 브라질 기업과의 PPP형태로 추진되었으나 최근 브라질 기업 부패스캔들로 건설시장이 어려움을 겪었음 ■ 페루 투자청은 2018년 까지 32건의 PPP 사업 계획을 진행할 방침
주요 계획 및 프로젝트 현황	(도로)Lima 순환도로 프로젝트 : 20억 4,700만 달러 규모의 협조융자 민간주도 도로건설사업으로 Callo와 Lima 지역을 잇는 약 33.2km 길이의 타원형 도로망 건설 예정/(철도)Metro Lima 3호선 프로젝트 : 약 66억 달러 규모의 협조융자 정부 주도 메트로 건설사업. 길이 32km 선로 설치 예정, 2018년 말쯤 프로젝트가 추진될 계획
외국인투자환경	(제도)페루 정부는 프로젝트 투자유치 활성화 방안으로 OxI 제도를 OxI 제도(Obras por Impuestos; Public Work Tax Deduction: 세금공제 공공사업제도)를 출범함, 민간기업이 공공사업 참여를 통해 세금을 감면받고 사업 완료 이후 최대 10년까지 정부 기관으로부터 무이자로 자금 지원을 받는 제도임/(상하수도)페루 정부는 상하수도 서비스 100% 제공을 목표로 하고 있어 상하수도 개선사업이 추진될 예정임
PPP유망공종	교통, 에너지, 상하수도
주요 경쟁국	브라질, 중국, 이탈리아, 스페인, 칠레 등
현지 주요 한국기업	포스코 건설, 도화엔지니어링
한국기업을 위한 제언	■ 페루 내 한국기업의 인프라 및 건설사업 부문 인지도는 다소 낮은 수준이며, 한국의 성공사례를 알릴 필요가 있다고 사료됨 ■ 한국 기업의 진출활성화를 위해 정부 차원의 해외 인프라 건설 지원방안 및 인프라 기술 홍보 등의 다각적인 외교적 노력이 요구됨 ■ 지난 3월 엘니뇨 피해에 따른 재건사업이 활발하게 추진될 예정이므로 도로, 주택 등 관련분야 한국 기업의 진출이 요구됨 ■ 수자원분야는 정부의 최우선 과제이며, 교통 인프라사업은 지속적으로 발주될 것으로 예상됨

5) 유럽 및 태평양지역

가) 폴란드

구분	주요내용
인프라시장 현황 및 전망	■ 폴란드는 EU 국가 중 도로 사정이 매우 열악한 국가이며, 고속도도로 인프라 개선에 투자가 추진되고 있음 ■ 최근 동유럽에 대한 중국 기업의 투자가 확대되고 있으나 폴란드의 경우 중국 투자자에 대한 평판이 좋지 않은 상황임, 중국 기업 COVEC이 노동법 위반, 덤핑 수주 등으로 바르샤바-베를린 고속도로 사업 취소통보를 받음
주요 계획 및 프로젝트 현황	(공항)2018년 80억 유로 규모의 Solidarity 국제공항 입찰예정/(도로)2014~2020년에는 약 140㎞에 달하는 신규 12개의 도로 건설 프로젝트가 예정되어 있으며, Suwałki 우회도로 프로젝트의 경우 EU기금으로 지원 예정
외국인투자환경	(법규제)폴란드 내에서는 경제활동 자유법에 의거하여 외국인 투자자도 내국인과 동일한 조건으로 사업이 가능함, 2016년 경제특별구역(SEZ)외국인투자법이 개정되어 세금감면, 현지인 의무고용 등에서 혜택을 받을 수 있음/(제도)폴란드 투자청(PAIH)은 외국인투자와 관련된 행정, 법적 절차 지원업무를 담당하고 있으며, 실질적 기업 투자총액에 따라 지역공적자금 지원이 결정됨/(노동)최근 노동자 임금이 급격하게 상승하고 있는 추세임
PPP유망공종	철도, 도로, 공항
주요 경쟁국	오스트리아, 프랑스, 스웨덴, 스페인, 중국
현지 주요 한국기업	KT, 포스코건설, 포스코대우
한국기업을 위한 제언	■ 플랜트, ICT 등 한국 기업들이 강점을 가진 분야에서 다국적 기업과의 컨소시엄을 통해 폴란드 건설시장 진출 모색 필요 ■ 도로 건설시장이 관련 예산 삭감 등 최근 성장세에 제동이 걸리고는 있으나 열악한 도로 인프라 구축이 시급한 상황으로 관련 건설시장 수요는 꾸준히 성장할 것으로 전망됨

나) 파푸아뉴기니

구분	주요내용
인프라시장 현황 및 전망	■ 파푸아뉴기니는 2012년-2016년 까지 정부예산의 약 48%를 인프라 개발에 투자하였으며, 이중 절반 이상이 고속도로, 국도, 지방도로 유지관리에 투입되고 있음 ■ 파푸아뉴기니 정부는 중장기 경제개발계획이 담긴 '비전 2050'을 발표하고, 천연가스 · 금 · 은 등 자원개발과 도시 · 항만 · 도로 건설 등 모든 분야에서 외국인투자를 유치하기 위한 노력을 하고 있음 ■ 파푸아뉴기니는 동남아시아 지역으로 다양한 자원을(목재, 농작물, 어류 등) 수출할 수 있는 잠재력이 있으나 열악한 교통인프라로 인하여 어려움을 겪고 있음
주요 계획 및 프로젝트 현황	(공항)F100기종 수용을 위해 Lae-Nadzap 국제공항 및 지방공항 8개소에 대한 현대화 사업이 추진될 예정임/(도로)2050년까지 국토의 80%를 연결하는 비전 2050 플랜이 수립됨, 국가도로유지사업, Highlands 고속도로 개선사업, 교통분야 지원사업, Lae-Nadzap 구간 도로사업, 경제회랑복구사업 등/(전력)Port Moresby,Ramu 전력망, Mendi -Tari 전력화 사업, 동서부 뉴 브리튼 지역 전력개선공사(TEIP) 등
외국인투자환경	(금융지원)파푸아뉴기니의 금융지원은 대출과 증여로 구분되며 정부는 프로젝트 총비용의 10%를 지원할 의무가 있음, 이는 공여자와 정부 간 합의에 따라 달라질 수 있음/(대정부관계)정부 간 의정서는 필수적이며, 외교통상부가 협상을 진행하고 국무총리 겸 재무부장관과 함께 협의하는 것을 허가하며, 다양한 부처로부터 프로젝트를 원활하게 수행하기 위한 전문가 집단을 선택/(세금)파푸아뉴기니의 세법은 호주 및 주변국가의 세법과 유사하지만 정부가 직접 승인 한 회사의 경우 세금면제가 가능함
PPP유망공종	수력발전, 수자원 및 위생시설, 도료 및 교량 등
주요 경쟁국	중국, 일본, 호주, 뉴질랜드, 기타 유럽국가
현지 주요 한국기업	포스코대우, 광해관리공단, 한국가스공사
한국기업을 위한 제언	■ 파푸아뉴기니는 개발재원을 조달받기 위한 정부의 정책과 전략이 부족한 상태로서 개발 의제의 중요도가 아닌 정부의 개발의지가 중요한 상황임 ■ 정부에서는 철도 사업에 대한 사업타당성 조사가 곧 착수할 예정이며, 한국 정부로부터 이에 대한 도움을 받기를 원함

해외건설

알고 도전하라

新 전략지도 보고서

III. 해외진출 전략지도와 중점분석 국가

국가별 PPP제도 제각각… 유리한 환경 찾아야

가. 왜, 전략지도가 필요한가

본 연구에서는 급변하는 세계건설시장 패러다임 속에서 기존의 수주 전략과 방식으로는 해외건설 진출확대가 어렵다고 판단하고, 세계건설시장의 환경 변화에 대응하는 새로운 지도를 구축하고자 하였다. 특히 전 세계적으로 PPP등 투자개발형 사업의 비중이 점차 확대되고 있는 추세에서 국내 기업은 EPC 사업에만 집중하면서 투자개발형 사업 역량은 미흡한 실정이다.

최근 인프라 재원이 부족한 개발도상국에서는 시공자에게 자금조달까지 요구하는 경향이 높아짐에 따라 ECA, MDB 등 국내외 금융시장에 대한 이해를 바탕으로 적합한 금융모델을 활용할 수 있는 방안이 요구되고 있으며, 국가별로 PPP제도 수준이 다를 수 있기 때문에 법제도, 운영능력 등 PPP환경에 대한 고려도 필수적이다. 위험도가 높거나 사업성이 낮은 국가의 경우 안정적인 재원을 통해 개발도상국에 진출할 수 있는 ODA사업과 기존 주력시장에 대한 EPC사업 진출가능성을 평가할 필요성이 있는 것이다. 따라서 본 연구에서는 사업유형에 따른 국가별 진출가능성을 검토하여 국내 건설기업 진출 시 유리한 사업유형을 전략지도를 통해 구축하고자 하였다.

나. 전략지도 구축 과정은

1) 1단계 : 사업유형에 따른 국가별 투자규모 도출

전략지도는 PPP, 정부발주사업, ODA, MDB등 4개 사업유형에 따른 국가별 지표를 토대로 구축하였다. PPP는 국가별 PPP환경 평가점수를 적용하였으며, 정부발주사업, ODA, MDB 등 3개의 사업유형에 대해서는 최근 10년간 국가별 투자규모를 산출하였다. 표 22와 같이 PPP는 세계은행의 Benchmarking PPP Procurement 보고서에서 평가한 종합점수를 반영하였다. 정부발주사업은 해외건설종합정보서비스에서 지난 10년간 국가별 정부발주사업 수주규모를 산출하였으며, ODA는 ODA통계서비스를 통해 지난 10년간 KOICA 및 EDCF의 국가별 지원규모를 산출하였다. MDB는 World Bank, ADB, IDB, AfDB, EBRD, IsDB 등 기관별 통계자료를 토대로 지난 10년간 인프라 분야 사업별 승인금액을 합산하여 산출하였다. 다만 AfDB의 경우 데이터 누락으로 지난 5년간 지표를 반영하였다. 이와 같이 사업유형별 진출가능 국가 전체를 모집단으로 구성한 결과 총 198개국이 산출되었다.

표 22. 사업유형별 Data-Base 구축 리스트

유형	구분	비고
PPP	Benchmarking PPP Procurement(WB)	국가별 PPP제도 평가점수
정부발주사업	해외건설협회 해외건설종합정보서비스	국가별 수주규모(2007-2016)
ODA	한국수출입은행 ODA통계서비스	국가별 ODA지원규모(2007-2016)
MDB	세계은행(World Bank)	인프라 분야[21] 국가별 지원규모(2007-2016)
	아시아개발은행(ADB)	인프라 분야 국가별 지원규모(2007-2016)
	미주개발은행(IDB)	인프라 분야 국가별 지원규모(2007-2016)
	아프리카개발은행(AfDB)[22]	인프라 분야 국가별 지원규모(2011-2016)
	유럽부흥개발은행(EBRD)	인프라 분야 국가별 지원규모(2007-2016)
	이슬람개발은행(IsDB)	인프라 분야 국가별 지원규모(2007-2016)

2) 2단계 : 사업유형 등급 부여

전체 198개국(모집단)에 대해 진출가능성이 높은 국가를 산출하기 위해 각 사업유형별로 투자금액(또는 점수)을 등급화하여 분류하였다. 사업유형별 투자금액(또는 점수)이 가장 높은 구간을 1등급으로, 가장 낮은 구간은 4등급으로 구분하였으며, 국가별로 PPP, 정부발주사업, ODA, MDB의 4개 사업유형에 대한 등급이 산출되었다. 이와 같이 산출된 국가별 사업유형 등급에서 한 가지 이상 1등급으로 평가된 국가를 전략지도 대상국가로 포함하고, 총

21) 본 연구에서는 인프라 분야를 교통, 에너지, 수자원, 통신 분야로 구분함
22) 아프리카개발은행 국가별 통계자료는 5년간(2012-2016)자료만 게시되어 5년간 데이터를 적용함

72개국을 선정하였다.[23]

3) 3단계 : 전략지도 구축

전략지도는 한 가지 이상 사업유형에 대해 1등급 평가를 받은 국가를 대상으로 하였으며, 세계지도에 국가별 사업유형 등급을 표기하였다. 전략지도는 가독성을 고려하여 아래 그림 31과 같이 국가별 신호등체계로 표기하였으며, 등급표기는 원의 점유율, 사업방식은 PPP, 정부발주, ODA, MDB 순으로 배치하였으며, 사업유형은 색으로 구분하였다(PPP–빨강, 정부발주–파랑, ODA–초록 MDB–보라).

그림 31. 전략지도 등급 및 진출유형 표기

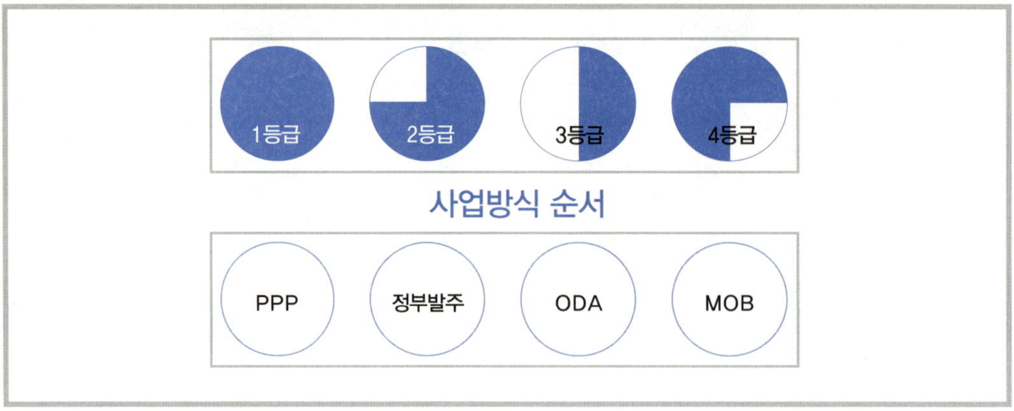

4) 전략지도 산출결과

전략지도는 아래 그림과 같이 각 대륙별로 아시아, 아프리카, 중동 및 북아프리카, 중남미, 유럽 및 중앙아시아로 구분하여 구축하였으며, 국가별 진출 가능한 사업유형이 등급으로 표기되어 직관적으로 확인할 수 있다.[24]

23) 미국, 일본, 중국 등 6개국은 1등급에 포함되었지만 현지 업체 기술력 우위, 자국보호주의 등 국내 기업들이 현실적으로 진출하기 어려운 상황을 고려하여 제외하였음
24) 전략지도 한글버전은 부록에 수록하였음

그림 32. 아시아지역 전략지도

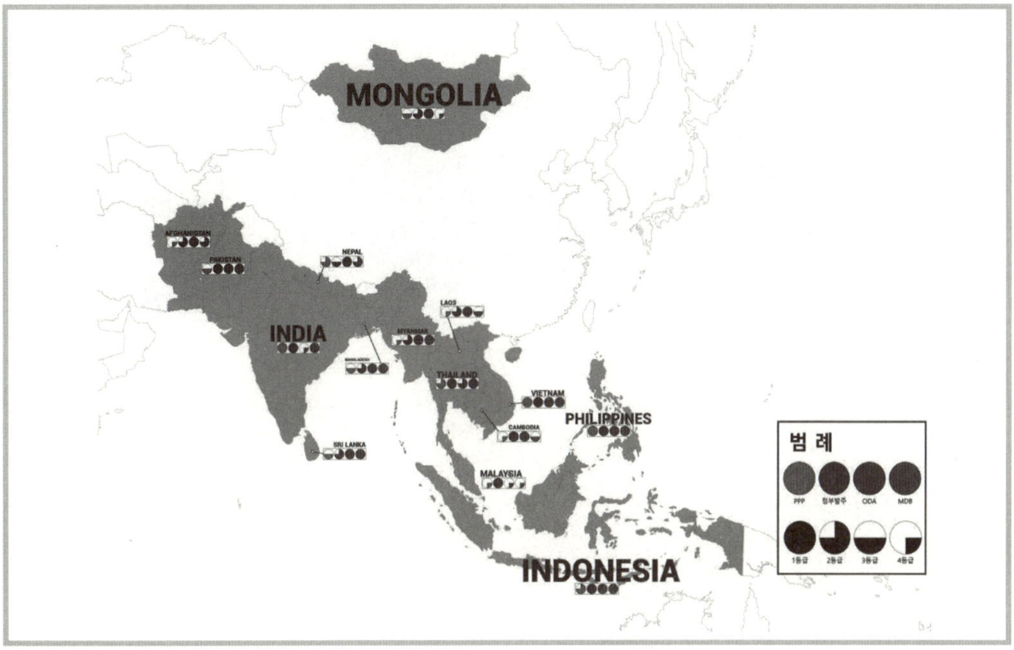

그림 33. 아프리카지역 전략지도

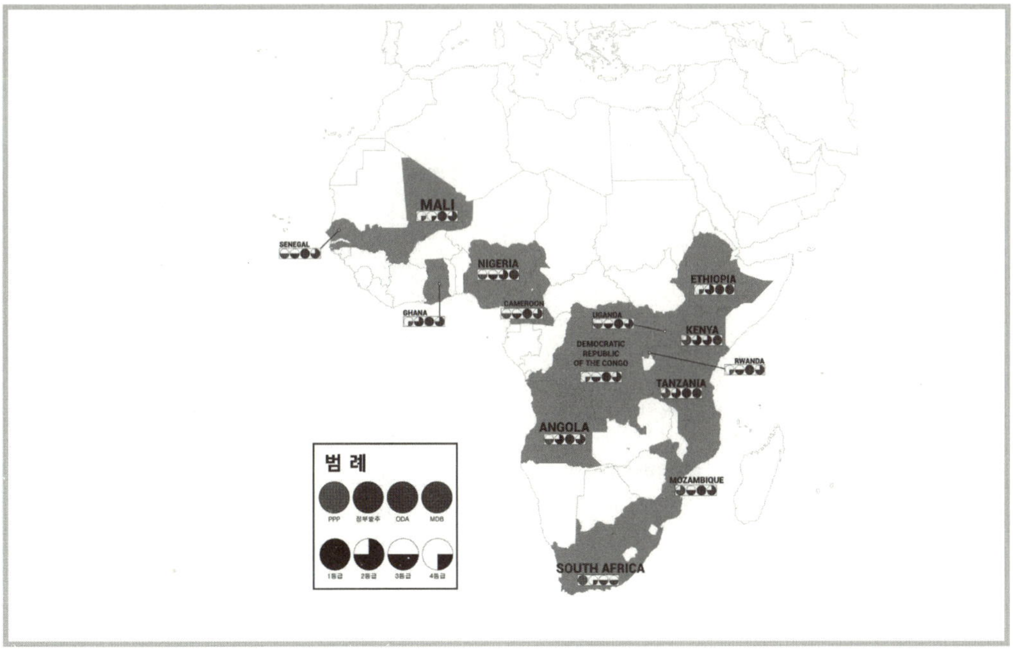

그림 34. 중동지역 전략지도

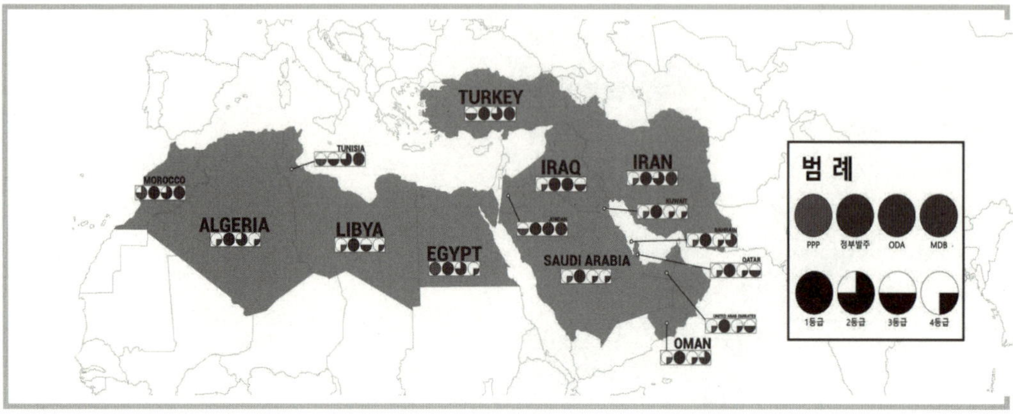

그림 35. 중남미지역 전략지도

그림 36. 유럽지역 전략지도

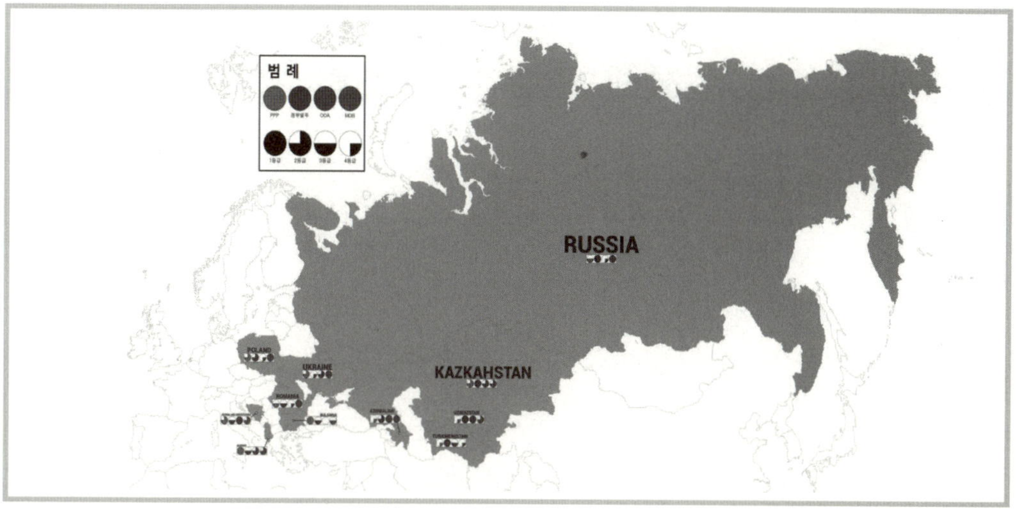

다. 전략지도 활용 방안은

전략지도의 활용방안은 다음과 같다. 국내 건설기업이 해당 국가 진출 시 유망 또는 취약한 사업유형을 직관적으로 도출하여 효율적인 대응전략을 수립하는데 활용할 수 있으며, 정부 및 유관기관에서는 해외건설 진출 활성화를 위한 지역 및 국가별 지원정책을 수립하는데 기초자료로 활용할 수 있다. 또한 전략지도는 향후 주기적으로 업데이트가 가능한 온라인 서비스를 개시하여 해외건설시장의 환경 변화를 실시간으로 전달할 경우 더욱 효과적으로 활용할 수 있을 것이라 판단된다.

그림 37. 세계건설시장 전략지도

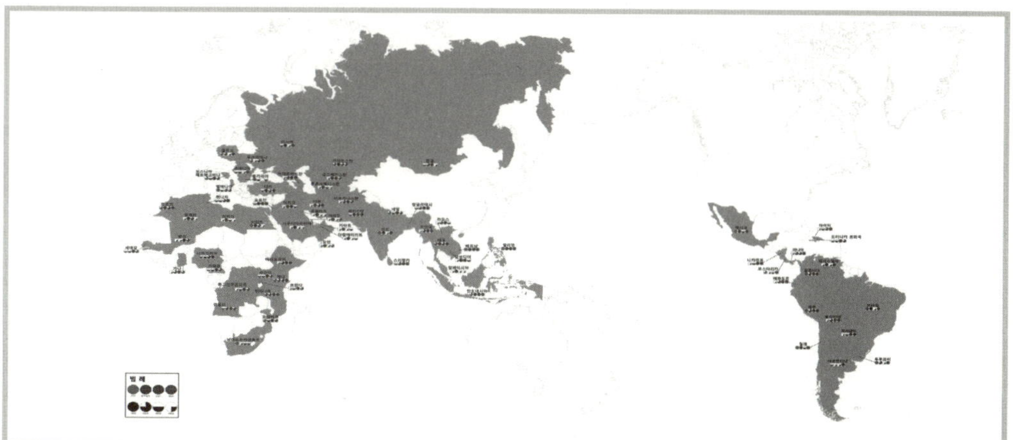

2 중점분석 국가 선정과 이유

불확실성 잠복… 선택과 집중 '맞춤형 전략' 필요

가. 중점분석 국가 선정 배경

세계건설시장은 지속적으로 증가하는 추세로 나타나지만 국내 기업들은 수주부진으로 어려움을 겪고 있다. 또한 세계경기 침체 및 신흥국의 재정악화, 일부 지역의 지정학적 리스크 확대 등 대외여건을 고려할 때 해외프로젝트의 불확실성은 여전히 상존하고 있으며, 2013년 어닝쇼크 이후 해외시장진출에 보수적인 전략을 취하는 국내 건설기업의 상황도 수주회복 가능성에 대한 부정적인 요인을 작용하고 있다.

이와 같은 상황에서 국내 기업의 해외사업진출 활성화를 위한 맞춤형 전략이 요구되고 있으며, 전략적으로 진출시장에 대한'선택과 집중'이 필요한 시점이다. 즉 기존 주력시장에서 고부가가치 사업을 통해 안정적인 수주활동을 전개하면서도 국내 기업이 경쟁력을 확보할 수 있는 신흥시장에 대한 진출 전략이 요구되는 것이다. 기존시장에 비해 신흥시장은 다양한 리스크에 노출될 수 있기 때문에 이에 대한 대응방안을 마련하는 사안도 중요하다. 신흥시장에는 대부분 리스크 발생 가능성이 높은 개발도상국들이 포함되기 때문에 비교적 안정적인 ODA사업에 진출하는 것이 제안될 수 있고, 사업실적이 축적되면 MDB사업에도 진출이 가능하다. 또한 개발도상국들은 높은 인프라 수요에 비해 정부 재정부족으로 PPP사업으로 발주하는 경향이 높기 때문에 대상국가의 PPP제도가 투자에 중요한 요인이 될 수 있다. 따라서 본 연구에서는 국내 기업의 해외건설진출 확대를 위한 중점분석국가를 선정하여 진출전략을 수립하고자 하였다.

연구에서 중점분석국가는 다음과 같이 정의된다. 첫째, PPP, 정부발주사업, ODA, MDB 등 사업유형별로 진출가능성이 높은 국가이며, 둘째, 정치, 경제, 사업환경 등 시장환경이 비교적 안정적인 국가를 의미한다. 마지막으로 국내 기업이 진출하는데 유망한 국가이며, 현지기업 및 외국기업에 비해 수주경쟁력이 높은 국가로 정의할 수 있다. 하지만 본 연구에서 다루고 있는 중점분석국가는 국내 모든 기업의 여건에 적합한 진출가능 국가로 정의하기에는 무리가 있으며, 중장기적으로 시장잠재력과 국내 기업의 수주경쟁력을 고려하여 진출환경 분석의 필요성이 비교적 높은 국가로 정의할 수 있다. 아래 그림 38은 중점분석국가 선정과정이다.

그림 38. 중점분석국가 선정과정

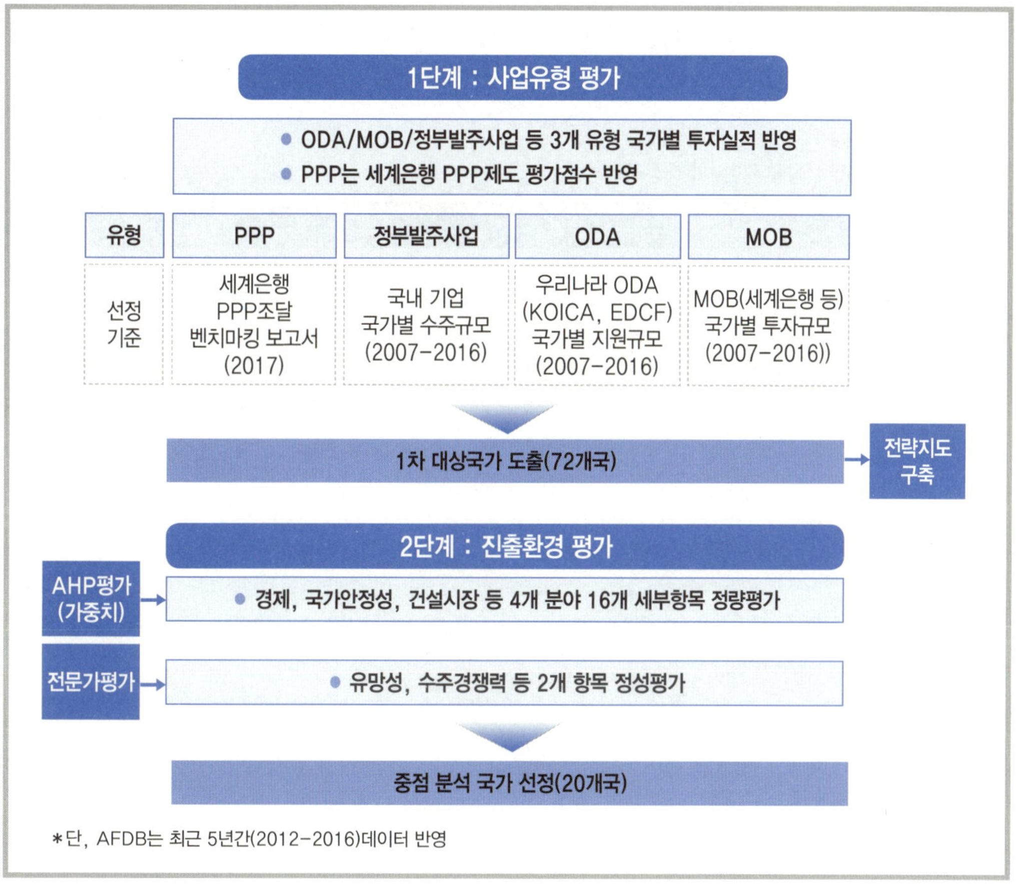

나. 선정 과정과 결과

1) 중점분석국가 선정의 개요

중점분석국가 선정에 앞서 전략지도 구축단계에서는 각 사업유형별로 투자실적 및 평가점수를 집계하여 높은 순위부터 4개의 등급을 부여하고, 1등급에 해당하는 72개국을 도출하였다. 이 국가들은 PPP, 정부발주, ODA, MDB 중 적어도 한 가지 이상의 사업유형에 대해 평가지표가 높은 국가로서 국내 기업의 진출가능성이 비교적 높다고 볼 수 있다. 1차 대상국가로 도출된 72개 국가는 아래 표 23과 같다. 지역별로 구분한 결과 아시아 15개국, 중동(북아프리카 포함) 16개국, 중남미 16개국, 아프리카 14개국, 유럽 및 중앙아시아 11개국으로 분류되었다. 하지만 1차 대상국가들은 정치, 경제, 사회 등 다양한 국가리스크가 상존하기 때문에 사업에 영향을 미칠 수 있는 리스크 요인과 국내 기업의 진출가능성을 평가하는 과정이 요구된다. 따라서 본 연구에서는 국가별 지표를 투입하여 산출하는 정량평가와 전문가 설문조사를 반영하는 정성평가를 통해 중점분석국가를 선정하고자 하였다.

표 23. 중점분석국가 선정을 위한 1차 대상국가

아시아(15)	중동(16)	중남미(16)	아프리카(14)	유럽 및 중앙아시아(11)
필리핀	사우디아라비아	멕시코	남아프리카공화국	불가리아
인도	아랍에미리트	칠레	나이지리아	알바니아
베트남	쿠웨이트	콜롬비아	탄자니아	카자흐스탄
말레이시아	이집트	페루	모잠비크	투르크메니스탄
인도네시아	이라크	브라질	에티오피아	우즈베키스탄
태국	카타르	우루과이	앙골라	러시아
파키스탄	알제리	베네수엘라	세네갈	보스니아헤르체고비나
캄보디아	리비아	니카라과	가나	아제르바이잔
방글라데시	오만	볼리비아	르완다	루마니아
스리랑카	터키	파라과이	우간다	우크라이나
라오스	모로코	도미니카공화국	카메룬	폴란드
몽골	바레인	아르헨티나	콩고민주공화국	
아프가니스탄	이란	에콰도르	말리	
미얀마	요르단	코스타리카	케냐	
네팔	튀니지	파나마		
	레바논	아이티		

2) 진출환경 정량평가 분석방법

진출환경 평가는 1차 대상 국가들에 대한 정치, 경제, 사회 등 리스크 분석을 통해 국내 기업 진출가능성을 검토하기 위함에 있다. 사업유형별 투자실적이나 PPP환경 지표가 높게 나타나더라도 국가리스크나 현지 특성에 따라 국내 기업이 진출이 어려운 국가들이 있기 때문에 중점분석국가를 선정하는데 반드시 필요한 단계라고 사료된다. 본 연구에서는 진출환경 평가항목을 선정하기 위해 선행연구에 대한 문헌고찰 및 전문가 조사를 수행하였다.

문헌분석은 본 연구와 유사한 연구목적이 있는 선행연구를 조사하고 대상국가 선정기준을 검토하였다. 한국교통연구원(2014)은 도로 사업 분야에 대한 해외 진출을 유도하기 위해 해외 도로건설시장 진출 대상국가를 제시하고자 하였으며, 총 4개 대륙 110개 국가를 대상으로 경제규모, 신용등급, 사업환경, 도로현황, 수주통계 등 5개 분야 23개 세부 평가항목을 기준으로 정량평가를 하여 대륙별 6개국, 총 24개 국가를 선정하였다. 특히 연구진이 정량평가를 통해 산출한 중점국가와 건설사 및 엔지니어링업체를 대상으로 한 설문조사를 비교하여 해외 도로시장을 진단하였다. 한국건설기술연구원(2015)는 국내 건설엔지니어링 기업이 해외진출을 하는데 우선 진출하여 기반을 구축하고, 유사 요인이 있는 인접국가로 확대 진출할 수 있는 거점국가를 선정하였다. 해외진출 거점국가를 선정하기 위해 건설엔지니어링 시장의 성장률, 규모 및 위험도, 우리나라 및 MDB의 ODA사업규모, 정부 부처별 · 전문기관별로 선정국가를 반영하여 43개 국가를 도출하였다. 최현호 등(2016)은 세계도로대회 참가국 중 장관참여국가 및 양자면담을 진행한 32개 국가를 대상으로 국가별 관심분야와 국가 통계자료를 조사하였고, 매력도, 실행가능성, 리스크 요소에 대해 가중치를 부여한 정량평가를 통해 각 국가별 진출가능 점수를 산출하였다. 본 연구의 진출환경 평가항목은 선행연구를 바탕으로 전문가 자문을 통해 보완 · 검토하여 아래 표 24와 같이 4개 분야 16개 세부 평가항목으로 구분하였다.[25)]

25) *표시된 3개 항목은 수치가 낮을수록 높은 점수가 부여되는 부(−)의 상관관계 측정지표임

표 24. 진출환경 평가항목

대항목	세부항목	항목 설명 및 출처
경제	1인당 GDP*	1인당 GDP가 낮을수록 인프라 투자가 활발한 경향 (2016년 기준 한국수출입은행 세계국가편람)
	GDP규모	GDP규모가 클수록 인프라 시장규모가 큰 편 (2016년 기준 한국수출입은행 세계국가편람)
	GDP성장률	GDP성장률이 높을수록 인프라 구축 의지 높음 (2016년 기준 한국수출입은행 세계국가편람)
	정부재정비중	정부의 재정 지출규모를 평가 (2016년 기준 한국수출입은행 세계국가편람)
국가 안정성	물가상승률*	물가상승률이 높을 경우 원가상승 가능성 높음 (2016년 기준 한국수출입은행 세계국가편람)
	외환보유액	외환건전성 평가 (2016년 기준 한국수출입은행 세계국가편람)
	국가신용등급	국가의 재정능력을 평가 (2016년 기준 한국수출입은행 국가신용평가)
	세계평화지수*	세계평화지수가 낮을수록 안정성 높음 Global Peace Index 2017(IEP)
건설시장	건설시장성장률	건설시장 성장률이 높을수록 인프라 투자가 높은 편 (2017년 기준 국가별 BMI Infrastructure Reports)
	건설시장규모비중	건설시장규모가 GDP에서 차지하는 비중이 높을수록 인프라 구축에 대한 의지가 높은 편 (2017년 기준 국가별 BMI Infrastructure Reports)
	국내기업평균수주규모	국내 기업의 연간 수주규모가 클수록 진출가능성 높음 해외건설협회 10년간(2007-2016)통계 평균
	국내기업평균수주증가율	국내 기업의 연간 수주규모가 클수록 진출가능성 높음 해외건설협회 10년간(2007-2016)통계 평균
건설사업 수행환경	건설관련인허가	건축인허가(Dealing with construction permit index) (세계은행 Doing Business 2016-2017)
	물류경쟁력	물류경쟁력지수(Logistics Performance Index) (세계은행 Trade Logistics in the Global Economy 2016)
	현지공급자현황	The Global Competitiveness Report 2016-2017(WEF)의 Local supplier quantity index
	현지공급자품질	The Global Competitiveness Report 2016-2017(WEF)의 Local supplier quality index

진출환경 평가항목을 살펴보면 다음과 같다. 첫째, 경제 항목은 1인당 GDP, GDP규모, GDP성장률, 정부재정비중의 4개 항목으로 구성되었다. 1인당 GDP는 인프라 투자의지, GDP규모는 인프라 시장 규모를 나타내는 항목이다. 또한 GDP성장률은 인프라 투자수요, 정부재정비중은 정부재정 상태를 반영한다.

둘째, 국가안정성 항목은 물가상승률, 외환보유액, 국가신용등급, 세계평화지수의 4개 항목으로 구성되었다. 물가상승률이 높을 경우 공사와 관련된 비용의 상승으로 사업의 지속가능성이 낮아질 수 있기 때문에 지표가 낮을수록 높은 점수가 부여되었다. 외환보유액는 해당 국가의 대외 지급 능력을 나타내는 개념으로서 대외 신용을 나타내는 중요한 지표이다. 국가신용등급은 투자에 대한 대상 국가의 재정능력을 평가하는 기준으로서 진출 가능성을 판단하는데 중요한 지표이다. 국가신용등급이 B등급 이하인 국가에 진출하는 경우 해당 정부의 재원확보상태를 확인해야 하며, 민간투자사업 진출 시 재원조달방안을 고려해야 한다. 따라서 국가신용등급은 2016년 기준 한국수출입은행 등급을 활용하였으며, 아래 표 25와 같이 배점하였다.

표 25. 국가 신용도에 따른 평가 점수

출처 : 한국수출입은행(2017)

등급	점수	분류기준
A	10	매우 우수한 외채상환능력 및 정치 · 경제 구조(최상위 신용도)
B1	9	우수한 외채상환능력 및 정치 · 경제 구조(상위 신용도)
B2	8	양호한 외채상환능력 및 정치 · 경제 구조(상하위 신용도)
C1	7	비교적 양호한 외채상환능력 및 정치 · 경제 구조(중상위 신용도)
C2	6	무난한 외채상환능력 및 정치 · 경제 구조(중위 신용도)
C3	5	비교적 미흡한 외채상환능력 및 정치 · 경제 구조(중하위 신용도)
D1	4	취약한 외채상환능력 및 정치 · 경제 구조(하상위 신용도)
D2	3	매우 취약한 외채상환능력 및 정치 · 경제 구조(하위 신용도)
E	0	채무불이행 상태(최하위 신용도)

경제평화연구소(IEP)에서 발표하는 세계평화지수는 163개 국가에 대해 국내외 분쟁, 군사 예산, 폭력범죄의 정도, 사회 · 정치적 갈등 등 23개 항목을 수치화하여 순위로 평가하고 있다. 시장성이 있어도 정치 · 사회 리스크로 인하여 외국 기업이 현실적으로 진출하지 못하는 국가들도 있다는 점을 고려할 때 중요한 요인이다.

셋째, 건설시장 항목은 건설시장성장률, 건설시장규모비중, 국내기업수주규모, 국내기업수주증가율 등 4개 항목으로 구성되었다. 건설시장 성장률은 해당 국가의 건설산업 규모를 평가할 수 있는 지표로서 높은 수치가 나타난 국가의 경우 활성화 가능성이 높은 것으로 평가될 수 있으며, GDP대비 건설시장규모가 높은 국가는 인프라 투자에 대한 의지가 강한 경향이 있기 때문에 진출 가능성이 상대적으로 높은 것으로 평가할 수 있다. 국내 기업의 연평균 수주규모 및 연평균 수주증가율은 10년간 데이터를 토대로 산출하여 기존 주력시장과 진출가능성이 증가하고 있는 국가를 평가하는데 유용한 항목이다.

넷째, 건설사업수행환경 항목은 건설관련인허가, 물류경쟁력, 현지공급자현황, 현지공급자품질의 4개 항목으로 구성되었다. 사업과정에서 진출국가 정부의 인허가 지연으로 인하여 사업자가 손실을 보는 경우가 있기 때문에 건설관련인허가 수준을 평가할 필요성이 있다. 건설관련인허가 항목은 국제금융공사(IFC)에서 발표하는 사업 환경지수(Doing Business Index) 중 인허가 절차 지표를 반영하였으며, 물류비용에 대한 리스크를 평가하는 물류경쟁력 항목은 세계은행의 물류경쟁력 지수(Logistics Performance Index)를 반영하였다. 현지공급자현황과 현지공급자품질은 국내 기업진출 시 현지화 전략과 관련이 있는 항목으로써 세계경제포럼(WEF)의 글로벌 경쟁력 지수(Global Competitiveness Index)를 활용하였다.

4) 진출환경 정량평가 항목에 대한 가중치 분석

본 연구에서는 AHP(Analytic Hierarchy Process)분석기법을 활용하여 진출환경 평가항목 간 가중치 분석을 시도하였다.[26] 이는 국가별 평가지표에 대한 중요도를 차별적으로 부여하여 연구목적에 부합하는 평가항목의 우선순위를 도출하고자 수행한 것이다. 중점분석국가 선정을 위한 AHP분석의 평가기준에 따른 각 평가항목 간 계층구조는 아래 그림 39와 같다.

26) AHP분석기법은 1971년 Thomas L. Satty에 의해 개발되어진 계층화 분석기법으로 다양한평가요인들에 대한 중요도 및 대안들에 대한 우선순위를 평가하는 다 기준 의사결정 기법이다.

그림 39. 평가항목 간 계층구조

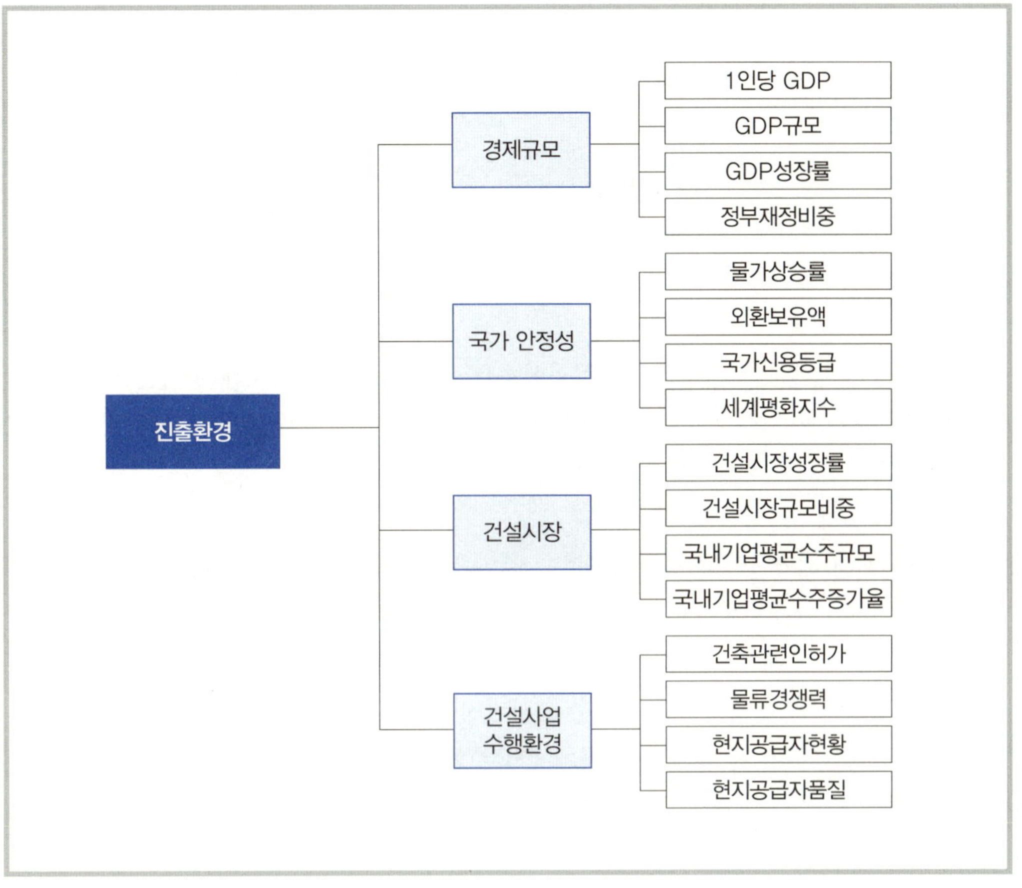

다만 평가항목 간 측정 지표가 다르기 때문에 모든 지표를 10점 척도로 표준화하여 평가항목을 산정하였으며, 표준화 모델은 아래 그림 40, 41과 같다.

그림 40. 정(+)의 상관관계에 있는 측정지표의 표준화(10점 척도 변환)

$$\text{표준화지수} = \frac{(X - Min\ X)}{(Max\ X - Min\ X)} \times 9 + 1$$

X = 표준화시킬 값

$Min\ X$ = 상대측정값 중 최소값

$Max\ X$ = 상대측정값 중 최대값

그림 41. 부(−)의 상관관계에 있는 측정지표의 표준화(10점 척도 변환)

$$\text{표준화지수} = \frac{(Max\,X - X)}{(Max\,X - Min\,X)} \times 9 + 1$$

X = 표준화시킬 값

$Min\,X$ = 상대측정값 중 최소값

$Max\,X$ = 상대측정값 중 최대값

총 16개 평가 항목 중 1인당 GDP, 물가상승률, 세계평화지수 등 3개 항목은 부(−)의 상관관계 측정지표 표준화 방법을 적용하여 표준화 하였으며 나머지 12개 항목은 정(+)의 상관관계 측정지표 표준화 방법을 적용하였다.

본 연구에서는 해외건설 분야를 담당하고 있는 실무자들이 해외건설 진출국가 선정 시 중요하게 생각하는 진출환경 요인을 도출하고자 업계 실무자를 표본으로 선정하였다. AHP조사를 위한 표본의 선정기준은 해외건설 분야에서 5년 이상 경력이 있는 실무자를 대상으로 하였으며, 업계의 경우 자사의 해외진출 의사결정에 참여한 경험이 있거나 이 과정에서 중요한 권한을 가진 실무자, 학계 및 연구계에서는 해외건설 분야 관련 연구 수행경험이 있는 실무자로 구성하였다. 이와 같은 선정기준을 바탕으로 연구목적에 부합하는 해외건설 분야 실무자들을 선정하기 위해 판단표본 추출법(judgement sampling method)을 이용하여 총 22명을 대상으로 조사를 시행하였다.

설문조사는 2017년 7월 24일 ~ 8월 1일(8일 간)까지 수행되었으며, 회수된 22개의 설문지 가운데 비일관성 비율(inconsistency ratio)이 0.2% 이상인 6부를 제외한 총 16부에 대하여 핵심요인간의 상대적 중요도와 우선순위를 파악하기 위한 쌍대비교를 수행하였다. 설문지 분석은 SPSS 18.0과 AHP 전용 솔루션인 Expert Choice 2000을 사용하여 분석하였다.

분석결과 아래 표 26과 같이 가중치 결과 값이 도출되었으며, 해외건설 시장환경 요인 중 '건설시장' 요인이 37.58%로 가장 높게 평가되었으며, '건설사업수행환경' 요인이 13.79%로 가장 낮게 평가되었다. 세부항목을 살펴보면 경제 항목에서는 'GDP성장률', 국가안정성 항목에서는 '국가신용등급', 건설시장 항목에서는 '국내기업평균수주증가율', 건설사업수행환경 항목에서는 '건설관련인허가'요인의 중요도가 가장 높게 평가되었다.

표 26. 계층별 가중치 결과 값

평가항목			가중치1	가중치2
계층1	계층2	계층3		
해외건설 시장진출 환경요인	경제	1인당 GDP	16.00%	26.64%
		GDP규모	19.66%	
		GDP성장률	32.83%	
		정부재정비중	31.51%	
	국가안정성	물가상승률	15.90%	21.99%
		외환보유액	33.31%	
		국가신용등급	38.38%	
		세계평화지수	12.02%	
	건설시장	건설시장성장률	25.54%	37.58%
		건설시장규모비중	25.06%	
		국내기업 평균수주규모	19.71%	
		국내기업 평균수주증가율	29.69%	
	건설사업 수행환경	건설관련인허가	41.92%	13.79%
		물류경쟁력	20.39%	
		현지공급자현황	17.24%	
		현지공급자품질	20.45%	

4) 진출환경 정성평가 분석방법

본 연구에서는 중점분석국가를 선정하는데 있어서 전문가의 의견을 반영함으로써 현실적인 결과를 도출하고자 하였다. 정량평가 결과만을 반영할 경우 평가항목에서 검증하지 못한 리스크 요인들이 영향을 미칠 수 있기 때문에 의도하지 않는 결과가 나타날 수 있다. 또한 진출국가에 예상하지 못한 리스크 요인(테러, 정치적 분쟁 등)이 발생할 경우에도 진출환경이 급격히 악화될 소지가 높다. 따라서 본 연구에서는 해외건설시장의 각 지역별 전문가들을 대상으로 설문조사를 실시하고, 국가별 '유망성'과 '수주경쟁력'을 평가하였다. 설문조사는 건설사, 엔지니어링 업체, 해외건설협회 등 해외건설 분야 실무자를 대상으로 하였으며, 총 28부를 회수하여 평가에 반영하였다.[27] 전문가 설문조사의 평가항목은 아래 표 27과 같이 구분하였다.

27) 지역별 전문가 간담회 참석 대상자에게 사전에 설문조사를 요청함

표 27. 진출환경 평가를 위한 정성평가 기준

평가대상	평가항목	항목내용	측정방법
진출환경	유망성	진출국가의 시장성과 안정성에 근거하여 평가	리커트 5점 척도
	수주경쟁력	진출국가에서 현지 및 외국기업 대비 우리 기업의 경쟁력 평가	리커트 5점 척도

5) 진출환경 평가결과

본 연구에서는 AHP를 통해 가중치를 적용한 정량평가와 전문가 설문조사를 반영한 정성평가 결과를 합산하여 순위를 산출하였으며, 최종적으로 상위 20개국을 중점분석국가로 선정하기로 하였다. 아래 표 28은 1차 대상국가 총 72개 국가 중 종합점수 상위 20개국의 결과이다. 베트남이 15.96으로 가장 높은 것으로 나타났으며, 인도네시아(14.88), 방글라데시(14.88) 순으로 나타났다. 세부적으로 살펴보면 유망성은 미얀마, 수주경쟁력은 베트남이 가장 높은 순위로 나타났다. 미얀마는 투자에 대한 많은 걸림돌에도 불구하고 지정학적 위치, 부존자원, 인적자원 등 잠재력이 높은 국가로서 유망성이 높게 인식된 것으로 보이며, 베트남은 현재 국내 기업들이 가장 많이 진출하고 있는 국가이기 때문에 수주경쟁력이 높게 평가된 것으로 판단된다. 정량평가 항목에서 경제는 인도네시아, 국가안정성은 사우디, 건설시장과 건설사업수행환경은 아랍에미리트가 가장 높게 나타났다. 인도네시아는 경제성장률, 정부재정비중, 사우디는 외환보유고, 아랍에미리트는 건설시장 성장률, 국내기업 수주액, 물류경쟁력, 현지공급자품질 등이 상대적으로 높게 집계되어 각 항목에서 높은 점수가 나타난 것으로 판단된다. 다만 카타르는 종합점수 11위로 중점분석국가 대상범위에 포함되었으나 최근 발생한 사우디, 아랍에미리트 등 주변국과의 단교사태가 장기화 될 것으로 예상되면서 우리 기업에게 미치는 리스크 요인이 크다고 판단하여 제외하고, 차 순위에 해당하는 인도를 중점분석국가로 포함하였다.[28]

28) 중동지역 전문가 간담회(2017.8.2.)시 카타르 단교사태에 대한 기업들의 리스크에 대해 논의하였음.

표 28. 중점분석국가 선정을 위한 평가결과(상위 20개국)

순위	국가	합계	정성평가			정량평가				
			유망성	수주 경쟁력	정성 평가 총점	경제	국가 안정성	건설 시장	건설 사업 수행 환경	정량 평가 총점
1	**베트남**	15.96	4.71	5.67	10.38	1.65	1.09	2.08	0.77	5.58
2	**인도네시아**	14.88	4.71	4.33	9.04	1.93	1.10	1.99	0.83	5.84
3	**방글라데시**	14.01	3.91	5.00	8.91	1.54	0.92	2.07	0.57	5.10
4	**이란**	13.85	3.91	4.67	8.58	1.74	1.04	1.83	0.66	5.27
5	**사우디**	13.62	4.71	3.33	8.04	1.11	1.33	2.27	0.87	5.58
6	**UAE**	13.47	5.22	1.67	6.89	1.56	1.27	2.55	1.20	6.58
7	**미얀마**	13.46	5.24	3.00	8.24	1.68	0.84	2.36	0.34	5.22
8	**탄자니아**	12.53	3.65	3.33	6.98	1.85	0.82	2.24	0.64	5.55
9	**페루**	12.34	3.65	3.33	6.98	1.70	1.10	1.67	0.90	5.36
10	**우즈베키스탄**	11.39	2.85	3.33	6.18	1.86	0.84	1.75	0.76	5.21
-	**카타르***	10.9	3.38	1.67	5.05	1.38	1.24	2.23	1.00	5.85
11	**터키**	10.83	2.06	3.00	5.06	1.75	1.16	1.90	0.96	5.77
12	**케냐**	10.8	2.85	3.00	5.85	1.61	0.77	1.72	0.85	4.95
13	**칠레**	10.64	2.59	2.67	5.26	1.57	1.15	1.71	0.95	5.38
14	**필리핀**	10.59	2.59	2.33	4.92	1.68	1.14	2.06	0.79	5.67
15	**오만**	10.56	2.59	3.00	5.59	1.08	1.17	1.89	0.82	4.97
16	**모잠비크**	10.23	2.85	3.33	6.18	1.72	0.49	1.35	0.50	4.05
17	**콜롬비아**	10.11	2.06	2.33	4.39	1.59	1.15	2.04	0.94	5.72
18	**이라크**	10.01	2.32	3.33	5.65	1.59	0.60	1.84	0.32	4.36
19	**카자흐스탄**	9.68	2.06	2.33	4.39	1.67	0.92	1.85	0.85	5.29
20	**인도**	9.56	3.38	0.67	4.05	1.62	1.27	1.81	0.81	5.51

6) 중점분석국가 선정결과

국가별 진출환경 평가점수를 통해 최종적으로 아래 그림 42와 같이 총 20개국의 중점분석국가를 선정하였다.[29] 아시아 지역에서는 베트남, 인도네시아, 필리핀, 인도, 방글라데시, 미얀마 등 6개국, 중동 및 북아프리카 지역에서는 사우디아라비아, 아랍에미리트, 이란, 이라크, 오만, 터키 등 6개국, 중남미에서는 페루, 칠레, 콜롬비아 등 3개국, 아프리카(사하라이남)는 탄자니아, 케냐, 모잠비크 등 3개국, 유럽 및 중앙아시아에서는 우즈베키스탄, 카자흐스탄 등 2개국으로 선정되었다. 이와 같이 선정된 중점분석국가는 중동, 아시아, 신시장 등 지역별 전문가 간담회 참석자를 대상으로 중점분석국가 선정의도와 국가별 진출환경 분석의 필요성을 설명하고, 중점분석국가로서의 적합성과 진출전략 등에 관하여 논의하였다.

그림 42. 중점분석국가 선정결과

아시아 (6/15)	중동 및 북아프리카 (6/16)	중남미 (3/16)	아프리카 (3/14)	유럽 및 중앙아시아 (2/11)
베트남	**사우디아라비아**	**페루**	**탄자니아**	**우즈베키스탄**
인도네시아	**아랍에미리트**	**칠레**	**케냐**	**카자흐스탄**
필리핀	**이란**	**콜롬비아**	**모잠비크**	투르크메니스탄
인도	**이라크**	멕시코	에티오피아	아제르바이잔
방글라데시	**오만**	브라질	나이지리아	우크라이나
미얀마	**터키**	우루과이	앙골라	루마니아
파키스탄	알제리	베네수엘라	세네갈	폴란드
말레이시아	리비아	니카라과	가나	보스니아헤르체고비나
캄보니아	쿠웨이트	볼리비아	르완다	
스리랑카	카타르	파라과이	우간다	
라오스	모로코	도미니카공화국	카메룬	
몽골	바레인	아르헨티나	콩고민주공화국	
아프가니스탄	이집트	에콰도르	말리	
태국	요르단	코스타리카	남아프리카공화국	
네팔	튀니지	파나마		
	레베논	아이티		

29) 음영표시된 부분이 중점분석국가임

해외건설

알고 도전 하라

新 전략지도 보고서

IV. 국내 기업의 해외진출 활성화 전략은

1. 해외시장 공략 방안과 필요성

2. 해외시장 진출 현황과 문제점
   가. 투자개발형에 못 따라가는 금융
   나. 해외사업 수주 경쟁력 약화
   다. 발주처·파트너와 소통 미흡
   라. 투자 의지와 추진력 부족

3. 글로벌 건설기업의 경쟁력
   가. 경쟁력 분석 개요
   나. 선정과정과 분석방법
   다. 주요 전략과 시사점
   라. 벤치마킹 키포인트

4. 해외진출 활성화 핵심 전략
   가. 국내외 금융 활용한 전략적 모델 구축
   나. 제 3국 기업과 공동진출
   다. 국내 공기업과 협업
   라. M&A로 신시장 개척
   마. 현지화로 네트워크 구축
   사. 해외건설지원기구 설립

IV 국내 기업의 해외진출 활성화 전략은
1 해외시장 공략 방안과 필요성

문제를 찾아야 해법이 나온다

국내 기업의 해외건설시장 진출 활성화 방안 수립과정은 국내기업 해외진출 현황분석을 통한 문제인식과 평가, 글로벌 건설기업 진출전략 벤치마킹 요소 도출 그리고 분석내용을 토대로 대안을 도출하는 과정으로 수행되었다.

문제인식 및 평가의 과정에서는 국내 기업 실무자를 대상으로 하는 간담회를 통해 도출된 의견과 개발도상국 공무원을 대상으로 한 심층면접에서 제기된 의견을 토대로 국내 기업의 진출현황 및 문제점을 분석하였다. 이는 국내 기업의 내부적 평가를 통해 해외진출 시 제약 요인과 정책 건의사항 등을 파악하고, 외국인 공무원들의 외부적 평가를 통해 국내 기업에 대한 인식과 해외건설시장에서의 경쟁력 강화방안을 수렴하는 과정으로 볼 수 있다. 특히 이 과정에서는 현재 국내 기업이 해외진출 시 어려움을 겪고 있는 원인과 주요 발주처 국가의 공무원들이 평가하는 한국 기업의 문제점을 비교 · 분석할 수 있다는 점에서 시사점이 있다. 특히 개발도상국 공무원과의 심층면접에서는 우리 기업에 대한 관점부터 그들이 인식하는 한국 기업의 경쟁력과 한계점, 발주처의 니즈 등을 논의할 수 있었다.

선진사례 분석과정에서는 글로벌 건설기업의 사례분석을 통해 국내 기업에 적용할 수 있는 벤치마킹 요소를 도출하였다. 해외건설시장에서 지속적으로 성과를 유지하고 있는 대상 기업들의 주요 사업전략 및 경영성과 등을 분석하여 국내 건설기업들이 추진할 수 있는 방안들을 벤치마킹 요소로 활용하고자 하였다.

대안 수립과정에서는 분석내용을 토대로 향후 국내 기업의 진출 방안과 정책 지원 사항을 제시하였다. 정부 및 유관기관의 보고서 및 학술논문 등에 대한 문헌분석과 해외건설 분야 전문가 자문을 통해 국내 기업을 비롯하여 정부, 정책금융기관, 상업금융, 국제협력기구, 유관기관 등의 역할을 제안하였으며, 국내 기업들이 적용할 수 있는 글로벌 건설기업의 경쟁력 요소를 반영하여 다양한 전략을 제시하였다. 위에서 제시한 해외건설시장 진출 활성화

방안 수립과정은 아래 그림 43과 같이 도식화 할 수 있다.

그림 43. 해외건설시장 진출 활성화 방안 수립과정

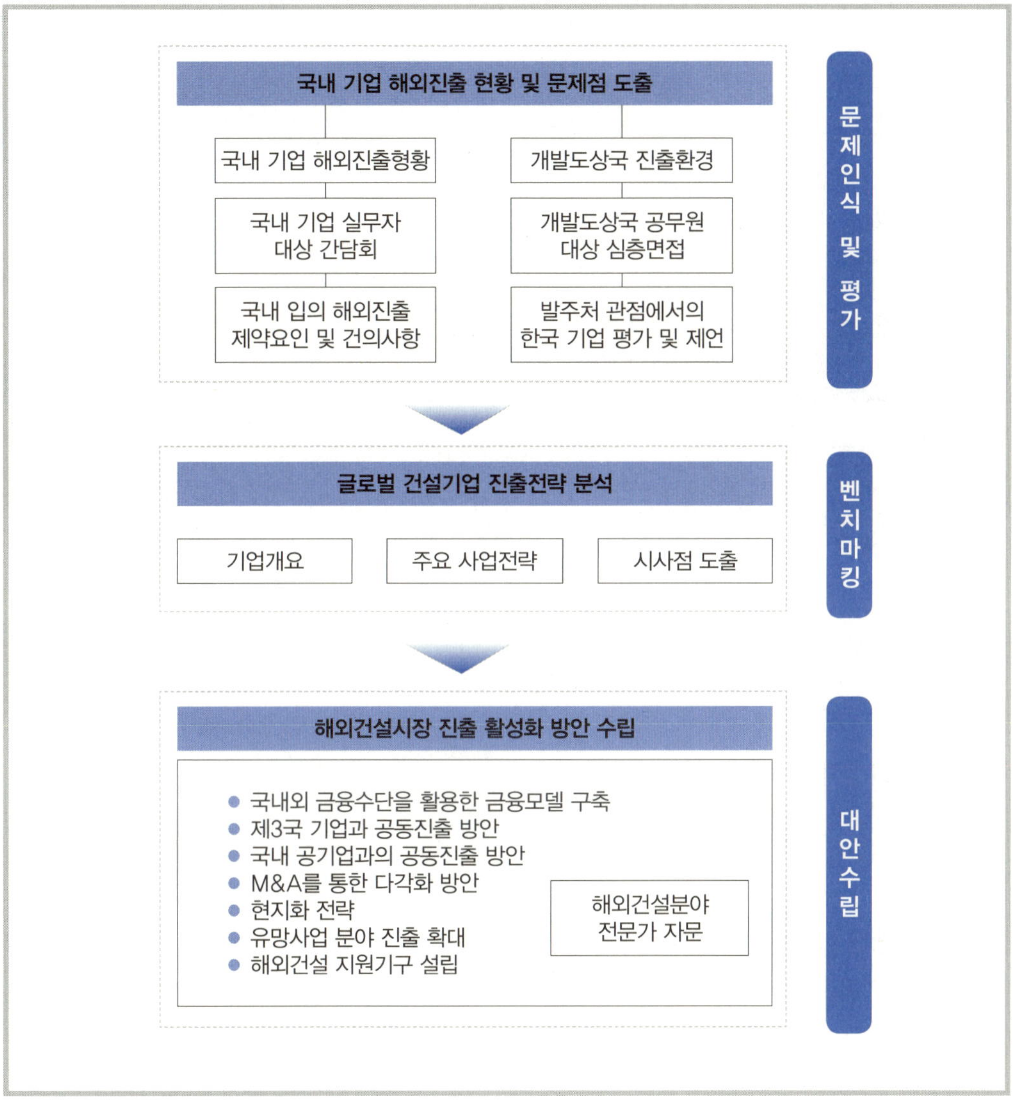

2 해외시장 진출 현황과 문제점

금융지원 열악 · 변화에 둔감… '넛 크래커' 신세

가. 투자개발형에 못 따라가는 금융

표 29. 해외사업 금융지원에 대한 국내 업계 전문가 간담회 내용

국내 업계 전문가 간담회 내용	
(A 건설사)	(C 엔지니어링)
"국내 기업의 투자개발형 사업진출에 있어서 금융역량이 관건이지만 현재까지 정책금융이나 민간투자의 시너지 효과가 미흡한 수준임."	"EDCF사업은 Tied Loan이라서 안정적이지만 기회가 적고, 업체 경쟁이 심한 편이라 수주가 쉽지 않음. 또한 회사규모에 관계없이 동일한 기준을 적용하여 형평성에 맞지 않음"
(B 건설사)	(D 엔지니어링)
"국내 기업들은 신흥시장 진출 시 EDCF자금에 의존적인 경향이 있으나 자금규모가 너무 작아서 대규모 공사에는 한계가 있음."	"수은 개발금융도 지원실적이 매우 까다롭기 때문에 현실적으로 이용하기가 어려우며, 금융지원을 받을 수 있는 타겟 국가가 확대되어야 할 필요성이 있음."

최근 세계건설시장의 발주형태가 투자개발형 사업이 확대되는 상황에서 해외사업의 핵심 요인은 금융가능성이라고 볼 수 있다. 이러한 경향은 신흥국뿐만 아니라 저유가로 인해 재정악화 상태가 지속되고 있는 중동 시장에서도 나타나고 있다. 국내 기업들의 금융조달 역량은 아직 유럽이나 일본, 미국 등 선진국 기업뿐만 아니라 대규모 정부지원을 받고 있는 중국 기업에게도 밀리는 실정이다.

이와 같은 시점에서 국내 건설업계에서는 해외건설시장 진출을 위한 정부의 정책금융 확대 필요성을 제기하고 있다. 국내 민간 금융기관들은 리스크가 높은 개발도상국 사업에 대해 여전히 무리한 담보를 요구하고 있으며, 공적재원의 규모도 아직 낮은 수준이기 때문에 신흥시장 진출이 쉽지 않은 상황이다. 국내 건설업계에서 EDCF사업은 지원규모가 작아 매출액 기준 10위권 내 상위그룹은 필요성을 느끼지 못하고 있는 실정이며, 10위권 밖 2군 업

체들이 주로 공략하는 경향이 있다.[30] 이마저도 조건이 까다롭고 기회가 많지 않아 입찰경쟁이 심화되고 있다. 또한 정부가 해외건설의 금융지원을 위해 조성한 글로벌인프라펀드(GIF), 코리아해외인프라펀드(KOIF) 등이 있지만 자금규모가 각각 3,500억원, 2.0억달러로 크지 않아 장기 대규모 프로젝트를 수행하기에 어려움이 있다.

ODA로 추진되는 사업은 재원이 확실히 리스크 가능성이 낮고, MDB사업의 참여를 위한 주요 실적으로 활용할 수 있어 국내 기업의 관심이 비교적 높은 편이다. ODA 규모가 증가할 경우 국내 기업의 해외건설 시장 진출영역도 확대될 가능성이 높다. 하지만 2016년 기준 우리나라 ODA지원 규모는 전년대비 0.5억 달러 증가한 19.6억 달러로 집계되었으나 OECD DAC 회원국 29개국 중 16위에 그쳤다. 우리나라 GNI대비 ODA비율도 0.14%로 DAC 회원국 전체 평균인 0.32%에 미치지 못하는 수준으로 나타났다. 새 정부의 ODA확대 의지와 신시장에 대한 EDCF 지원 비중을 늘리는 방안이 제시되는 등 긍정적인 전망도 있으나 아직 선진국에 비해 미미한 수준으로 평가되고 있다.

반면 선진국들은 ODA를 적극 활용하여 금융지원을 효과적으로 하고 있는 추세이다. 특히 중국과 일본은 해외건설시장에서 막강한 금융조건을 제시하여 발주처를 공략하고 있다. 즉 국내 기업이 제시할 수 있는 금융모델이 이들 국가에 비해 상대적으로 약할 수밖에 없는 환경인 것이다. 이러한 배경에는 공적재원에 민간자본을 도입하는 혼합금융이 자리 잡고 있다. 최근 선진국들은 정부재원보증, 협조융자, 집합투자수단 등을 활용하여 공적개발재원에 민간자본을 섞는 혼합금융(Blended Finance)이 지속적으로 늘고 있는 추세이다(한국수출입은행, 2016). 이는 ODA 투입규모가 개발도상국의 개발 수요를 따라가지 못하고 있기 때문이다. 하지만 우리나라는 ODA를 아직까지 정부예산에 의존하고 있어 이러한 흐름에 대응하지 못하고 있다. 따라서 저금리 기조와 높은 유동성이 계속되는 상황에서 시중의 풍부한 자금을 ODA와 연계하는 등 개발재원을 다양화하여 정책금융과 민간자본이 시너지효과를 거둘 수 있는 방안이 요구된다.[31]

한편 정책금융 지원을 섹터별로 접근해야 한다는 견해도 있다.[32] 사업에 대한 일방적인 금융지원이 아니라 국내 기업이 경쟁력을 갖고 있는 섹터별로 금융지원이 되어야 한다는 것이다. 이는 현재 투자개발형 사업의 실적부진이 우리 정부의 금융지원 부족이나 시스템 상의 문제보다는 이를 활용하는 국내 기업의 사업접근 방식에 근원적인 원인이 있다는 견해로 볼 수 있다. 즉 국내 기업들이 경쟁력 있는 섹터를 바탕으로 수익성 있는 사업구조를 구축

30) 1차 내부간담회(2017.9.12.) 자문 전문가 의견에 근거함
31) 시중에 민간자본이 풍부한 상황에서 PF나 주요 MDB에서도 투자설명회 통해 사업성이 양호한 인프라 개발 사업에 대해 투자유치를 모색하고 있을 정도로 적극적인 모습을 보이고 있음
32) 2차 내부간담회(2017.09.25) 자문 전문가 의견에 근거함

할 수 있는 디벨로퍼(Developer)로서의 역량을 갖추어야만 금융지원도 시너지 효과가 나타날 수 있다는 것이다.

나. 해외사업 수주 경쟁력 약화

표 30. 해외사업 수주 경쟁력 약화에 대한 국내 업계 전문가 간담회 내용

국내 업계 전문가 간담회 내용	
(A 건설사)	(C 건설사)
"2010년대 초반 우리나라는 양적수주로 급성장하였으나 최근 기술력을 갖춘 선진국의 견제와 가격경쟁력을 앞세운 후발국의 급성장으로 수주에 애로사항이 있음."	"중남미, 아프리카 등 신시장 진출 시 현지 유력 진출기업과의 공동사업을 추진할 경우 사업지역 간 거래가 성사되어야 하지만 상대 기업이 우리 주력시장인 아시아 등에 대해 필요성을 느끼지 못하는 경우가 많음."
(B 건설사)	(D 엔지니어링)
"외국기업과의 경쟁심화도 문제이지만 해외건설시장에서 국내 기업 간 저가수주 경쟁이 여전하여 수익성 악화가 우려됨."	"아프리카 시장의 경우 국내 시공사는 중국, 일본, 유럽 기업 등과 경쟁이 어렵지만 건설엔지니어링업체는 중소규모 사업위주로 비교적 진출전망이 밝은 편이다."

최근 10년 내 최악의 해외건설 수주실적을 기록할 정도로 수주부진을 겪고 있는 국내 기업들의 현 상황은 유가하락 등 대외적인 요인보다 편중된 수주 구조와 사업 방식 등 내부요인에 근본적인 원인이 있다는 지적이 많은 편이다. 이는 빠르게 변화하고 있는 세계건설시장에 대한 대응이 미흡했다는 의미로 볼 수 있다. 세계건설시장이 크게 성장하는 사이 신흥국 정부의 재정악화로 민간투자유치가 활발해지고 있으며, 각 국 업체 간 경쟁이 심화되고 있다. 최근에는 자국 산업 우대정책과 기술이전에 대한 발주처의 요구가 높아지는 추세로 수주 여건은 더욱 악화되고 있다. 즉 국내 기업들이 기존에 유지하고 있던 해외건설 진출 전략을 재편해야 하는 시점이라고 볼 수 있다.

특히 신흥국 및 개발도상국을 대상으로 한 인프라 시장에서 자본과 기술력을 갖춘 선진국과의 경쟁이 불가피하므로 기술력 향상을 통한 경쟁력 강화라는 근본적 문제의 해결 없이는 국내 기업의 진출확대가 어려운 상황이다. 또한 최근에는 후발국 업체의 경쟁력이 급성장하면서 우리 시장을 위협하고 있는 실정이다. 아프리카 시장은 중국, 중동 시장은 터키, 동남아시아에서는 인도 등 후발국 기업들이 국내 기업의 입지를 좁히고 있다. 즉 선진국과 후발국 사이에서 넛크래커(Nut Cracker)신세가 되었다고 해도 과언이 아니다. 이는 우리나라 기업의 해외건설사업 진출 부진이 국내 시장에 안주하고 기술력과 경영기법 개선에 게을리

한 결과에 있다는 것을 반증하는 의미이기도 하다.

따라서 세계건설시장에서의 수주 경쟁의 심화와 사업규모의 대형화에 대응하기 위해서는 국내 기업의 진출 형태를 기존의 양적 접근에서 기술력과 고부가가치 사업모델을 기반으로 하는 수익성 제고 중심모델로 전환해야 한다는 의견이 지배적이지만 국내 건설사들의 사업 포트폴리오는 여전히 중동지역의 석유 플랜트로 한정되어 있는 상태이다. 또한 교량이나 터널 등 고급 기술을 요하는 토목공사에서도 핵심 부문은 선진업체에 밀리고 있으며, LNG나 LPG 등 가스 플랜트 부문에선 선진국에 비해 기술력이 떨어지는 실정이다.

또한 국내 기업의 사업관리 능력 부족도 해외건설 사업 수행 시 문제점으로 보는 시각이 많다. 일부 기업들은 손실 가능성을 감수하면서도 저가 수주에 나서는 경우가 있어 수익성이 우려되는 상황이며, EPC공사 위주의 수주 구조에서 예상치 못한 상황이 발생할 경우 손실로 이어질 수 있기 때문에 초기 단계부터 공사에서 발생할 수 있는 리스크를 피하고 수익성을 높이기 위한 사업관리가 필요한 것이다. 한편 국내 건설경기 불황을 해외 진출로 타개하려는 중소 건설업체들의 경우 높은 리스크를 안고 무리한 투자를 감행하는 경우가 있어 주의가 요망되는 부분이다.

다. 발주처 · 파트너와 소통 미흡

표 31. 발주처와 소통에 대한 외국인 공무원 심층면접 내용

외국인 공무원 심층면접 내용	
인도네시아 출신 공무원	미얀마 출신 공무원
"한국 기업 진출 시 실무자들의 영어수준은 사업수행에 있어서 중요한 조건이다. 최소한 현지어가 가능한 통역가를 고용하여 업무처리에 문제가 없어야 한다."	"한국 실무자들은 전체적인 계획이나 아이디어가 좋고 프로세스도 빠른 편이지만, 일부 실무자들과 커뮤니케이션에 문제가 있어서 의사전달이 어려운 경우가 있었다."

PPP사업이 증가하는 추세에서 발주처 및 파트너와의 소통은 가장 중요한 요소 중 하나이다. 그럼에도 국내 진출기업들은 언어, 관계형성 측면에서 발주처와의 소통에 미흡한 것으로 인식되고 있다. 특히 사업관련 실무자들의 언어소통 문제가 지적되었다. 일부 국가에서는 실무자가 영어 소통이 어려운 경우도 있었으며, 계약문서도 현지 기준에 미흡한 사례가 많았다는 것이다. 영어가 원활하지 않은 경우라면 적어도 현지어가 가능한 통역사를 고용할 필요성이 있다는 의견도 제시되었다.

발주처 입장에서는 해외사업 역량을 갖춘 외국 기업들이 선별적으로 진출해야 한다는 의견을 강조하였다. 오히려 준비가 되지 않은 기업이 진출하여 사업을 제대로 수행하지 못할 경우 전반적인 한국 기업에 이미지가 훼손될 수도 있기 때문이다. 또한 사업추진 시 문제가 있거나 도움이 필요할 경우 KOICA 등 국제원조기관과 긴밀하게 협조해야 한다.

이러한 현상은 해외건설 전문인력 수급 부족에서 기인한 것으로 분석된다(한국건설산업연구원, 2012). 건설기업들이 PQ등의 사유로 신규인력보다는 경력자 위주의 채용을 선호하게 되면서 건설기술인력의 고령화가 가속화되고, 토목 등 직무분야별 편중화 현상에 따라 일부 공종에서는 전문인력 수급이 어려운 상황이기 때문이다. 따라서 해외건설시장 진출인력을 양성하는 기관을 육성하고, 해외프로젝트의 수행에 적합한 기술자를 적절한 시기에 확보할 수 있도록 인재풀을 조성해야 할 것이다. 각 기업들의 해외진출 전략을 양적수주에서 질적수주 중심으로 전환하고 있는 시점에서 해외건설 전문인력 수준 역시 질적으로 높아질 필요성이 있는 것이다.

라. 투자 의지와 추진력 부족

표 32. 투자의지와 추진력 부족에 대한 외국인 공무원 심층면접 내용

외국인 공무원 심층면접 내용	
케냐 출신 공무원	필리핀 출신 공무원
"중국, 일본 등이 대상 국가에 대한 자금지원 규모를 확대하는 상황에서 대부분의 한국 기업들은 수익률을 우선적으로 고려하는 투자 지향적인 경향이 높은 편이다."	"한국 기업은 일본과 중국 기업이 어떻게 필리핀 시장에 진입했는지 분석할 필요성이 있다. 일본의 경우 JICA를 통해 자국 기업의 진출기반을 마련할 수 있는 차관제공에 대한 협약을 맺은 사례가 있다."

최근 신흥시장을 선점하기 위한 글로벌 기업들의 경쟁이 심화되고 있는 시점에서 국내 기업의 경쟁력이 부각되지 못하고 있는 실정이다. 선진국들이 신흥시장 개척을 위해 지원규모를 확대하는 추세에서 대부분의 국내 기업들은 손실을 고려한 보수적인 수주전략을 추구하고 있다. 정부 재정상태가 어려운 공사 발주국가들이 노골적으로 기업에 대해 공사자금을 요구하거나 자원으로 공사대금을 지불하려는 등 수주여건이 악화된 상황에서도 막대한 자금력을 확보한 중국은 이러한 요구도 마다하지 않고 적극적으로 진출하는 상황이다.

아프리카 지역 공무원들의 경우 한국은 충분한 기술력을 갖추고 있기 때문에 현지에 투자

의지가 있다는 사실을 발주처에 적극적으로 알릴 필요가 있다는 의견을 제시하였다. 한국 기업이 다른 지역에 비해 아프리카 지역에는 활발하게 진출하지 않고 있다는 것이다. 이러한 문제의 원인은 국내 기업의 부족한 금융조달 역량, 지리적 불리함, 수익성, 정치적 리스크 등 에서 찾을 수 있지만 정부 차원에서 다양한 방법을 통해 지원할 수 있는 기반은 충분히 마련될 수 있을 것이라 평가되고 있다.

특히 자국 기업의 해외 진출 리스크를 최소화하는 수단으로도 ODA를 활용할 필요성이 있다. 일본의 경우 필리핀에서 JICA가 빠르게 사업타당성 조사를 완료하고, 이를 바탕으로 2016년 필리핀에 20억 달러 규모의 철도 개발 차관을 제공하는 협약을 맺은 바 있다. 즉 일본 정부가 ODA를 통해 기반을 마련하고 일본 기업들이 이를 교두보로 활용하여 진출이 가능한 것이다. 필리핀 발주처에서도 JICA의 즉각적인 추진력(responsive)에 신뢰를 보내고 있다.

대형 건설사가 아닌 건설엔지니어링 분야에서는 국내 ODA(KOICA, EDCF)로부터 시작하여 실적이 축적되면 MDB, Untied ODA(OECD-DAC국가), PPP사업, 정부발주사업의 순으로 프로젝트를 수행해 나가는 것이기 일반적이기 때문에(국토교통부, 2014) 신흥시장 개척 시 우리나라 ODA사업의 역할이 중요한 실정이다. 다만 앞장에서도 언급했듯이 국제사회가 개발도상국에 대한 ODA지원을 확대하는 상황에서 우리나라는 아직 선진국들에 비해 ODA지원규모가 작고 국내 기업들이 참여할 수 있는 기회 역시 한정적이라는 점이 지적되고 있다. 따라서 정부차원에서 ODA지원 확대를 통해 국내 기업 진출기반을 구축하고, 국내 기업들도 적극적으로 사업참여 의지를 보이는 것이 필요한 시점이다.

한편 AIIB 출범을 통해 아시아 시장에 진출할 수 있는 기반이 마련되고 있음에도 국내 기업의 MDB 사업 진출은 저조한 실정이다. 이는 비교적 절차가 복잡한 MDB사업에 대해 국내 기업이 참여를 주저하고 있기 때문이라는 시각이 지배적이다. 국내 기업들도 중장기적인 관점에서 수주규모를 떠나 적극적으로 MDB사업에 진출하여 트랙레코드를 축적하는 것도 필요한 시점이다.

3 글로벌 건설기업의 경쟁력

최고의 기업엔 최상의 전략이 있다

가. 경쟁력 분석 개요

저유가 등으로 인한 중동 지역 발주량 급감과 선진국 및 후발국의 기업의 진출 경쟁이 거세지면서 국내 건설기업들이 세계건설시장에서 위기를 맞이하고 있는 실정이다. 본 연구에서는 급변하는 세계건설시장 흐름 속에서 기존 국내 건설기업의 수주 전략과 방식으로는 해외건설 진출확대가 더 이상 어려운 상황이라 판단하고, 글로벌 건설기업의 최근 5년간 진출 전략과 성과를 중심으로 시사점을 분석하고자 하였다. 경쟁력을 갖춘 글로벌 건설기업들은 공격적인 M&A를 통한 시장다각화 및 공종다변화, 글로벌 네트워크, 적극적인 현지화, 유망분야 진출 등 다양한 전략을 통해 해외진출을 확대하고 있는 실정이다. 반면 국내 건설기업의 수주경쟁력은 금융조달, 단순 시공 구조, 고부가가치 분야 진출 미흡 등 글로벌 건설기업에 비해 경쟁력이 전반적으로 낮은 것으로 분석되고 있다. 따라서 이 장에서는 글로벌 건설기업의 전략분석 및 시사점 도출을 통해 국내 건설기업에 대한 시사점을 도출하고자 한다.

세계건설시장에서 성장하고 있는 글로벌 건설기업의 주요 전략을 분석한 결과, M&A 및 전략적 제휴, 시장다변화, 공종 집중화, 사업 다각화, R&D투자, 글로벌 네트워크 등 6가지 전략을 중심으로 분석되었다. 글로벌 건설기업들은 빠르게 변화하는 세계건설시장 환경에 대한 대응전략으로 다양한 사업수행과 글로벌 수행역량 향상을 위한 네트워크 구축을 추진하고 있다(장현승 외, 2013). 유럽기업들의 경우 M&A 및 전략적 제휴, 공종 집중화, 사업 다각화, 글로벌 네트워크를 주요 핵심전략으로 추진하는 경향이 나타났으며, 특히 M&A 및 전략적 제휴를 적극적으로 추진하여 비교적 단기간에 외형성장을 이루고 새로운 시장과 공종에 진출하였다. 미국기업들은 R&D투자, 시장 다변화, 사업 다각화, 글로벌 네트워크가 주요 핵심전략으로 나타났으며, 적극적인 M&A를 활용하는 유럽기업들과는 달리 수주시장을 다변화하고 기술경쟁력 제고를 위한 R&D 분야에 대한 투자를 집중한 것으로 나타나고 있다. 이와 같이 글로벌 건설기업들은 핵심전략을 통해 활동영역을 확대하고 꾸준히 해외건설시장에서의 점유율을 유지하고 있다.

나. 선정과정과 분석방법

본 장에서 경쟁력 분석 대상기업은 다음과 같이 건설기업 및 엔지니어링 기업으로 구분하여 선정하였다. 2017년 기준 ENR International Contractors과 International Design Firms 상위 20위권 기업을 1차 대상기업으로 선정하였으며, 전문가 간담회를 통해 선정기준과 논의를 통해 최종 분석기업을 선정하였다. 전문가 간담회를 통해 논의된 건설기업과 엔지니어링 선정기준은 다음과 같다.

건설사들은 세계건설시장의 불확실성 증대와 기업 간 경쟁이 심화되는 여건 속에서 안정적인 수익성과 성장성을 확보하기 위한 다양한 전략을 통해 지속가능성을 유지하고 있다. 또한 해외건설은 지역과 공종의 조합에서 프로젝트 생애주기에 따른 가치사슬(Value Chain)까지 고려하여 핵심부문을 보유하는 양상으로 나타나고 있다(해외건설정책지원센터, 2016). 이러한 관점에서 건설기업이 다른 분야와의 융합을 통해 새로운 사업모델을 창출할 수 있는 역량을 갖추는 사례를 벤치마킹 할 필요성이 있다.

최근 글로벌 엔지니어링 시장의 경향은 단순 엔지니어링 영역에서 사업영역을 확대하여 매출실적으로 올리는 기업의 비중이 크게 높아지고 있다는 것이 특징이다. ENR(Engineering News Record)의 20년(1997-2016)간 데이터를 살펴보면 단순 엔지니어링 기업은 감소하는 추세인 반면 시공을 동반한 기업의 비중이 커지고 있으며, 이러한 기업들이 매출실적이 높은 상위기업에 포함하고 있었다. 또한 최근에는 시공 이외에도 사업초기 단계부터 유지보수까지 선호하는 발주자의 성향에 따라 Total Service를 제공하는 기업들이 증가하고 있어 이에 대한 고려가 필요한 상황이다.

이와 같은 선정기준에 따라 전문가 간담회를 통해 최종적으로 분석대상으로 선정된 건설기업은 Vinci(프랑스), Skanska(스웨덴)이며, 건설 엔지니어링 기업은 Mott MacDonald(영국), AECOM(미국)이다.

주요 분석방법은 다음과 같다. 첫째, 기업별로 최신 동향, 주목할 만한 특성, 수주실적 등을 고찰하여 기업유형을 파악하였다. 둘째, 각 기업의 조직구조를 통해 사업전략 및 운영형태를 이해하였다. 셋째, 각 기업의 주요 사업전략을 분석하였다. 이와 같이 본 장에서는 대상 기업의 현재 성과가 어떠한 전략을 통해 나타날 수 있었는지 경쟁력을 파악하고, 향후 어떤 방향으로 사업을 전개시켜 나갈 것인지를 전망하고자 하였으며, 이를 통해 국내 기업에 대한 시사점을 도출하고자 하였다. 각 기업분석을 위해 각 기업의 연차보고서, 전문기관의 연구보고서, 언론기사, ENR 통계자료 등이 활용되었다.

다. 주요 전략과 시사점

1) VINCI(프랑스)

가) 기업개요

프랑스의 SGE를 모체로 하는 VINCI는 자국의 대형 건설기업인 GTM그룹과 합병하면서 2015년 말 기준 2,089개 자회사를 보유한 세계적인 건설기업으로 도약하였다. VINCI는 매출액 57조원, 임직원 192,701명, 2,246개 자회사를 보유한 프랑스 최대 인프라그룹으로서 2014년 기준 프랑스 내에서 36조원(63%), 해외에서 21조원(37%) 등 연간 57조원의 매출을 기록하였다. ENR에 따르면 VINCI는 상수관련 사업, 산업 플랜트, 교통 부문은 전 세계 3위권을 유지하고 있으며, 건축과 발전 부문은 10위권 이내에 랭크되어 있다.

VINCI의 지분구조는 프랑스 재무부 7.1%, 우리사주 9.9%를 중심으로 전략적 투자자인 Qatari Diar, Financiere Pinnault가 지분의 주축을 차지하고 있고, 나머지 500개가 넘는 기관투자자가 65.2%의 비중을 차지한다.

VINCI의 주요 사업분야는 운영 및 관리 중심의 양허사업, 도급 중심의 Contracting, 부동산 개발 및 임대 분야로 구분할 수 있으며, 지난 10년간 성장성과 수익성 모두 안정적으로 나타났다. 특히 글로벌 M&A와 국내 도로 중심으로 점진적인 매출 신장과 함께 안정적인 수익 창출을 위한 양허 프로젝트를 잘 활용하고 있는 기업으로 알려져 있다. 미주, 아프리카, 중동 및 아시아지역 매출 비중도 지난 10년 동안 2배 이상 증가하면서 에너지 및 양허 프로젝트를 중심으로 해외 진출에 큰 잠재성을 가지고 있다.

표 33. VINCI 조직구조

조직구조
● Concessions : Autoroutes(84%13)), Airports(14%), Other Concessions(2%) • Autoroutes : 4,398km 도로 운영(ASF, Cofiroute, Escota 및 Arcour의 4개 자회사로 구성) • Airports : ANA, ADP 및 SPC(특별법인)를 통한 주요국 공항 운영 * 2013년부터 본격적인 활동 개시 • Other Concessions : 그리스, 독일, 러시아, 슬로바키아, 포르투갈, 영국, 미국, 캐나다 등에서 SPC를 통해 고속도로, 철도, 경기장 및 주차장, 공공시설 관리 ● Contracting : Energies(31%), Eurovia(24%), Construction(45%) • Energies : 산업(28%), 인프라(26%), 관리 및 엔지니어링 서비스(29%) 및 ICT(17%) * 산업(전력) 프로세스 및 유지보수, CCTV 네트워크 관리, 환경 엔지니어링 및 통신망 • Eurovia : 교통 및 도시개발 인프라(79%), 도로/철도 설계 및 유지관리(6%), 아스팔트(328기 플랜트), 바인더(47기) 및 도로 장비(8%), 재생 플랜트 관리 및 유통(7%) • Construction : 일반 건축(41%) 및 토목(24%), 특수 토건(35%) ● Immobilier : 주거(70%) 및 상업시설(29%), 부동산관리 컨설팅(1%) * 상업시설 : 사무실(23%), 쇼핑몰(3%), 호텔(3%)

나) 주요 사업전략

VINCI의 주요 사업전략은 적극적인 M&A를 통한 건설부문 수직계열화 및 사업다각화로 볼 수 있다. 특히 건설, 에너지, 정부도급이 주축이었던 VINCI는 도로분야 기업인 Enrovia와 프랑스 주차시설 업체인 Sogeparc를 인수하고, 2000년에는 프랑스 주요 건설사인 GTM Group까지 인수하면서 민자 사업 분야의 글로벌 기업으로 성장하였다. 또한 개발 및 금융역량을 바탕으로 한 건설, 유지관리, 운영 등의 조합 진출형태의 전·후방 연계(Total Solution) 전략과 수많은 자회사에 의해 수주기회와 수익을 창출하는 전방위 전략으로 해외시장 진출을 확대하고 있다.

2006년에는 정부도로사업 민영화 정책으로 국영 유지운영사업권자인 ASF와 Escota를 M&A, 2007년 건설사인 Soletanche Bachy를 인수하였으며, 2009년에는 독일의 Vosslof Infrastructure Service를 인수해 철도사업을 강화하고, 프랑스 Tours~Bordeaux간 고속철도 운영사업 계약한 바 있다. 2012년에는 포르투갈 10개 공항의 운영권을 50년간 소유한 ANA를 합병해 공항운영에도 진출하였으며, 인도의 건설에너지그룹인 NAPC, Vasundara와 스위스 EVT를 인수하는 등 현지 업체의 M&A를 적극 추진하였다.

한편 Vinci는 해외 PPP시장 초기 진입단계에 진출하여 수익성을 극대화하는 전략을 추진하고 있다. 2006년 프랑스 도로 공기업인 ASF와 Escota를 인수하면서 본격적으로 국내 양허(Concession)사업에 진출하였다. 지난 10년간 평균 투자개발사업(양허 및 PPP)에 약 10억 유로 이상 투자해오고 있으며, 이중 공종별로는 도로부문 비중이 90%를 차지한다. 특히 주력시장인 러시아, 자메이카 등 현지 특수법인의 지분참여 및 EPC, O&M 수주를 통해 사업 가속화하고 있으며, 최근 러시아 모스크바~상트페테르부르크간 669km BOT사업, 자메이카 유료도로(Highway 2000) 등을 BOT방식으로 건설한 바 있다.

다) 시사점

VINCI의 경쟁력은 도급사업과 개발사업 간 시너지 효과를 위한 유연한 경영체계 갖추었다는데 있다. 특히 신규 사업발굴보다 적극적인 M&A를 통해 시장 다변화와 외형성장을 추구하고 있으며, 수직계열화보다 지역 분담형 독립경영체제 유지하였다. 2010년까지 투자금액이 감소하다가 2011~2012년간은 회복 이후 다시 감소하고 있어 수익성 없는 자산은 매각하는 등 리스크 관리도 병행하고 있다. 또한 도로분야를 중심으로 양허사업에 적극적으로 진출하여 건설보다 유지관리 및 운영권을 새로운 시장으로 확보하고 있다.

2) Skanska(스웨덴)

가) 기업개요

Skanska는 1887년 시멘트 생산기업으로 시작하여 1990년부터 2010년까지 74건의 M&A를 통해 비약적 성장한 건설 및 부동산개발 기업이다. 1990년대부터 미국 및 중남미 지역 기업들에 대한 본격적인 M&A를 추진하였으며 경영권 인수보다는 기업합병에 더욱 비중을 두고 글로벌 시장에서 활발한 M&A를 진행해 왔다. 특히 Skanska는 본사에서 PF, 정보기술, 구매 및 리스크관리, 인적자원 관리 등을 지원하는 체계, 상품과 서비스의 구매조달을 진출 지역을 중심으로 전 세계 9만개 이상의 공급업체로부터 받고 있다.

지난 10년간 Skanska는 성장세가 다소 정체되었으며, 수익성은 2011년도를 정점으로 하향 안정화 경향을 나타내고 있다. 이에 매출 신장 보다 안정적 수익성 확보를 위해 주택에서 상업 및 인프라 개발에 중점을 두고 있으며, 수익성이 좋지 않은 프로젝트는 매각하는 관리 중심의 경영체계를 구축하고 있다. 2011년을 저점으로 기존의 주력 시장인 미국시장을 다시 강화하면서 유럽지역도 공고히 하는 다소 보수적인 진출패턴을 보이고 있다.

Skanska의 조직구조는 토건 시공 및 O&M 중심의 건설 부문, 주택개발 및 분양 중심의 주택개발 부문, 오피스, 쇼핑몰 등의 상업시설 개발 및 분양을 전담하는 상업시설 개발 부문, 고속도로, 병원, 발전소 등의 인프라 개발 및 매각 담당의 인프라 개발 부문 등 4개 섹션으로 구분된다.

표 34. Skanska 조직구조

조직구조
● Construction(건설) • 구조 : 스웨덴(국내), 노르웨이, 핀란드, 폴란드, 체코, 슬로바키아, UK, 미국 • 주요 분야 : (비)주거 건축 및 토목, O&M
● Residential Development(주택 개발) • 구조 : 스웨덴, 노르웨이, 핀란드, 폴란드, 체코 • 주요 분야 : 주택 프로젝트 기획 및 개발, 분양 등
● Commercial Property Development(상업시설 개발) • 구조 : 스웨덴, 노르웨이, 핀란드, 덴마크, 폴란드, 체코, 헝가리, 루마니아, UK, 미국 • 주요 분야 : 사무실, 쇼핑몰, 물류시설 등의 기획&개발, 임대, 분양 등
● Infrastructure Development(인프라 개발) • 구조 : Construction 섹션이 진출해 있는 국가에서 잠재 프로젝트 발굴 • 주요 분야 : 고속도로, 병원, 학교, 발전소 등의 개발, 관리, 매각 등

나) 주요 사업전략

Skanska는 안정적 관리전략으로 전략적 프로젝트 투자 및 매각을 진행하고 있다. 특히 주택개발 프로젝트의 생애주기를 5~7년으로 설정해 총 5단계에 걸쳐 관리하고 있으며 상업시설 프로젝트는 18~36개월 동안 총 6단계, 인프라 시설은 3년 이상 기간을 두고 6단계로 관리하고 있다. 주택 개발 프로젝트는 계획 및 허가단계(2단계)에서 상업시설 개발 프로젝트는 임대단계(3단계)에서 인프라 개발 프로젝트는 시공단계(4단계)에서 가치를 크게 상승시키는 것으로 나타났다. S또한 부동산 매각에 의한 매출이 임대보다 크며, 이는 2011년 이후 매출이 크게 증가하고 있는 수익성 안정화 전략의 큰 부분을 차지하고 있다.Skanska의 기적인 사업 모델은 개발과 도급의 순환구조가 특징으로 기획된 개발 프로젝트는 자회사에게 시공 및 O&M 수주로 연결된다. 즉, 도급형 프로젝트 시장규모가 줄어도 개발을 통해 수주를 하는 구조는 불확실성이 증폭되는 상황에서 비교적 안정적인 방식으로 평가받고 있다.

Skanska는 철저한 현지법인화 전략를 바탕으로 리스크 발생가능성을 낮추고 있다. Skanska가 수행하고 있는 프로젝트의 구성을 살펴보면 건당 150억원 미만이 90%이상을 차지할 정도로 소규모 공사 비중이 높은 편이다. 인근 유럽 및 미주지역 진출 확대를 위해 현지 기업을 인수하여 회사명을 단일 브랜드화해 통일된 이미지를 구축하는 등 현지화 역량을 강조하는 전략을 통해 지역성이 강한 소규모 건설을 직접 시공하고 있으며, 이는 대규모 리스크 발생가능성을 낮출 수 있는 요인으로 작용하고 있는 것이다. 하지만 2015년 아르헨티나 유지보수 기업 SADE, 2016년 3월 페루 지부를 매각하는 등 사업성이나 수익성이 없다고 판단되는 현지법인은 과감히 매각하면서 안정적인 운영을 지속하고 있다.

한편 Skanska는 주력 공종인 건축부문에도 BIM을 활용한 고난도 설계를 소화하고 있으며, LEED(Leadership in Energy and Environmental Design) 및 BREEAM(Building Research Establishment Environmental Assessment Method) 등 녹색 인증 획득을 통한 친환경, 에너지 효율성 향상, 탄소 제로 빌딩 건축의 선두주자로 발돋움하고 있다. 특히 미국 자회사에 400명 이상의 LEED 인증 전문가를 보유하면서 관련 분야 진출가능성을 높이고 있다.

다) 시사점

Skanska의 경쟁력은 철저한 현지법인화 전략, 주력시장에 대한 집중 공략, 안정적인 리스크 관리 능력이다. 성장기에는 적극적인 M&A를 통하여 규모를 확대하였으나 2000년대 이후 대규모 리스크 발생가능성을 완화시키기 위해 성장보다는 수익성에 초점을 맞추는 안정적인 운영체계를 확립하고 있다. 적극적인 현지화를 통해 소규모 프로젝트를 직접 시공하면서 개별 프로젝트가 기업전체에 미칠 수 있는 리스크를 완화하였고, 위험도가 높거나 수익성이 떨어지는 부문은 과감하게 분사하였다. Skanska의 시장과 공종에 대한 선택과 집중의 전략 역시 차별화된 전략으로 평가받고 있다. 급속한 성장세를 보이고 있는 아시아, 아프리카 등 신흥시장 보다 비교 우위를 가지는 북유럽 및 미국시장의 비중을 높게 갖는 전략을 통해 안정적인 수익성을 유지하고 있다. 또한 주력 공종인 건축 및 토목 부문에 90%이상 비중을 두고 있는 집중화 전략을 구사하고 있다.

3) Mott MacDonald(호주)

가) 기업개요

Mott MacDonald는 1989년에 설립된 영국의 건설엔지니어링 기업으로서 교통, 산업시설, 상하수도 등 12개 사업 분야에서 사업의 전 생애주기를 고려한 엔지니어링 컨설팅 서비스를 제공하고 있으며, 전 세계 140개국 이상에서 발주되는 공공/민간사업을 대상으로 수행하고 있다. Mott MacDonald는 교통시설 전문기업 Mott, Hay&Anderson과 상하수도 전문기업 Sir M MacDonald&Partners가 합병되어 설립된 기업으로 교통시설과 상하수도 부문을 중심으로 해외시장에 진출하였다. 이 기업은 아시아와 아프리카지역의 진출을 위해 MDB, Untied ODA, 민관협력사업(PPP), 국가재정/민간발주 등 다양한 재원을 활용하여 사업을 수행하고 있다. ENR에 따르면 Mott MacDonald의 2016년 기준 해외 매출액 규모는 15억6,440만달러로 전체 9위로 나타났으며, 주요 사업분야는 교통시설(36%)이며, 산업/석유(19%), 상하수도(14%) 등이다. 영국 내 경쟁기업은 AMEC PLC, ARUP, ATKINS 등이 있으나 산업/석유, 일반건축 부문에 치중하여 사업을 수행하고 있어, 교통시설 및 상하수도 부문에서는 Mott MacDonald가 독보적인 우위를 차지하고 있다.

나) 주요 사업전략

Mott MacDonald의 주요 사업전략은 크게 지역다변화, 사업다각화, 적극적인 M&A이다. 첫째, 시장다변화 및 현지화이다. Mott MacDonald는 다국적 기업의 M&A을 통해전 세계 5개 지역에서 3개의 자회사와 188개의 해외지사를 운영하고 있으며, 북미지역과 유럽지역에 중점을 두고 사업을 수행하고 있다. 특히 다국적 전문기업을 인수합병하면서 각 기업의 해외지사와 전문인력을 흡수하여 지역별로 현지화 하는데 성공하였으며, 최근에는 남아프리카 공화국 기업인수를 통해 아프리카 시장 진출성과가 기대되고 있다.

둘째, 사업 생애주기를 고려한 종합 엔지니어링 컨설팅 서비스 제공이다. Mott MacDonald는 12개 핵심 사업분야에 대해 종합적인 엔지니어링 컨설팅 서비스를 제공하고 있으며, 환경/기술, 자원개발, 통신, 건강 등 다양한 부문의 전문기업을 M&A하여 사업 분야를 더욱 확대하고 있다. 즉 단순 설계기술이 아닌 건설엔지니어링 프로세스에 대한 원천기술을 바탕으로 한 컨설팅/자문을 통해 매출신장을 거둘 수 있었다는 것이다.

셋째, 공격적인 M&A를 통한 사업다각화이다. 지난 1989년 직원 30여명으로 출발한 MacDonald는 현재 2,000여명이 넘는 전문 엔지니어를 포함하여 총 1만5천여명의 직원을 둔 글로벌 엔지니어링 기업이 되었다. 이와 같이 빠른 성장의 비결은 공격적인 M&A이었다. 특히 2007년부터 2010년까지 4년간에는 총 18건의 M&A를 성공하여 환경 · 기술컨설팅, 지역개발 및 천연자원 관리, 사업예산관리(QS), 병원관리 등으로 진출분야를 확대할 수 있었다.

다) 시사점

Mott MacDonald의 경쟁력은 사업분야를 다각화하기 위해 산업/석유, 일반건축, 발전부문 등에 지속적으로 투자를 확대하고, 기존의 주력 사업분야에 대해서는 관련기업을 지속적으로 M&A하여 전문성을 강화하였다는 점에 있다. 이를 기반으로 환경서비스, 건강 및 안전 관련 서비스, 지능형 커뮤니티 지원, 에너지 컨설팅 등 다양한 분야의 기업들에 대한 M&A를 통해 발주처의 요구를 만족시킬 수 있었다. 이와 같이 건설 엔지니어링 기업의 인수합병은 대형 업체만이 아닌 기획 및 컨설팅 그리고 유지운영 분야에 이르기까지 건설사업 전 단계에 걸쳐 나타나고 있다.

4)AECOM(미국)

가) 기업개요

AECOM은 1990년에 애쉬랜드(Ashland)의 자회사 5개가 합병하여 설립된 다국적 엔지니어링 기업으로서 공격적인 M&A를 통해 글로벌 설계회사로 도약하였다. 현재 전 세계 125개국에서 약 45,000명의 직원들이 건축, 엔지니어링, 컨설팅, 유지 보수 역량을 집중하고 있다. 또한 ENR'Top 150 Global Design Firms'에서 2010년부터 7년 연속 1위를 기록하고 있으며, 매출액 또한 2006년부터 지속적으로 성장하고 있다.

AECOM은 통합적인 프로젝트 수행을 위해 M&A를 통한 사업 영역 확대 및 위험 분산을 추구하는 대표적인 기업 중 하나이다. 1990년 창립 때부터 현재까지 50개가 넘는 중소규모 설계사를 인수하였다. 1999년 세계 순위 98위였던 AECOM은 2000년대 들어서는 23위 업체인 영국의 Maunsell을 인수하여 2001년에는 11위로 뛰어 올랐으며, Tishman에 이어 2014년 업계 3위인 URS까지 각각 인수하면서 매출액이 2014년 약 84억 달러에서 2015년 약 180억 달러로 두 배 이상 증가하였다. 특히 AECOM은 인수 기업과의 통합을 지속적으로 추진하면서 고부가가치 사업에 대한 참여를 확대하는 한편 프로젝트의 기획, 개발, 이행 과정의 일괄적 수행을 지향하고 있다.

AECOM의 해외 매출 비중은 2016년 기준 전체 매출액의 36%인 27억 1,240만달러를 기록하면서 2006년 6억 6,400만달러(전체 매출액 26%)에 비해 큰 폭으로 상승하였다(삼정KPMG, 2017). 최근 AECOM은 중국에서도 Citymark, EDAW, ENSR, Maunsell 등 4개 자회사를 통해 토지개발 설계, 인프라 건설 등 분야 서비스를 제공하고 있다. 2007년 심천성맥건설설계유한공사와 중국시정공정 서북설계원을 인수하여, 외국계 기업으로서는 최초로 중국의 갑급설계업체[33]를 인수한 바 있다.

나) 주요 사업전략

AECOM의 경쟁력은 시장확대를 위한 공격적인 M&A와 투자펀드의 활용이다. 2007년부터 2016년 까지 AECOM은 총 41건의 M&A를 진행하면서 건설 전방산업의 다양한 영역으로 시장을 확대하였다. 특히 2014년에 이루어진 URS 인수는 현재 AECOM의 전 방위적인 사업체계를 구축하는데 큰 전환점이 되었다. URS는 2008년까지 ENR랭킹 1위를 할 정도로 건설 전방산업을 선도하는 기업이었으나 2009년부터 하락세가 나타났으며, 2014년에는 4위로 하락하였다. 이후 2014년 URS는 54억 3,321만 달러로 AECOM에 인수되었다. URS는 석유 및 가스, 전력 등 수익성이 높은 분야에 대한 전문성을 가지고 있기 때문에 URS의 인수로 AECOM의 시장 전문성이 더욱 다양해지고 새로운 시장진출이 용이해졌다. 또한 URS는 AEC(건축설계, 엔지니어링 및 시공) 기업으로 건설 시공 역량도 보유하고 있었기 때문에 AECOM의 건설 시공 역량을 강화해 준 것으로 평가 받는다. 이 밖에도 표 29와 같이 다양한 기업들을 인수하여 사업영역과 전문성이 강화되었다. 이와 같이 AECOM은 기존의 건축/엔지니어링 디자인 분야를 넘어서 환경/지리정보 기술분야, 정부 사업 운용 관리분야, 교통/토목 분야, 에너지/수자원 분야 그리고 경제 분석/계획 분야 등의 전문 기업을 인수, 합병함으로써 도시 인프라 전반을 총괄할 수 있는 조직을 갖추었다(표 35).

33) 중국 〈건설공사 감리기업 자격 관리규정〉에 따르면 공사감리기업의 전문자격은 기준에 따라 갑급과 을급(일부 전문자격은 병급도 설정가능)으로 구분되며, 갑급으로 등록하기 위해서는 등록감리엔지니어, 등록견적엔지니어, 1급 등록건조사, 1급 등록건축사, 1급 등록구조물엔지니어 또는 기타 탐사, 설계 등록엔지니어가 도합 연인원 25명 이상이어야 한다. 이밖에 등록자본금, 조직구조, 품질관리체계 등 등록기준을 충족해야 함

표 35. AECOM 주요 인수기업과 인수 효과 (단위 : 백만달러)

자료 : 삼정KPMG(2017)

연도	인수기업	인수금액	인수효과
2014	URS	5,433	■ 오일, 가스, 전력, 정부용역 등 고수익 마켓 역량강화 ■ 과거 업계 1위 URS의 건설분야 원천기술 흡수
2008	Earth Technology Corp	510	■ 상하수도시설, 환경, 교통 시설관련 컨설팅, 엔지니어링, DBO 역량강화 ■ 미국, 영국, 호주 등으로의 시장진출기반 마련
2010	McNeil Technologies Inc	355	■ 국무부 및 정보부에 정보관리 분석, 언어지원, 프로그램 지원용역 서비스를 지원하는 회사를 인수하여 정부관련 서비스로의 확장
2010	Davis Langdon LLP	324	■ 비용 및 프로젝트 매니지먼트 컨설팅 기업을 인수하여 건설 CM역량 강화
2010	Tishman Construction Corp	245	■ 다양한 영역의 메가프로젝트에 참여한 CM기업을 인수하여 다양한 영역 서비스 강화 ■ 미국, UAE로의 시장진출기반 마련
2008	Earth Tech Corp-Certain Asts	175	■ 상하수도시설, 환경, 교통 시설관련 컨설팅, 엔지니어링, DBO 역량강화

한편 AECOM은 투자 기금을 통해 사업 참여범위를 확대하고 있다. AECOM은 1억 5천만 달러 규모의 자체 펀드(AECOM Capital investment fund)를 조성하여 공공 및 민간프로젝트에 직접 투자할 것으로 기대되고 있다. 즉 AECOM Capital은 AECOM의 건설서비스뿐만 아니라 자금 조달을 제공할 수 있는 투자자를 모색함에 따라 개발 프로젝트에서 중요한 역할을 제공한다. 특히 이 투자 기금은 인프라 프로젝트 참여 시 중요한 요소인 공적자금부족 문제를 해결하고 부동산 프로젝트의 신용을 강화하는데 유용하게 활용되고 있다. AECOM Capital은 개발파트너와 지분을 공유하고 수익을 보장하며, 사업기회를 창출하는데 도움을 줌으로써 시장에서 차별화하고 있으며, 지역개발을 위한 인프라 시설을 조달하고 관리하기 위해 공공부문과 협력하는 플랫폼으로서 역할을 하고 있다.

다) 시사점

AECOM의 경쟁력 요인은 다음과 같다. 첫째, 공격적인 M&A를 통한 시장 영역 확대이다. 최근 투자개발형 사업이 증가하고 있는 추세에서 M&A를 통해 건설 전방산업에서 입지를 강화하는 전략은 시너지효과를 나타내고 있다. URS와의 합병사례와 같이 수익성 높은 산업에 전문성을 가진 기업을 과감하게 결합하고자 하는 시도는 AECOM을 한 단계 도약할 수 있도록 기반을 마련한 계기가 되었다. 또한 매출성장뿐만 아니라 건설 분야 원천기술 습득과 트랙레코드 확보하여 향후 시장에서의 경쟁력을 갖출 수 있었다. 국내 엔지니어링 기업의 경우 상대적으로 저부가가치영역인 EPC영역을 주로 수행하면서 투자개발형 사업 참여에 한계가 있었으나 AECOM은 선제적으로 시장을 파악하고 M&A를 통해 전방산업에 진출하면서 사업 영역을 확대한 것이다. 또한 트랙레코드가 없는 기업들은 리스크 관리, 안전성 등을 이유로 MDB 사업 등에 참여 기회를 갖는 것이 어려우나 트랙레코드가 풍부한 기업을 인수할 경우 이러한 문제를 해결할 수 있다.

둘째, 자체적인 투자기금 조성을 통한 투자확대이다. AECOM은 인프라 사업 참여 시 공적자금부족 문제를 해결하기 위한 방안으로 자체 펀드를 조성하여 활용하고 있다. 최근 발주처에서 민관협력 프로젝트를 선호하는 경향이 나타나면서 입찰시 진출업체의 재원조달 역량이 중요한 요인으로 인식되고 있는데 투자기금 조성으로 경쟁력을 갖출 수 있었다. 이로써 AECOM은 건설뿐만 아니라 금융 등 다양한 역량이 요구되는 융·복합형 대형 프로젝트에서 고부가가치를 창출할 수 있는 조건을 갖추고 있는 것이다.

셋째, 방대한 기술 인력을 중심으로 한 기업구조이다. AECOM은 고부가가치 영역(PMC 등)에서 차별화된 경쟁력을 보유하고 있다. 또한 내부 고위직에 엔지니어출신이 포함되어 있고, 이들이 직접 설계에 참여할 정도로 기술력 중심의 구조로 되어 있다. PQ통과를 위해 업체 실적뿐만 아니라 개인 실적도 중요시 하는 미국 시장의 특성상 기술력 제고를 위한 노력이 뒷받침되어 있는 것이다. 이와 같이 전문성과 기술력을 갖춘 9만 5천여명의 실무형 인력과 조직이 AECOM의 핵심 경쟁력이라고 볼 수 있다.

라. 벤치마킹 키포인트

위에서 분석한 글로벌 건설기업들의 주요 전략에서 국내 기업들이 벤치마킹할 요소로는 앞서 핵심 진출 전략에서 살펴본 바와 같이 첫째, 투자개발형 사업 역량을 꼽을 수 있다. 투자개발형 사업은 특히 금융개발력을 증강시키기 위해 자사의 금융 및 개발 전문 인력을 보유하는 것이 중요한데 Vinci는 양허조직을 가지고 있으며, Skanska도 개발 프로젝트의 생애주기 최적화를 통해 주기가 가장 짧은 상업시설에서부터 가장 긴 주택까지 초기 단계에서 부가가치를 최대화해 적기에 분양 및 매각을 통해 수익을 창출하는 구조를 갖추고 있다. AECOM은 AECOM Capital이라는 투자기금을 마련하여 자금부족 문제를 해결하고 있으며, 기업의 사업전략을 DBFO(Design-Build-Finance-Operation)로 확대하게 되었다.

기업이 적극적으로 공공부문과 협력하여 자금을 마련하고 사업기회를 창출하는 플랫폼은 세계적으로 PPP방식의 발주형태가 증가하고 있는 시점에서 유용한 모델이다. 위의 사례들은 국내 기업들의 투자개발형 사업 참여가 현실적으로 어려운 시점에서 다양한 의미를 지닌다. 특히 정책금융 확대에서 해결책을 모색하고 있는 우리나라와 달리 글로벌 기업들은 조직, 프로젝트 생애주기, 투자기금 조성 등 자체적으로 다양한 시도를 하고 있다는 것이다. 즉 정책금융 확대가 국내 기업의 투자개발형 사업참여 확대에 기여하겠지만 근본적인 해결책은 될 수 없으며, 기업의 자체적인 체질개선이 우선되어야 한다는 것이다.

둘째, 주력공종의 고부가가치화 전략이다. Vinci는 ITS[34] 등 차별화된 기술 개발을 통해 주력공종인 교통 분야에서, Skanska는 BIM 및 모듈화 공법 활용, 친환경 인증 등을 통해 주력 공종인 건축분야에서 독보적인 위치를 차지하고 있다. 반면 국내 기업들은 상대적으로 저부가가치 영역인 상세설계 기반의 EPC 영역을 주로 수행하고 있으며, 고부가가치 영역에서는 후발업체와 변별력 저조 되고 있는 상황이다. 따라서 수주 부진을 벗어나기 위해서는 궁극적으로 기업별 주력공종의 고부가가치화에 집중하고 이와 관련한 금융 및 개발역량이 강화되어야 할 것이다. 특히 최근 들어 세계 엔지니어링 시장이 기술 중심으로 낙찰자를 선정하는 QBS(Quality-Based Selection) 방식을 선호하는 시점에서 아직도 저가수주로 경쟁하고 있는 국내 기업들의 전략변화가 절실히 요구되는 부분이다.

셋째, 적극적인 M&A를 통한 현지화 및 다각화 전략이다. 일반적으로 M&A는 유럽 주요 기업의 공종, 지역, 사업영역의 확장 수단으로 가장 많이 활용되고 있다. 약 2,000여개의 자회사를 보유하고 있는 Vinci는 2006년 정부 도로사업 민영화 정책으로 국영 도로 운영 기업인 ASF와 Escota를 인수하면서 도로 사업에서 두각을 나타낸 바 있었으며, Skanska는 인근 유럽 및 미주지역 진출 확대를 위해 현지 기업을 인수하여 회사명을 단일 브랜드화해 통일된 이미지를 구축하고 있다. 특히 Skanska는 다른 기업들과 달리 Skanska라는 브랜드를 알리는 동시에 현지에서 인력, 기자재 조달하는 전략을 전개하고 있으며, 현지 회사와 합작법인을 세워 프로젝트를 진행하면서 실제 능력을 검증한 후 M&A를 하는 방식을 통해 리스크를 줄이고 있다. Mott MacDonald의 경우 사업 분야를 다각화하기 위해 산업/석유, 일반건축, 발전부문 등에 지속적으로 투자를 확대하고, 기존의 주력 사업분야에 대해서는 관련기업을 지속적으로 M&A하여 전문성을 강화하고 있다. AECOM은 공격적인 M&A를 통해 매출성장뿐만 아니라 건설 분야 원천기술 습득과 트랙레코드까지 확보하여 세계 엔지니어링업계를 주도하고 있다. 또한 M&A는 가치사슬(Value Chain) 확대를 위한 전략을

34) 지능형 교통 시스템(Intelligent Transport Systems)

활용될 수 있다. 기업들이 해외건설시장에서 경쟁력을 확보하기 위해서는 근본적으로 발주방식에 따른 사업 유형과 관계없이 사업 전 주기에 걸친 필수 역량을 확보하는 것이 유리하기 때문이다. Skanska는 고부가가치 역량을 기반으로 자회사를 통해 기획에서부터 O&M까지 가치사슬을 확장하면서 경쟁력을 더욱 키워나가고 있으며, AECOM도 건설사 인수와 투자기금을 조성하면서 설계 및 엔지니어링 뿐 아니라 시공, 투자개발 및 운영사업으로 가치사슬을 확장하고 있다. 이와 같이 경쟁사들이 M&A로 새로운 성장동력을 확보하거나 매출규모를 키워나가는 동안 국내 건설사는 상대적으로 소홀한 모습을 보이고 있는 실정이다. M&A가 단시간 내에 기술과 시장을 함께 확보하는 전략으로서는 유용하지만 글로벌 M&A에 대한 준비가 미흡한 국내 기업들이 이를 추진하기에는 현실적으로 한계가 있기 때문이다. 따라서 M&A에 대한 준비와 경험이 부족한 국내 기업의 경우 금융, 건설사, IT기업, 제조업 등 다른 영역의 기업들과 컨소시엄을 구성하여 전 방위적 가치사슬을 구축할 필요성이 있다.

마지막으로 전략적인 리스크 관리이다. Skanska는 PPP사업 시 주요 진출 국가의 경기흐름에 따른 리스크를 완화하기 위해 양허기한을 채우기보다 운영개시를 전후하여 매각하는 방식을 취하고 있다. Vinci 역시 각 조직별 메가 프로젝트 규모는 매출의 5%정도, 전사의 2%정도로 유지하면서 기본적인 리스크 관리를 하고 있으며, 프로젝트 입찰 참여 전에 각 관련 조직 임원, 금융, 법률 및 PM 담당자로 구성된 Risk Committee의 심사 및 승인과정을 통해 초기 단계에서부터 꼼꼼히 프로젝트 관리를 하고 있다. 현재 국내 기업의 해외진출은 저유가로 인한 불확실성의 증가, 신흥국의 경기침체 등으로 다양한 리스크에 노출되어 있는 실정이다. 특히 PPP등 투자개발형 사업 발주가 증가하는 추세에서 리스크로 인한 손실이 더욱 우려되는 상황이다. 다만 이러한 위기의식에는 그 동안 국내 기업들의 리스크 관리 실패가 근본적인 원인으로 지적되고 있다.[35] 글로벌 기업들이 M&A를 통한 시장, 사업영역의 확장으로 리스크를 분산하고 있는 가운데 국내 기업들은 이러한 추세에 따라가지 못하고 있는 실정이다. AECOM의 경우 다양한 영역의 엔지니어링 기반을 바탕으로 사업을 수행하기 때문에 수익성 있는 관리가 가능하지만 설계역량에 한계가 있는 국내 대형시공사들은 사업 수행시 상대적으로 리스크가 큰 편이다. 따라서 국내 기업들도 Vinci, Skanska와 같이 안정적으로 리스크를 관리하기 위한 조직이나 운영방식을 구축하는 방안이 필요한 실정이다(그림 44).

35) 2차 내부간담회(2017.09.25) 자문 전문가 의견에 근거함

그림 44. 글로벌 건설기업의 벤치마킹 요소

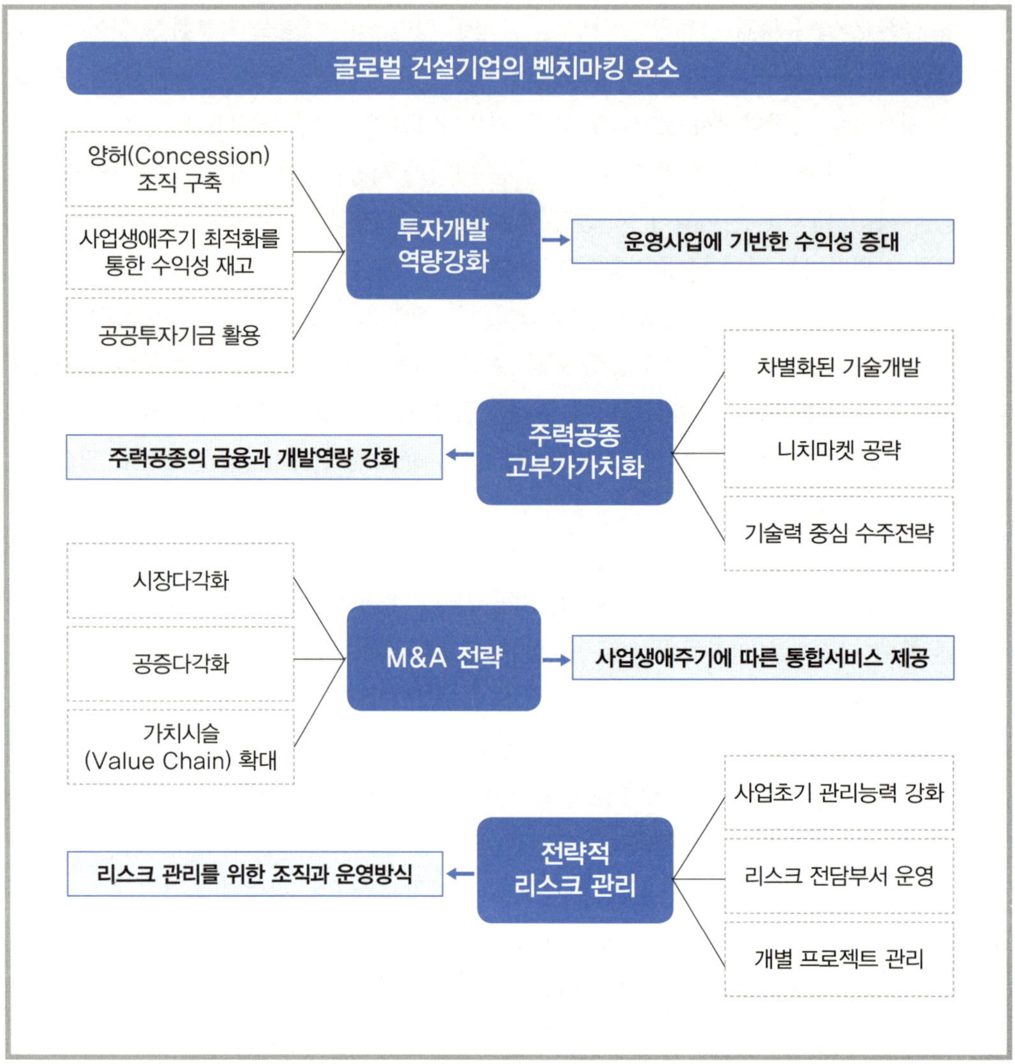

4 해외진출 활성화 핵심 전략

M&A, 금융 수단, 현지화, 유망분야 강화

가. 국내외 금융 활용한 전략적 모델 구축

1) 해외건설 진출을 위한 금융모델의 필요성

세계경제 침체와 저유가로 인한 신흥국의 재정상태 악화로 각국 정부는 인프라 분야에 민간투자를 유치하기 위해 노력 중이며, 저금리 기조 하에 풍부한 유동성이 비교적 안정적인 인프라 시장에 유입될 가능성이 높은 상황이다. 최근 신흥국 및 개발도상국에서 추진하는 인프라 개발 사업들이 PPP형태로 발주되는 경향이 높아지고 있는 가운데 중국 주도의 아시아인프라투자은행(AIIB) 설립 등 개발도상국 인프라시장의 주도권을 잡기 위한 각 국의 경쟁이 심화되고 양상이 나타나고 있다. 이러한 세계건설시장의 추세에서 안정적인 자금조달이 가능한 금융역량이 중요한 경쟁력으로 부상하고 있어 이에 대한 국내 기업의 대응방안이 시급한 실정이다. 현재 해외 PPP시장에서 우리 기업의 금융 경쟁력은 미흡한 것으로 평가되고 있다. 이에 국내 기업들은 최근 국제유가 하락에 따른 수익성 감소를 계기로 다양한 금융수단을 활용하여 진출국가에 사업을 제안하는 투자개발형 사업에 대한 진출방안이 적극 모색하고 있다. 따라서 PPP시장 진출가능성을 높이기 위한 국가별, 금융기관별 금융활용 방안 제시되어야 할 필요성이 있다. 특히 진출 국가의 경제여건, 정치 · 사회 리스크, PPP법제도 환경, PPP운영경험 등 투자여건을 고려하여 전략적 금융모델이 요구된다.

2) 해외 PPP사업에 활용 가능한 금융수단

가) 개발금융 및 복합금융

복합금융은 개발도상국 정부가 SPC에 제공하는 출자금이나 국고보조금 등을 EDCF가 지원하거나 EDCF 차관을 직접 대출 또는 출자하고, 민간참여 부분에 대해 수은이 대출이나 보증을 지원하는 방식을 의미한다. 개발금융은 정부의 ODA자금과 민간금융을 혼합한 형태로 시장차입 자금(수은 채권)을 주요 재원으로 활용하며, 운영방식은 조달금리보다 낮은 저양허성 차관으로 지원하고 조달금리와 지원금리간 이차는 정부재원으로 보전하는 개념이다. 최근에는 해외 개발도상국 인프라 사업에 대한 한국수출입은행의 금융지원 수단이 기존 '복합금융'에서 '개발금융'으로 확대되고 있는 추세이며, 통상적인 적용금리는 EDCF보다는 높고 수은이 운용하는 수출금융보다는 낮은 2~4%, 지원기간은 15년 이내로 운영될 예정이다. 다만 정부에서는 이차에 대한 보존 이외에 원금에 대한 보장이 없어 수은이 지정한 중점협력국을 중심으로 지원될 것으로 예상되고 있다.

그림 45. 한국수출입은행 지정 중점협력국 및 2017년도 핵심전략국

자료 : 한국수출입은행(2017), 핵심전략3개국 개발수요 및 전망.

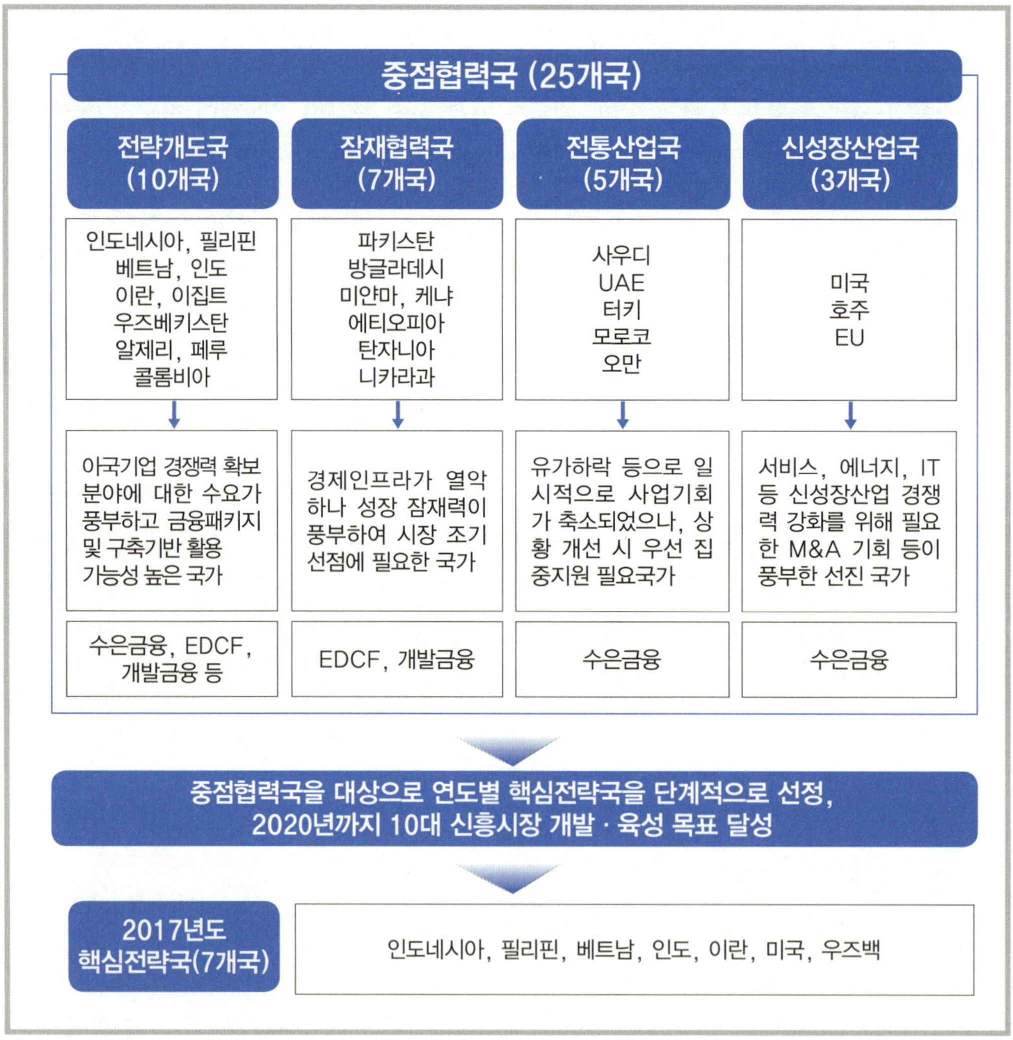

나) 인프라펀드(Infrastructure Fund)

인프라 펀드는 특정 섹터에 투자하는 방식과 분야에 관계없이 투자하는 펀드로 구분되며, 국내에서는 글로벌인프라펀드와 코리아해외인프라펀드가 대표적이다. 글로벌인프라펀드(Global Infrastructure Fund: 이하 GIF)는 해외투자개발형 사업 진출 활성화를 위해 2009년 국토교통부가 조성한 민관합작펀드로서 총 3,500억원 규모로 조성되었다. 우리기업의 해외투자개발 사업 시 자본투자 및 후순위 대출 용도로 조성된 펀드로서 민간금융기관의 선순위 대출참여를 유도하기 위해 조성된 블라인드 펀드로 볼 수 있다. GIF는 정부가 400억원, 공공기관이 1,600억원, 민간부문에서 1,730억원을 출자하여 2017년 현재 총 3,730억원 규모로 조성 · 운용되고 있으며, 현재까지 터키 키리칼레 가스복합발전(500억원) · 요르단 타필라 풍력발전(400억원) · 호주 바칼딘 태양광발전(300억원) · 터키 가지안텝 병원사업(400억원) 등에 총 2400억원이 투자되었다. 또한 정부는 올해 해외 인프라사업 개발 단계에서 들어가는 자금을 지원하는 1000억원 규모의 글로벌인프라벤처펀드(GIVF) 조성할 계획으로서 운용사로 KDB인프라자산운용을 선정하였다.

표 36. 글로벌인프라펀드 지원사례

조직구조
● 대상사업 : 터키 키리칼레 복합화력발전사업 • 삼성물산과 ACWA Power(사우디)가 터키 키리칼레에 926MW 규모의 가스복합화력발전소를 건설 및 운영하는 투자개발사업 • 총 10억7천만 달러(약 1조2천억원) 규모의 민간투자사업 • 2017년 6월, 완공 및 상업운전이 개시될 예정 • 삼성물산이 시공, ACWA Power가 30년간 운영 ● 시사점 : 글로벌인프라1호 펀드(운용사: KDB인프라운용)의 최초 투자 • 삼성물산은 주주 및 시공사로, 수출입은행(K-EXIM), 유럽부흥개발은행(EBRD), 국제금융공사(IFC) 등이 대주단으로 참여함 • 글로벌인프라펀드는 약 450억원 후순위대출을 지원할 계획

코리아해외인프라펀드(Korea Overseas Infrastructure Fund : 이하 KOIF)는 기획재정부가 한국투자공사(KIC)에 위탁한 해외진출 공동투자자금 중 20억 달러를 자본투자 전용펀드로 운용되고 있다. 우리나라 진출기업이 사업개발, 건설, 시설운영, 기자재공급 등에 하나 이상 참여하는 해외 인프라 개발사업에 주로 자본(Equity)투자할 계획이며, 단기적으로는 10억 달러 미만의 소규모 우량 인프라사업을, 중 · 장기적으로는 국내 연기금, 민간 · 정책금융, MDB 등과 연계하여 100~200억 달러 규모의 메가 프로젝트까지 투자가 확대될 것

으로 전망된다. 현재 KOIF는 투자 조건 등 대상사업의 물색기간이 길어지고 있으나, 현재 카자흐스탄 알마티 순환고속도로 등 총 3건이 투자추천 사업으로 선정돼 검토 중이다. 이와 같이 GIF, KOIF 등 해외 인프라 사업을 위한 정책 펀드가 조성되어 운용되고 있으나 기업들의 입장에서는 요구 수익률 등 참여 조건이 다소 까다롭다는 의견이 있다.

다) Private Equity Fund(PEF)

PEF는 지분 투자를 주 목적으로 하며, 신규 사업보다는 주로 운영 중인 사업에 투자하여 수익을 올리는 형태로 운영되는 경향이 있다. 해당 분야에 대한 많은 정보와 경험을 기반으로 어려움에 처한 회사를 인수하여 정상화시킨 뒤 전략적 투자자에 매각을 통해 수익을 극대화하는 전략을 취하는 것이 특징이다.

특히 해외 인프라 사업 진출 시 진출 국가의 ECA나 금융기관이 리스크를 부담하지 않는 상황에서 PEF를 활용할 수 있으며, 초기 운영 리스크가 제거된 후 현지 금융이나 MDB를 통해 자금을 조달하여 PEF의 일정부분을 상환할 수 있다. 최근 한국수출입은행에서도 1,000억원 규모의 Matching PEF를 조성하는 등 국내 PEF가 해외건설진출에 기여할 것으로 전망된다.

라) Export Credit Agency(ECA)

ECA는 각 국가의 수출을 지원하기 위해 설립된 공적 기관으로 자금 지원방식으로는 직접대출과 Political Risk Insurance를 제공하여 간접적으로 지원하는 두가지 형태로 구분된다. ECA는 통상적으로 OECD 가이드라인에 따라 자금을 지원하며, 우리나라에서는 한국수출입은행(K-EXIM)과 한국무역보험공사(K-SURE)을 통해 이루어진다.

일반적으로 프로젝트 회사에 한국수출입은행과 한국무역보험공사가 공동으로 자금을 제공하는 형태로 이루어지며, 한국수출입은행은 대출기간 및 금리를 설정하여 직접대출, 한국무역보험공사는 CG(Comprehensive Guarantee)를 제공하면서 보험료를 수취하는 형태로 진행된다.

한국무역보험공사에서 제공하는 CG는 정치적 리스크외에도 상업적 리스크까지 범주에 포함하고 있다는 점에서 보증에 가까운 형태로 볼 수 있으며, 이용 시 대출기간 동안 한국무역보험공사의 관리감독을 받아야 하는 조건이 있다. 다만 CG약관 미이행시 보험이 종료될 수 있으며, 한국무역보험공사가 선취형태로 대출기간 동안의 프리미엄을 한 번에 취득할 수 있기 때문에 프로젝트 회사의 총 사업비가 가중될 수 있다. ECA는 자국 제품 사용여부에 따라 Tied Loan과 Untied Loan으로 구분되는데 기자재 수출국가의 신용등급을 이용하여 ECA Tied Loan을 이용할 수 있다는 메리트가 있다.

마) Multilateral Development Bank(MDB)

다자간개발은행(MDB)은 개발도상국의 경제개발에 필요한 자금을 지원하고 있기 때문에 사업주체는 개발도상국에 추진되는 사업에 대한 자금을 MDB로부터 지원받을 수 있으며, 세계은행(World Bank), 아시아개발은행(Asia Development Bank, ADB), 아프리카개발은행(African Development Bank, AfDB), 미주개발은행(Inter-American Development Bank, IDB),이슬람개발은행(Islamic Development Bank, IsDB), 아시아 인프라 투자 은행(Asian Infrastructure Investment Bank, AIIB), 유럽부흥개발은행(European Bank for Reconstruction and Development, EBRD)등이 있다.

MDB는 단독이나 국제 상업은행들과 협조융자(Co-financing)방식을 택하여 지분출자, 대출, 보증의 형태로 투자 지원하는 방식을 취하며, MDB 지원사업은 수원국 정부의 조달, 차관 집행 후 사업 이행 등 조달 전 과정에 MDB가 직접 개입하여 감독함으로써 사업추진상황을 관리하는 특징이 있다. 다만 MDB와 협력하여 사업을 수행하더라도 기술지원(TA)사업을 제외한 모든 사업에 대한 직접적인 권리와 의무는 발주처(수원국 정부)와 실행기관이 책임을 가진다.

MDB 지원사업에 참여하기 위해서는 사전에 MDB 및 현지 발주처와의 네트워크를 구축하여 사업기획단계부터 참여기회를 창출하는 것이 중요하다. 따라서 MDB는 공공기관과 MOU체결이 가능하기 때문에 국내 공공기관과의 초기투자를 통해 사업을 발굴하고 MDB 컨설턴트 참여를 유도하여 사업 참여 가능성을 높이는 방안이 요구되고 있는 실정이다. 또한 MDB 지원사업은 통상적으로 현지 기업에게 유리한 조건을 제시하고 있으므로 국내 기업은 역량있는 현지 기업과 사전에 협력관계를 구축할 필요성이 있다.

3) 국내외 금융수단 활용방안

가) MDB 협조융자 및 사업 참여

최근 인프라 사업 규모의 대형화되고 있으며, 국내 기업의 투자개발형 사업 진출기회가 확대됨에 따라 사업 초기단계부터 안정적으로 재원을 확보할 수 있는 방안이 요구되고 있다. MDB 협조융자는 ECA와 주요 MDB와 공동으로 개발도상국의 개발사업에 대한 자금 조달에 참여하는 방식으로 국제금융시장에서 효과적인 수단으로 인식되고 있다. MDB도 협조융자를 선호하는 경향이 높아졌다. 최근 출범한 AIIB의 경우에도 리스크 관리 측면에서 다른 MDB와 협조 융자가 가능한 프로젝트를 우선 지원할 계획이다(한국수출입은행, 2014).

최근 EDCF도 국내 기업의 대규모 개도국 인프라사업 수주와 원조효과성 제고를 위해 MDB와의 협조융자를 확대해나가고 있는 추세이다(기획재정부, 2017). EDCF는 세계은행(WB), 아시아개발은행(ADB), 아프리카개발은행(AfDB) 등과 협조융자 양해각서(MOU)를, 중남미개발은행(IDB), 중미경제통합은행(CABEI)과 협조융자 협약을 맺고 개발도상국 사업에 공동지원할 예정이다.

협조융자는 크게 평행융자, 결합융자로 구분된다. 평행융자(Parallel Financing)는 프로젝트를 독립적으로 분할하여 협조융자 기관이 분담융자하는 형태로 지원되고, 참여기관은 차관조건, 구매절차 등을 결정하고 독립된 차관계약을 작성하는 것으로 구속성 차관(Tied Loan)으로 지원될 경우 적합한 형태이다. 결합융자(Joint Financing)는 프로젝트를 독립된 부분으로 분할하지 않고 협조융자 기관 간에 일정 융자비율만 정하여 융자하는 형태로서 통상적으로 프로젝트를 주관하는 MDB의 구매가이드라인을 따라야 한다. 평행융자는 구속성 차관 내에서 우리 기업의 안정적인 사업 수행이 가능하지만 한정된 사업기회만 접근이 가능하여 MDB와의 유기적인 협력이 어렵다는 한계가 있으며, 반면 결합융자는 더 큰 규모의 시장으로 진출할 수 있는 기회를 확보할 수 있기 때문에 시너지 효과를 낼 수 있다는 장점이 있다. 다만 결합융자를 이용하기 위해 비구속성 원칙을 도입해야 하고, 이 과정에서 국내 기업이 수주할 수 있는 기반이 마련되어야 한다.

협조융자는 그림 46과 같이 단순히 자금 조달의 기능으로만 고려하는 것이 아니라 향후 다른 사업기회를 마련할 수 있는 계기로 활용하는 것이 중요하다.

국내 업계의 실무자들이 체감하고 있는 MDB시장의 진입장벽은 현실적으로 매우 높은 실정이다.[36] 즉 MDB에 게시된 입찰정보에 따라 제안준비를 하는 경우는 극히 드문 사례로 볼 수 있다. 하지만 MDB시장에 일단 진입하여 성공적으로 사업을 완료하게 되면 후속 사업으

36) 본 과제의 전문가 간담회시 업계 실무자를 중심으로 다수의 의견이 제시되었음

로 이어질 가능성이 매우 크다.

그림 46. MDB 협조융자 활용방안

자료 : 해외건설정책지원센터(2016)

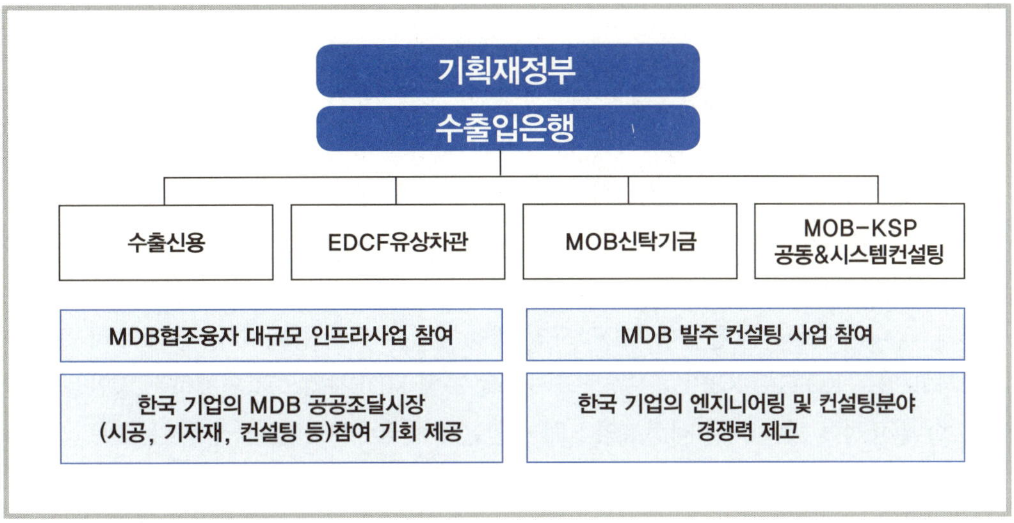

따라서 국내 기업들은 사전에 수원국의 니즈를 먼저 파악하고, 재원을 마련하여 맞춤형 프로젝트를 제안하는 방식을 지향해야 할 필요성이 있다(손태홍 외, 2012). 이러한 측면에서 MDB 협조융자는 리스크에 안정적이면서도 대규모 사업에 진출이 가능하여 활용가치가 높다. EDCF자금의 경우 기회가 매우 한정적이고, 사업규모도 크지 않아서 제약이 있으나 MDB와의 협조금융을 활용한다면 국내 기업의 노력에 따라서 진출이 가능하고, 대규모 사업도 가능하기 때문이다.

최근 ODA 규모의 양적증가 및 EDCF 단독 지원이 어려운 대규모 사업 참여를 위해 협조융자 필요성이 증대되고 있다. 우리나라는 OECD DAC 가입 후 비구속성 원조 확대 요구 증가하면서 MDB와 협조융자 추진 시 결합융자 및 비구속성 지원 선호하는 추세로 나타나고 있으며, 협조융자 지원비중 EDCF지원 총액의 20% 수준으로 확대할 계획이다.

이러한 시점에서 MDB 시장진출 확대를 위한 방안은 다음과 같다. 첫째, 사업자가 MDB에 투자를 제안하는'사업자주도형'사업을 중점지원할 필요성이 있다. MDB는 PPP사업 지원을 위해 정부보증(Sovereign Guaranteed)과 비정부보증(Non-Sovereign Guaranteed) 방식을 활용하고 있으며, 정부보증방식에는 개발도상국에 직접 자금을 제공하고, 비 정부보증방식은 민간부문의 상업적 조건에 따른 자금지원이 제공된다. 따라서 MDB의 자금지원 및 보증을 제공받기 위해서는 금융재원 계획이 중요하므로 비교적 안정적인 국내 ECA 및 ODA자금을 활용할 필요성이 있다. 도한 MDB별 프로젝트 수행 절차 이해, MDB별로 요구하는 절차와 필요한 규정 숙지, MDB의 장기사업 전략과 부합하는 진출 전략을 수립해야 한다.

둘째, 장기적 관점에서 개발도상국 사업을 위한 지역전문가 양성이 필요하다. 국내 건설기업에서 대부분 단기적으로 활용하는 해외지역전문가를 장기적인 관점에서 육성할 필요성이 있는 것이다. 특히 주요 전략시장에 대한 해외파견 및 중장기 교육체계를 신설하고 고급인력에 대한 관리체계 수립 필요하며, 정부의 지원이 필요하다.

셋째, 국내 무상원조를 활용한 MDB 사업 개발 및 참여기회 증대이다. 특히 우리 정부가 시행하고 있는 KOICA, KSP 등 무상원조사업을 통해 MDB사업으로 연계하는 방안을 모색해야 할 필요성이 있다. 기획재정부의 KSP사업은 수원국에서 단순히 정책자문으로 인식하는 경향이 높으며, 후속사업으로 연결되는 사례가 많지 않기 때문에 본 사업으로 연계할 수 있는 대안이 필요한 실정이다. KSP사업을 통해 현재 MDB가 계획하고 있는 MDB 차관사업과 연계하여 프로젝트를 준비할 경우 국내 기업의 진출가능성을 높일 수 있다. 또한 MDB 사업의 경우에도 발주처 공무원들과의 네트워크 형성은 중요한 요소로 작용할 수 있다.[37)]

● 사례 : 솔로몬제도 티나강 수력발전사업[38)]

솔로몬제도의 티나강 수력발전사업은 2017년 녹색기후기금(Green Climate Fund, GCF), 대외경제협력기금(EDCF), 세계은행(WB) 등의 협조융자를 바탕으로 국내 기업이 대규모 개도국 인프라 사업에 진출한 대표적인 사례이다. GCF는 제16차 이사회에서 EDCF, WB, 한국 컨소시엄 등이 참여하는 '솔로몬제도 티나강 수력발전사업'을 승인하였으며, EDCF 사업 승인과 WB 및 ADB 이사회 승인 등 기관별 자금지원 승인 절차를 완료할 계획이다. 특히 GCF 승인 사업 중에서는 처음으로 국내 기업이 국제경쟁입찰을 거쳐 참여하게 된 PPP사업으로서 이번 사업을 계기로 국내 기업의 해외 인프라 사업 진출을 위한 협조융자를 확대할 계획으로 알려져 있다.

37) 본 과제의 3차 전문가 간담회(2017.09.08)에 따르면 MDB사업의 경우에도 MDB직원과에 비해 발주처 고위직 인사(국장급 이상)의 영향력이 더 크다는 의견이 우세하였음

38) 기획재정부 보도자료(2017. 4. 7), GCF, EDCF, MDB 협조융자를 통해 한국 기업의 개도국 인프라 사업 진출에 결실을 맺다

그림 47. 솔로몬제도 티나강 수력발전사업 투자개요

자료 : 기획재정부(2017)

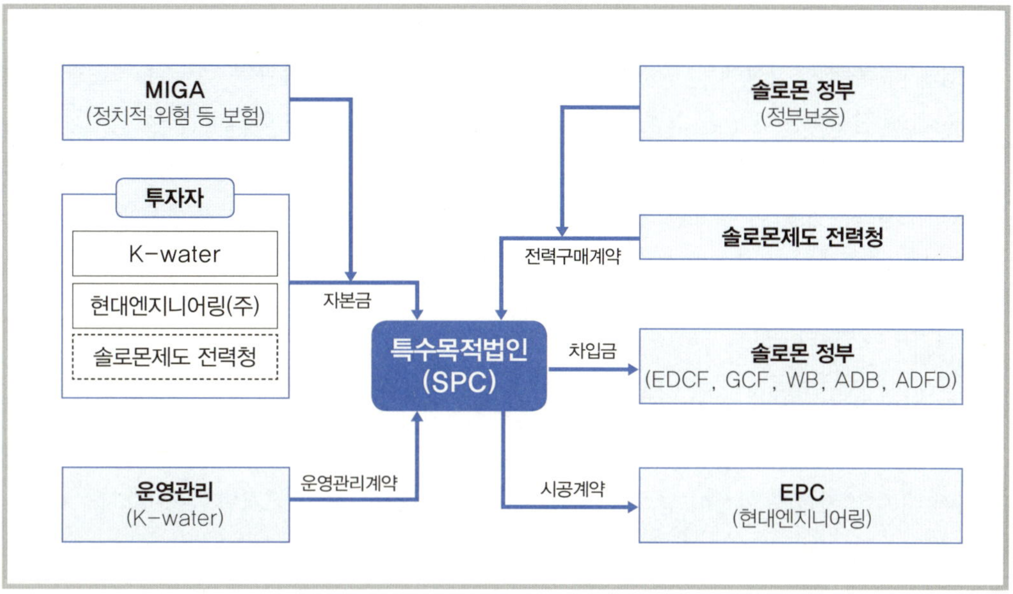

표 37. 솔로몬제도 티나강 수력발전사업 사업개요 및 시사점

구분	주요 내용
사업개요	■ 사업배경 : 지구온난화로 수몰 위험에 처한 남태평양 도서국인 솔로몬제도에 수력발전소를 건설하는 사업 ■ 사업목적 : 친환경적, 경제적, 안정적 에너지 공급체계 구축 ■ 사업목표 : 전력공급 67% 수력발전 대체, 전력단가 절반 수준인하, 온실가스배출 저감 ■ 사업범위 : 댐, 발전소, 수로터널, 송전선로, 진입도로, 기술지원 등 ■ 사업방식/사업비 : 민자사업(PPP) / 약 233백만달러 ■ 컨소시엄 : 한국수자원공사(사업운영, 지분투자), 현대엔지니어링(시공, 지분투자) ■ 금융조달 : EDCF(31.6백만불), WB(33.6백만불), GCF(86백만불), ADB(30백만불), 호주정부(11백만불), ADFD(15백만불) 협조융자 ■ 기대효과 : 화력발전에 의존하고 있는 솔로몬제도의 에너지 생산구조를 신재생 에너지로의 패러다임 변화
시사점	■ 정부와 MDB(WB)와의 네트워크 구축을 통해 사업 추진 현황과 애로사항을 청취하는 등 진행과정을 지속적으로 모니터링하며 추진을 적극 독려 ■ 양허성이 높은 EDCF와 GCF의 자금지원은 사업성 확보로 이어지며 동 사업이 결실을 맺는 데 결정적인 요소로 작용

나. 제 3국 기업과 공동진출

국내 기업은 신흥시장에서 수주경쟁력에 우위에 있는 선진기업과의 전략적 제휴를 통해 공동사업에 진출하는 방안을 모색할 필요성이 있다. 특히 중남미, 아프리카 등 신시장 진출 시 국내 기업이 기술력에서 우위에 있는 분야를 기반으로 현지화가 우수한 업체와 공동사업 방안을 모색하는 방안이 필요한 실정이다. 이를 위해 정부차원에서도 신흥시장에 공동 진출하기 위한 파트너십을 구축하고 정부, 인프라 전문가관, 건설기업간 협력활동을 지원할 필요성이 있다.

국내 기업의 시공실적과 기술력을 부각하기 위해서는 해당 건설시장을 선점하고 있는 건설기업과 컨소시엄을 구성하는 전략이 필요하다. 제 3국 기업 주도 하에 구성되는 컨소시엄 구성에 대해 부정적인 인식이 남아있는 국내 기업들은 그 동안 컨소시엄 구성보다는 저가수주 위주로 진출하면서 손실을 보는 경우도 있었다. 하지만 저렴한 인건비와 막대한 자금력으로 진출을 확대하고 있는 중국 기업과 높은 기술력에 가격경쟁력까지 갖춘 유럽 기업까지 신흥시장을 두고 경쟁하는 상황에서 이러한 전략은 더 이상 유효하지 않을 것이라는 전망이 높은 편이다. 따라서 그 동안 경쟁상대로 인식하고 있던 중국, 일본, 유럽 등 기업들과 공동진출하는 방안이 제시되고 있다.

신흥국 및 개발도상국 인프라 시장에 영향력을 확대하고 있는 중국의 경우 시공경쟁력, 가격경쟁력이 있으나 고부가가치 기술 및 PM능력 등은 아직 선진국에 비해 열위에 있는 상황이다. 따라서 해외건설 경험이 중국보다 20~30년 이상 많은 우리나라가 경쟁우위에 있는 분야를 기반으로 제 3국에 대한 공동 진출이 가능할 것으로 평가되고 있다. 한국건설기술연구원의『글로벌건설경쟁력평가』보고서에 따르면 2015년을 기준 시공경쟁력 부문에서는 한국 5위, 중국 1위를, 설계경쟁력에서는 한국 11위, 중국 10위, 가격경쟁력에서는 한국 5위, 중국 3위를 각각 차지함으로써 시공, 설계 및 가격경쟁력 부문에서 중국이 강점을 가지고 있는 것으로 확인된 바 있다. 즉 국내 기업은 사업수행 경험과 풍부한 기술력으로 해외건설 역량이 높고 중국 기업에 비해 사업기획 및 관리 역량, 품질과 안전관리 역량이 상대적으로 높은 것으로 평가되고 있는 것으로 나타났다. 사업 분야별로 살펴보면 아래 표와 같이 국내 기업이 중국 기업에 비해 수처리, 상하수도 관망, ICT 융·복합 도시구축 및 관리, 도로교통 및 안전시설, 폐기물 처리 등 분야에서 기술력 우위에 있으며, 중국은 자원개발, 수력 및 풍력발전 등 신재생에너지 분야에서 우위에 있는 것으로 나타났다(국토교통과학기술진흥원, 2015). 이와 같이 국내 기업이 기술력 우위에 있는 분야를 중심으로 중국과

공동진출할 수 있는 기회요인은 충분히 존재하고 있다고 사료된다.[39)]

최근 동남아시아, 아프리카, 남미 등에서 PPP 사업수요가 지속적으로 늘어나는 추세에서 중국은 AIIB 출범에서도 확인할 수 있듯이 PPP에 대한 관심이 높은 편이다. 도로, 철도, 플랜트, 수자원 등 민자 사업 경험이 많은 국내 기업의 노하우를 바탕으로 자금력을 갖춘 중국과 협력한다면 제 3국 진출이 수월해질 수 있을 것이며, 중국 내수시장에서도 사업기회를 발굴할 수 있을 것으로 전망된다. 다만 최근 사드배치 문제로 한국 기업과의 컨소시엄을 자제하려는 경향에 따라 당분간 어려운 상황이지만 장기적으로 중국의 6대 경제회랑 사업과 AIIB의 본격적인 사업추진은 인프라 시장수요 창출의 기회요인으로 볼 수 있다.

표 38. 한-중 기업 인프라 기술력 우위분야

자료 : 국토교통과학기술진흥원(2015), 2015 국토교통기술수준분석 국토교통 기술수준조사 보고서

한국기업 우위분야	일정부분 한국기업 우위분야	중국과 격차가 크지 않은 분야	중국기업 우위분야
수처리 상하수도 관망 분야	ICT 융복합 도시구축 도로교통, 안전시설 교통계획 및 평가 도로설계 및 구조 원전, 폐기물처리	도로시공, 유지관리 대기오염 방지 철도시스템 유지관리 철도운영 및 안전 운송 및 물류분야	자원개발 수력 및 풍력발전

정부차원에서 제 3국과 공동진출 기반을 조성한 사례로서 최근 중남미 시장에서 높은 영향력을 갖고 있는 스페인 기업과의 협력을 확대하기 위한 시도가 있었다. 2017년 4월 '한-스페인 건설협력 라운드 테이블'에서는 양국 기업 간 파트너십 구축 및 구체적인 협력방안에 대하여 논의된 바 있다. 스페인 기업들은 교통이나 수처리, 폐기물처리, 통신 인프라 분야에 강점을 보이는 반면, 한국 기업들은 경쟁력이 우수하다는 평가를 받고 있다. 또한, 스페인 기업들은 중남미 건설시장을 장악하고 있으며, 한국 기업은 전통적으로 중동지역에서의 경험과 노하우가 풍부한 편이다. 즉 한국 기업과 스페인 기업은 주력 산업이나 중점 진출지역이 달라 상호 보완할 수 있는 관계에 있어 전략적 제휴 관계를 통한 시너지 효과를 얻을 수 있는 것으로 판단된다.

해외인프라 시장에서 제 3국 기업과의 협력한 사례는 아래 표 39와 같다. 2010년 삼성엔지니어링이 수주한 UAE SHAH 가스 프로젝트에서는 우리나라가 일괄 수주한 사업에 기존 협력관계를 유지해온 중국과 하도계약을 추진한 사례로 한국의 PM능력, 중국의 조달

39) 2016년 한 · 중 경제기술교류회의에서 양국은 MOU를 맺고 건설 · 플랜트 등 분야에 대한 제 3국 공동진출을 활성화하기 위한 방안을 논의한 바 있음

분야 강점이 조합된 협력모델로 볼 수 있다. 2012년 현대건설 컨소시엄이 수주한 콜롬비아 베요(Bello) 하수처리장 공사는 현지 시장에 영향력이 높은 스페인 기업 악시오나 아구아(Acciona Agua)과의 전략적 제휴를 통해 우리 기업이 10년 만에 중남미시장에 재진입한 사례이다. 카타르 도하 메트로 사업'Red Line North'프로젝트(남부구간)는 GS건설이 토목분야에서 지속적으로 협업체제를 구축해왔던 프랑스 기업 빈치(Vinci)와 첫 번째로 수주한 중동 메트로사업으로서 현지 업체인 카타리 디아르(Qatari Diar)와 알 다위시(AL-Darwish)와 컨소시엄을 구성하였다. 이를 통해 두 기업은 공동으로 중동 내 메트로 및 인프라 참여기반 확대를 모색하고 있다. 북부구간 사업에서는 SK건설이 이탈리아업체인 임프레질로(Salini-Impregilo), 카타르 현지 업체인 갈파르(Galfar)와 컨소시엄을 구성해 '설계시공 일괄계약' 방식으로 수주한 바 있다.

표 39. 해외인프라 시장에서의 제 3국 기업과의 협력사례

자료 : 각 업체 보도자료 참조

진출형태	협력방식	사업명	주요내용
협력수주	하도계약	UAE SHAH 가스 프로젝트(2010)	■ 삼성엔지니어링(한국) : 상세설계, 기자재구매, 시공 일괄수주 ■ 지린화학공업(중국) : 기계, 배관, 철골 설치공사 보조계약
공동수주	컨소시엄	콜롬비아 베요(Bello) 하수처리장 공사(2012)	현대건설, 현대엔지니어링(한국)은 Acciona Agua(스페인)와 함께 전략적 제휴관계를 맺고 기자재 공급, 건설, 시운전에 이르는 과정을 공동 수행
공동수주	컨소시엄	카타르 도하 메트로 사업 1단계 'Red Line North (남부구간)' (2013)	GS건설(한국)은 Vinci(프랑스), 현지 국영 부동산 투자회사인 Qatari Diar(카타르)와 현지 엔지니어링업체인 알 다위시 엔지니어링과 컨소시엄을 구성하여 공동수주
공동수주	컨소시엄	카타르 도하 메트로 사업 'Red Line North (북부구간)' (2013)	SK건설(한국)은 Salini-Impregilo(이탈리아), Galfar(카타르)와 컨소시엄을 구성하여 공동수주

이와 같이 우리 기업이 제 3국 기업 과 기술력, 전략시장 등 상호 보완이 가능한 부분이 존재할 경우 공동진출을 더욱 확대될 것으로 전망된다.

그림 48. 국토교통분야 통합기술수준

자료 : 국토교통과학기술진흥원(2015), 2015 국토교통기술수준분석 국토교통 기술수준조사 보고서

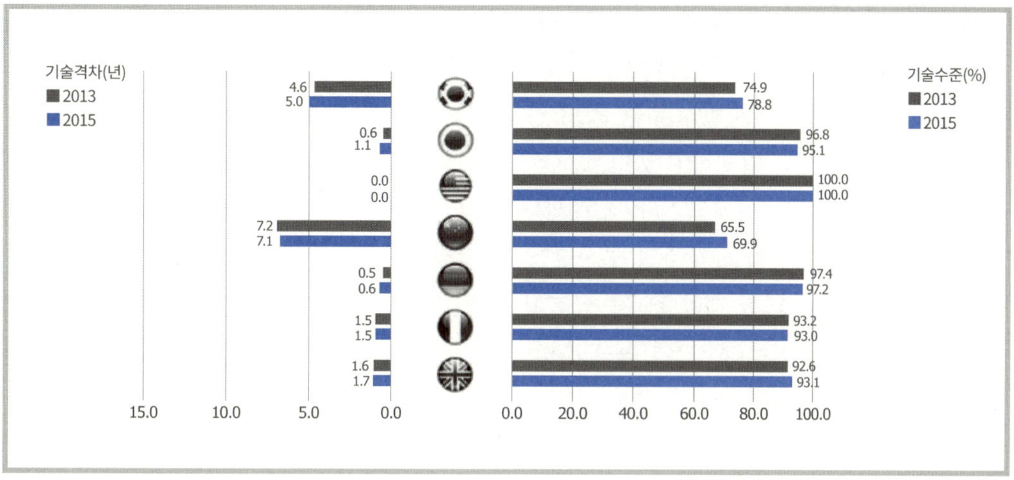

2015년 기준 국토교통분야 세계 최고 기술수준 보유국인 미국을 100%로 설정하였을 때, 우리나라는 평균 78.8%, 기술격차는 5년으로 나타났다(국토교통과학기술진흥원, 2015). 위 그림 48과 같이 우리나라는 미국을 비롯하여 독일, 프랑스, 영국, 일본 등에 이어 건축, 도시, 플랜트 등 분야에서 6위를 차지하였으며, 내수시장을 기반으로 성장하고 있는 중국은 성장세로 격차를 좁히고 있다.

최근 개발도상국들이 정부 재원 부족으로 인해 PPP 등 민간투자 프로젝트가 증가하고 있으며, 대규모 프로젝트에는 사업자가 개발재원을 조달해 참여할 것을 요구받고 있는 상황이다. 이 경우 사업자가 설계, 파이낸싱, EPC, O&M 등 업체를 일괄적으로 구성해야 하기 때문에 다른 유력 기업과 협력할 수밖에 없는 경우가 많으며, 또한 진출 기업 간 주력시장이 다른 경우 선점하고 있는 지역에 진출하기 위해 협력하는 사례도 늘어나고 있다.

최근 우리나라는 중남미 시장을 주도하고 있는 스페인 건설사와'제3국 공동진출을 위한 협력 파트너십'을 맺으면서 신시장 진출기반을 조성하였다. 특히 국내 기업은 스페인 업체와의 O&M 노하우 공유가 가능해지면서 사업영역을 확장할 수 있는 기회를 갖게 되었으며, 스페인 기업들이 전통적으로 강세를 보이고 있는 중남미 지역에 대한 진출여건도 마련될 수 있을 것으로 기대하고 있다. 정부차원에서도 정책금융기관을 통한 금융협력 및 지원방안을 모색하는 등 이러한 상호보완적인 협력이 지속적으로 전개되어야 할 것으로 보인다.

다. 국내 공기업과 협업

세계건설시장에서 글로벌 건설기업에 비해 정보수집능력, 실적, 금융조달능력, 규모, 인지도 등에서 열세인 국내 기업이 단독으로 경쟁하기에는 어려운 상황이며, 발주처에서 프로젝트 규모에 상응하는 실적 보유를 PQ조건으로 요구하는 경우가 많아 입찰참여가 현실적으로 불가능한 경우도 발생하고 있다. 또한 세계건설시장의 대규모 인프라 사업이 PPP형태로 발주되는 경향이 높아지고 있음에도 국내 기업들은 자금조달 역량뿐만 아니라 O&M 능력 부족으로 수주경쟁력을 갖추지 못하고 있는 실정이다. 일부 대형 건설사의 경우 계열사나 자회사를 통해 이러한 제약요인을 극복할 수 있지만 중소 엔지니어링 업체의 경우 O&M 부문까지 책임지기에는 리스크가 높을 수밖에 없다. 따라서 국내 공기업이 민간업체와 해외 인프라 사업에 대한 공동참여를 통해 동반진출하는 방안이 제시되고 있다.

양허사업의 경우 국내 기업들은 투자 회수기간이 매우 긴 편이기 때문에 다양한 리스크가 상존하고 있는 개발도상국에 선뜻 투자가 어려운 점도 있지만 O&M업체와의 협력도 어렵다는 점을 호소한다. 아프리카 등 신흥시장의 경우 외국진출 업체들과 협력을 시도하려고 해도 국내 업체의 실적이 부족하고, 발주처가 요구하는 자금조달 역량도 갖추기 어렵기 때문이다. 또한 개발도상국 정부에서 제시한 통계자료(교통 통행량 데이터 등)를 신뢰할 수 없는 상황에서 장기간 소요되는 사업에 건설사가 단독으로 수주하기에는 현실적으로 어렵다는 것이다.[40] 따라서 인프라부문 O&M 능력을 보유한 우리나라 공기업들의 참여가 필요한 실정이다. 기술력이 높은 공기업들이 해외진출 시 O&M을 수행한다면 국내 기업이 PPP진출이 가속화될 것으로 보인다. PPP 사업은 금융조달 역량이 중요하지만 운영 노하우가 있는 공기업 및 운영회사와 협력이 필요하다.

또한 실적 부족으로 국내 기업들이 현실적으로 진출하기 어려운 시장의 경우 공기업들이 선도하는 진출하는 방안도 모색되어야 한다. 특히 인도 건설시장은 공기업과의 공동진출 필요성이 높은 지역이다. 정부 차원의 인프라 확대정책을 기반으로 잠재력이 높은 시장으로 평가되지만 인프라수요에 비해 정부재원이 부족하여 PPP사업이 많고, 발주처 특성상 공기업을 선호하는 경향이 자리 잡고 있기 때문이다. 따라서 프로젝트 초기단계부터 공기업과 컨소시엄을 구성하는 게 유리하다는 것이다. 인도시장은 2016년부터 EDCF자금이 허용돼 100억달러의 금융패키지가 제공되는 점도 장점이다. 또한 기존에 진출한 기관들이 협력을 강화할 경우 협상력을 높이고 후속사업으로 연계될 수 있어 국내 기업의 진출 기반이 마련

40) 신시장 진출 간담회 실무자 인터뷰(2017.9.8., 해외건설협회)

될 수 있을 것으로 보인다.

표 40. 국내 공기업과 공동진출 사례

국내 공기업과 공동진출 사례
● **LH – 선진컨소시엄 : 쿠웨이트 압둘라 신도시** • LH는 해외시장 진출기업들을 지원하기 위해 해외사업 역량을 강화하고 있으며, 우리나라가 우수한 경쟁력을 보유하고 있는 스마트시티를 통해 해외 시장을 공략하고 있음 • LH를 중심으로 하는 사업단은 압둘라 신도시 마스터플랜 용역을 통해 사업타당성 분석을 수행하고 건설 · 재무 부문 투자자를 중심으로 컨소시엄을 구성함 • 향후 쿠웨이트와 공동으로 특수목적회사를 설립한 뒤 2019년 착공할 계획이며, 마스터플랜 및 실시설계 용역 우선협상자로 선진, 동명, 동일, 포스코A&C, 현대종합설계 등 국내 기업과 퍼킨스 등 해외 기업으로 구성된 컨소시엄이 선정됨 ● **한국전력 – LG CNS 컨소시엄 : 미국 괌 태양광 발전사업** • 2017년 7월 한국전력, LG CNS 컨소시엄이 미국 괌 전력청(GPA)에서 국제 경쟁입찰 방식으로 시행한 '태양광+ESS 발전소 건설 및 운영사업'의 최종낙찰자로 선정됨 • 태양광발전 60MW, ESS 42MWh를 건설해 25년간 운영하는 BOO(Build, Own, Operate) 사업으로서 총 사업비가 약 2억 달러에 달하는 대규모 신재생 발전사업임 • 태양광 발전과 에너지저장장치를 접목한 신 사업 모델 전 세계 태양광 시장을 주도하고 있는 미국에서 국내 최초로 국제경쟁 입찰방식을 통해 사업권을 수주했다는데 의의가 있음 • 한전 · LG CNS 컨소시엄은 괌 공공시설위원회(PUC) 보고 후, 전력판매계약 등 주요 계약을 체결하고, 금융종결 및 발전소 건설에 착수할 계획이며, 2019년부터 배당 수익을 기대

공기업과의 동반진출은 특히 도시개발사업, 가스발전과 같이 우리나라의 경쟁력이 높은 분야를 중심으로 진출하는 방안이 유망한 것으로 평가되고 있다. 도시개발사업은 도시계획에서부터 기반시설 구축 및 건축공사가 모두 결합된 대규모 복합건설사업의 형태로 추진되기 때문에 국내 건설기업의 동반진출이 용이한 분야이다. 최근 한국토지주택공사(LH)가 쿠웨이트 압둘라 신도시 수출과 볼리비아 신도시 개발컨설팅을 수주하면서 국내 건설업체들의 참여가 기대되고 있다.

신재생에너지 사업도 공기업이 진출함으로써 기자재 등 관련 국내 업체의 동반진출이 유망한 분야로 볼 수 있다. 한전 컨소시엄의 미국 괌 태양광 발전사업 수주사례에서도 나타나듯이 LG CNS가 발전소 건설과 운영에 참여하면서 약 430억 원 상당의 국산 주요 기자재(ESS, 인버터, PCS) 활용을 포함해 약 1천300억 원에 이르는 수출효과를 기대하고 있다.

하지만 공기업이 해외진출을 선도하는데 아직 걸림돌이 많은 상황이다. 공기업들도 전담하기 어려운 사업들을 중소 규모업체에 맡겨 주력 사업에 집중해야 하지만 현실적으로 우리나라 공기업들은 특수목적법인(SPC)을 만드는 것도 어려운 현실이다. 공기업이 SPC를 구성하려면 기획재정부, 산업통상자원부와 협의를 통해 이사회를 통과해야 하지만 2개월이 넘는 시간이 소요되며, 예비타당성 조사도 실시해야 한다. 또한 경영권을 확보할 만큼의 지분 투자도 허용되지 않기 때문에 신공종 분야 진출도 어려운 실정이다. 선진국의 공기업들이 많은 자회사를 운영하면서 사업을 확대하고 있는 추세에서 우리 여건은 개선여지가 많은 상황이다.

공기업과의 공동진출 과정에서 나타난 국내 민간기업의 인식도 이러한 관점에서 의미가 깊다. 국내 기업들은 대부분 공기업과의 공동진출에 긍정적인 인식을 갖고 있다. 다만 정치적인 사안으로 공기업 자체의 정책이나 진출계획이 변경될 수 있는 가능성도 있기 때문에 국내 기업들이 안심할 수는 없다는 입장이다. 또한 개발도상국 현지 발주처에서 우리나라 공기업의 의사결정과정이나 업무처리 속도가 비교적 느리다는 인식을 갖고 있다는 점도 공감하는 부분이다.[41] 따라서 정부차원에서 이러한 제약요인들을 점진적으로 보완하고 공기업이 선도하여 민관이 협업할 수 있는 기반을 마련한다면 국내 기업의 참여도 증진될 것으로 전망된다. 따라서 국내 기업들도 자체적으로 처리하기 어려운 사안에 대해 공기업의 도움을 적극 요청하고, 공기업 역시 민간기업을 측면 지원하여 해외건설 진출의 시너지 효과를 창출하는 것이 중요하다고 판단된다.

라. M&A로 신시장 개척

최근 수주 부진에 빠진 국내 기업들이 적극적인 인수·합병(M&A)으로 해외시장 진출 활성화를 위한 기반을 마련해야 한다는 의견이 거론되고 있다. 앞장의 글로벌 건설기업의 사례에서 나타나듯이 적극적인 M&A를 통해 진출시장에 대한 입지를 강화하는 기업들이 강세를 보이고 있다. 미국의 AECOM, 캐나다의 WSP 등과 같이 M&A를 통해 세계적인 기업으로 도약하는 경우에서 확인 할 수 있듯이 M&A가 신시장 및 신사업 진출, 전문성 강화를 위한 건설기업의 경쟁력 강화 방안으로 활용되고 있는 것이다.

세계 건설업계의 M&A는 아래 그림 49와 같이 2014년 933억 달러로 최대치를 기록하였으며, 2015년 이후에도 600억~700억달러 수준을 유지하고 있는 실정이다. 특히 2014년에

41) 신시장 진출 간담회 실무자 인터뷰(2017.9.8., 해외건설협회)

는 유럽시장의 M&A비중이 전체의 60% 이상이었으나 2016년에는 아시아가 32%로 급성장하였다. 이는 중국이 세계건설시장 M&A를 주도하면서 크게 증가한 것으로 분석되고 있다.

그림 49. 지역별 건설산업 M&A현황(2009~2016)

자료 : Deloitte Analysis

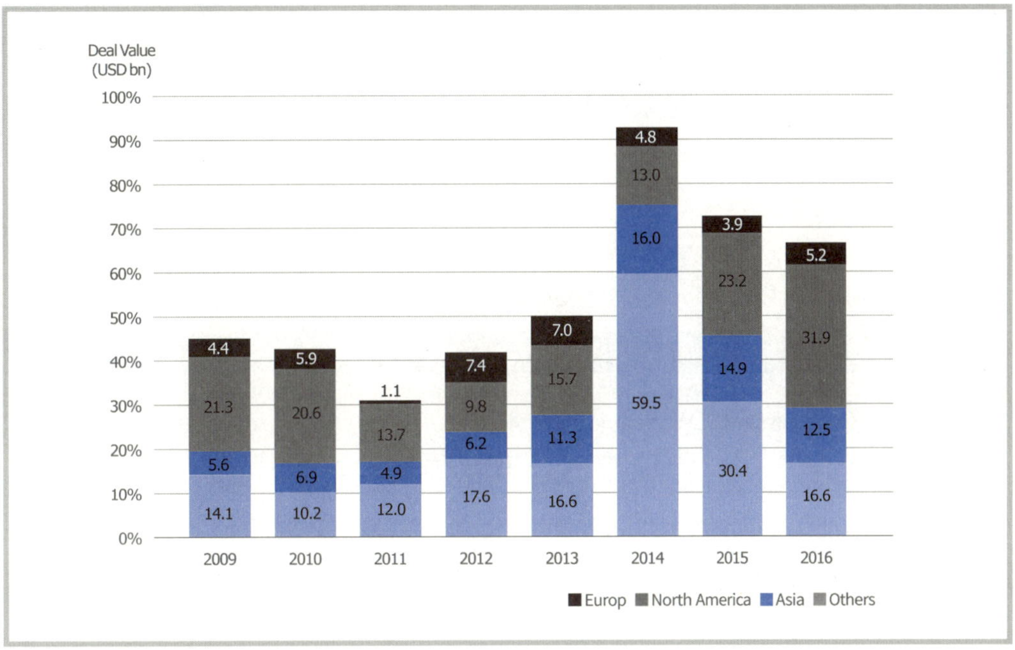

국내 기업들이 후발주자인 아프리카, 중남미와 같은 신시장의 경우 초기에 시장에 진입하기 위해서 현지 여건을 잘 파악하고 있는 기업을 인수하는 것도 선택 가능한 방법이다. 다만 M&A 실패가능성도 높기 때문에 인수 전 현지 시장에 대한 충분한 사전조사와 현지 전문가의 도움을 통해 신중하게 접근하는 전략이 필요할 것으로 보인다. 우리 건설기업들도 몇 차례 해외 인수 · 합병을 추진한 바 있으나 그 사례는 소수에 불과한 실정이다.

삼성물산이 2013년 영국의 LNG 저장탱크 및 인수기지 설계 전문기업인 Whessoe사를 인수하여 LNG관련 설계역량 향상을 통해 EPC 수행역량을 확보한 사례가 있었다. 하지만 포스코 건설은 중남미 시장 입지강화를 위해 2011년 에콰도르 최대 플랜트 시공업체인 SANTOS CMI를 인수하였으나 영업부진이 지속되면서 최근 구조조정을 통해 매각하는 사례가 있었으며, GS건설 역시 세계 10위 수처리업체인 Inima를 인수하여 유럽, 아프리카 등 해수담수화 시장에 진출했으나 큰 실익을 거두지 못하고 최근 매각추진중이다. 이와 같이 공격적인 M&A전략이 우리 기업들이 당면하고 있는 수주부진을 타개할 수 있는 해결책만은 아니라는 것이다.

그럼에도 세계적인 추세로 볼 때 신흥시장 진출을 준비하는 국내 건설기업의 M&A는 필요성이 더욱 높아질 것으로 보인다. 중남미 시장의 경우 브라질 건설기업들을 M&A 대상으로 보는 견해도 제시되고 있다(대외경제정책연구원, 2016). 최근 브라질 기업들이 페트로브라스 스캔들 연루되어 재정적으로 어려운 상태이기 때문에 많은 지분매각이나, 프로젝트 매각 등을 추진하고 있기 때문이다. 따라서 국내 기업이 중남미 시장 진출을 위해 M&A를 추진할 수 있는 적기이며, 리스크를 고려하여 단독 인수보다는 제 3국 기업과 공동 인수하는 방안을 모색할 필요성이 있다는 것이다. 하지만 국내 기업의 M&A는 아직 실적이 미미하기 때문에 현지 시장 진출을 위해 중소규모의 기업부터 M&A를 검토하는 방향이 적합한 것으로 분석된다.

표 41. 국내 건설기업의 현지기업 M&A 성공 및 실패사례

국내 건설기업의 현지기업 M&A 성공 및 실패사례
● 성공사례 : 삼성물산의 영국 Whessoe 인수합병 • 삼성물산은 2013년 영국의 액화천연가스(LNG) 저장시설 설계회사인 웨소를 인수하여 LNG관련 설계역량을 향상시켜 EPC 독자수행역량을 확보함(200억원 추정) • 웨소는 1790년에 설립돼 전세계 LNG 시설 기지의 10%를 설계한 세계적인 업체였음 • 2014년 말레이시아 페트로나스 가스(PETRONAS Gas Berhad)가 발주한 LNG 터미널 건설공사를 수주하였으며, 삼성물산이 인수한 웨소가 LNG 저장탱크 설계를 맡아 협업수행 • M&A를 통해 LNG 저장시설 분야 글로벌 기업으로 도약할 수 있는 계기 마련 **● 실패사례 : 포스코건설의 에콰도르 SANTOS CMI 인수합병** • 포스코건설은 2011년 중남미 시장확대를 위해 에콰도르 플랜트 시공업체인 산토스CMI를 인수합병함 • 산토스 CMI는 40여 년간 중남미 18개국에서 150여 개 사업을 수행하는 등 에콰도르 제1의 EPC업체로 인수 이후 상당한 시너지 효과를 발휘할 것으로 기대함 • 하지만 인수 이후 손실 규모만 532억 원을 기록했으며, 페루 법인은 지난 2년간 400억 원을 웃도는 손실을 기록함 • 2014년부터 구조정을 통해 산토스 CMI 산하 법인들을 모두 매각

우리 기업의 외국기업 M&A실적은 부진한 가운데 중국기업들은 선진 시장 진출을 위한 인수·합병 및 투자에 적극적인 양상을 보이고 있는 실정이다. 중국 기업들은 적극적인 M&A를 통해 사업 영역의 확대와 해외 생산 능력 향상, 조달 역량 강화, 제조 원가 절감 등 글로벌 경쟁력을 강화하고 있다. 중국 기업들의 전략은 자체 기술력 강화보다는 비즈니스 역량을 활용하는 측면이 강한 것으로 평가되고 있다. 다만 이와 같은 중국 기업들의 적극적 행보는 중국 중앙정부의 강력한 지원을 받는 국영 기업이라는 특성에 기인한 것으로써 우리 기업들의 여건과 상이한 부분이 있다. 또한 중국 기업들의 M&A자금 중 절반 수준이 대출

에 의존하고 있어 불안한 측면이 있다. 우리 기업들도 외국 기업에 대한 M&A 추진시 이를 통한 우리기업의 경쟁력 강화 영역 및 자금 역량을 감안하여 신중하게 접근할 필요성이 있다고 판단된다.

표 42. 중국 기업들의 선진국 기업 인수 · 합병의 효과

자료 : 한국건설산업연구원(2016)

기업 역량 강화 측면	진출 시장 확대 측면
■ 선진 기업의 설계 및 시공 기술 확보 ■ 선진 기업의 조직운영 및 관리 역량 학습 ■ 생산 능력 향상 및 제조 원가 절감	■ M&A 대상국 건설시장 진출 ■ 해당국 시장에서의 용이한 현지화 달성 ■ M&A 대상 기업의 기존 네트워크 흡수 ■ Supply Chain 확장

마. 현지화로 네트워크 구축

PPP사업은 사업기간도 많이 소요되는 경우가 많지만 준비기간도 최소 3년에서 5년정도가 소요될 정도로 긴 편이며, 투자금액도 큰 편이다. 이와 같이 장기간의 기간과 비용이 소요되는 PPP사업의 수주를 위해서는 현지 네트워크 구축이 무엇보다 중요한 요인이다. 이러한 부분은 개발도상국일수록 더 많은 비중을 차지한다. 특히 현지 정부, 현지 기업, 현지 주민과의 네트워크가 중요하다,

개발도상국 공무원의 경우 한국 기업이 자국의 인프라 사업 수주를 위해서 가장 중요한 요인으로 정부와의 관계(government relations)를 언급한 바 있다. 따라서 단순히 온라인을 통해 프로젝트 정보를 입수하여 사업을 개발하는 과정은 현실적으로 수주가능성이 낮을 수밖에 없으며, 현지 고위급 실무자와의 네트워크 형성을 통해 고급정보를 수집할 수 있어야 한다는 것이다.

이러한 관점은 국내 기업뿐만 아니라 정부 간의 관계에서도 유효하다는 입장이 다. 즉 우리 정부차원의 건설외교가 강화되어야 한다는 것이다. 개발도상국은 대체로 인프라 수요가 높지만 정부재원으로 추진하기 어려운 사업들이 많기 때문에 계획에 제시된 사업들이 이행되지 않을 가능성이 높은 편이다. 따라서 정부 간의 협력을 통해 대규모 사업들이 가속화 될 수 있다는 의견으로 볼 수 있었다. 또한 네팔 공무원은 현지에서 저가입찰로 수주하고 있는 중국 기업과 현실적으로 경쟁이 어렵기 때문에 한국 기업이 수주경쟁력을 가지려면 현

지 정부와의 관계가 더욱 중요하다는 견해를 제시한 바 있다.

개발도상국에서는 정부와의 관계뿐만 아니라 현지 유력 업체와의 네트워크도 중요한 요인이다. 동남아시아 시장의 경우 지리적으로 인접한 중국, 인도의 업체들이 경쟁력이 높은 편이기 때문에 국내 기업이 유능한 현지 업체를 선정하여 대응하는 방안이 모색될 수 있다. 아프리카 시장에서도 현지 업체의 역할이 매우 중요한 것으로 의견이 제시되었다. 케냐의 경우에는 외국기업의 프로젝트 수행 시 공식적으로 현지 업체가 참여하도록 되어 있으며(최소 30%), 현지 업체와 합작 또는 하청계약 시 우대조항이 있다. 또한 정부가 자국 기업의 역량을 강화를 위해 기술전수를 장려하고 있다는 점도 고려해야 한다.

개발도상국 사업에서는 현지 주민과의 관계도 중요한 사안이다. 과거 아프리카에 진출한 중국 기업들이 현지화에 소홀하고, 현지 근로자들에게 과도한 모습을 보이면서 불리한 여론이 형성되었던 사례가 있었다. 칠레의 경우에는 환경 및 안전관련 이슈에 대해 민감하기 때문에 대규모 프로젝트에 대한 지역 사회의 민원이 제기될 경우 투자기업의 큰 손실이 우려된다. 즉 기업들이 이윤추구 이전에 지역사회에 대한 관계를 형성하는 과정도 중요시 고려해야 한다는 것이다. 이와 같이 국내 기업들이 다양한 현지 정보를 수집하고, 원활한 사업수행을 위하여 유능한 현지 기업 확보나 지사 설립을 통해 체계적으로 사전조사를 실시하고, 현지 네트워크를 구축하는 노력이 요구된다.

바. 유망사업 분야 강화 · 확대

우리나라는 플랜트 공종에 편중된 수주구조에서 지속적으로 공종다각화를 시도하고 있으나 아직 큰 성과가 나타나지 않고 있다. 일부 국내 기업들이 다양한 공종으로 사업영역을 확대하고 있는 것으로 나타나고 있지만 전반적으로는 여전히 미비한 수준이다. 국가별로 다르게 나타날 수 있지만 국내기업의 해외진출 유망사업 분야로 거론되고 있는 공종은 담수화플랜트, 원자력플랜트, 환경플랜트, 신도시개발(스마트시티), 초고층빌딩 등이다. 또한 국내기업들의 기술경쟁력이 갖춰진다면 그린에너지플랜트 분야도 높은 파급효과가 나타날 수 있을 것으로 예상된다(최석진 외, 2009).

최근 유망사업 분야로 활발하게 거론되고 있는 분야는 스마트시티 분야이다. 특히 스마트시티는 정부에서도 해외건설 유망 수출상품으로 정부의 관심이 높은 편이다. 이에 쿠웨이트, 볼리비아 등 곧 착수될 사업들은 우리나라의 스마트시티 구축기술이 적용될 수 있도록 현지 정부와 협의하고 이를 적극 홍보하는 방안에 대하여 논의되고 있는 실정이다. 2017년 기준 세계 스마트시티 시장 규모는 4,246억 달러에서 2022년 1조 2,016억 달러로 급격하게 성장할 것으로 전망되고 있다(marketsandmarkets, 2017). 시장규모가 급속하게 확대되고 있는 추세에서 중동 플랜트 등 주력시장의 실적부진으로 어려움을 겪고 있는 국내 기업들은 스마트시티 구축기술을 통해 신시장을 진출기회를 가질 수 있을 것으로 전망되고 있다. 국토교통부에서 추진하고 있는 '한국형 스마트시티 해외진출 확대 방안'은 그림 50과 같다.

그림 50. 해외도시 및 SOC개발 협의체 업무구조

자료 : 국토교통부 보도자료, 제10차 무역투자진흥회의 '한국형 스마트시티 해외진출 확대 방안'

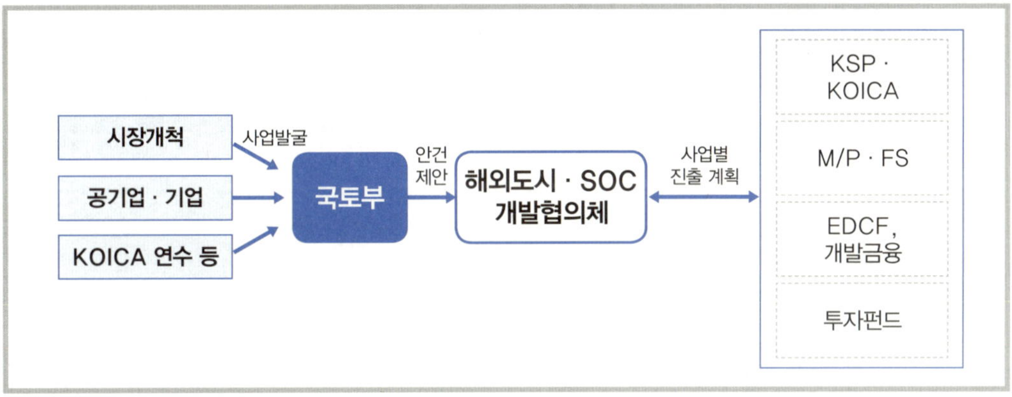

한국형 스마트시티(K-Smartcity) 모델은 도시개발 노하우와 스마트그리드, 지능형교통시스템(ITS), 해수담수화 등 다양한 요소기술을 적용한 패키지 수출 유망 분야로써 진출 국가의 지역적 특성이나 경제발전 단계, 도시개발 유형에 따라 차별화된 진출방식과 특화된 기술력으로 해외시장을 공략하고자 하는 전략이다. 특히 정부, 공기업, 민간기업, ECA 등 다양한 기관 및 기업들이 참여하는 해외도시 · SOC 개발 협의체를 통해 신규 사업 발굴 제도와 금융지원 간 연계도 강화할 계획이다. 또한 WB, IDB 등 다자개발은행과의 협력을 통해 신시장 진출기회가 늘어날 것으로 기대되고 있어 민관협력 체계를 더욱 공고히 할 필요성이 있다.

한편 해외건설 분야에서 지속가능한 공종으로 주목받고 있는 분야는 신재생에너지 분야이다. 최근 신재생에너지가 대두된 배경에는 과거 교토체제보다 구속력이 높은 새로운 기후변화체제가 2020년부터 등장할 예정되면서 온실가스 감축에 대한 세계적인 공감대가 형성되고 있다는 점에 있다. 이러한 시점에서 신재생에너지의 발전단가 하락에 따른 가격경쟁력 확보가 전 세계 발전산업의 패러다임 전환을 가속화하고 있다. 아래 그림 51과 같이 2016년 세계 신재생에너지 투자액은 전년대비 21% 감소한 2,436억 달러로 신규 설치량은 2015년과 비슷하였으나 기술발전에 따른 태양광 제품가격하락으로 투자액은 소폭 감소하는 추세를 보였다.

그림 51. 세계 신재생에너지산업 투자 동향

자료 : 한국수출입은행(2017)

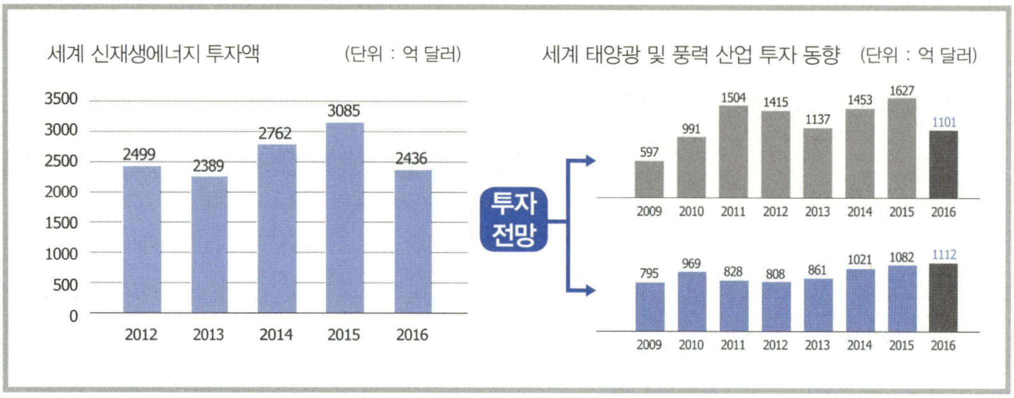

향후 플랜트 분야에서 신재생에너지의 비중은 커질 것으로 예상되며, 상대적으로 화력발전 수요가 축소되어 우리나라 플랜트 수주에 부정적인 영향을 미칠 가능성도 상존한다. 따라서 국내 기업들이 빠르게 변화하고 있는 신재생에너지 분야 해외시장 변화에 얼마나 적응할 수 있는지 여부가 관건이다. 특히 신재생에너지 시장 진출을 위해서는 사업발굴부터 개발, 운영 및 금융조달까지 책임질 수 있는 종합적인 역량확보가 시급한 것으로 보인다. 또한 신재생에너지 프로젝트에 대한 해외 진출을 위해 정부 차원의 수요기반 조성이 추진되어야 할 것이라 판단된다. 또한 국내 기업들이 금융조달을 위해 일정 수준의 신용등급이 필요하다는 점에서 협상력과 금융지원을 주도할 관련 분야 개발공사 설립에 대한 논의도 제기된 바 있다.

그림 52. 요르단 풍력사업 사례

자료 : 한국수출입은행(2017)

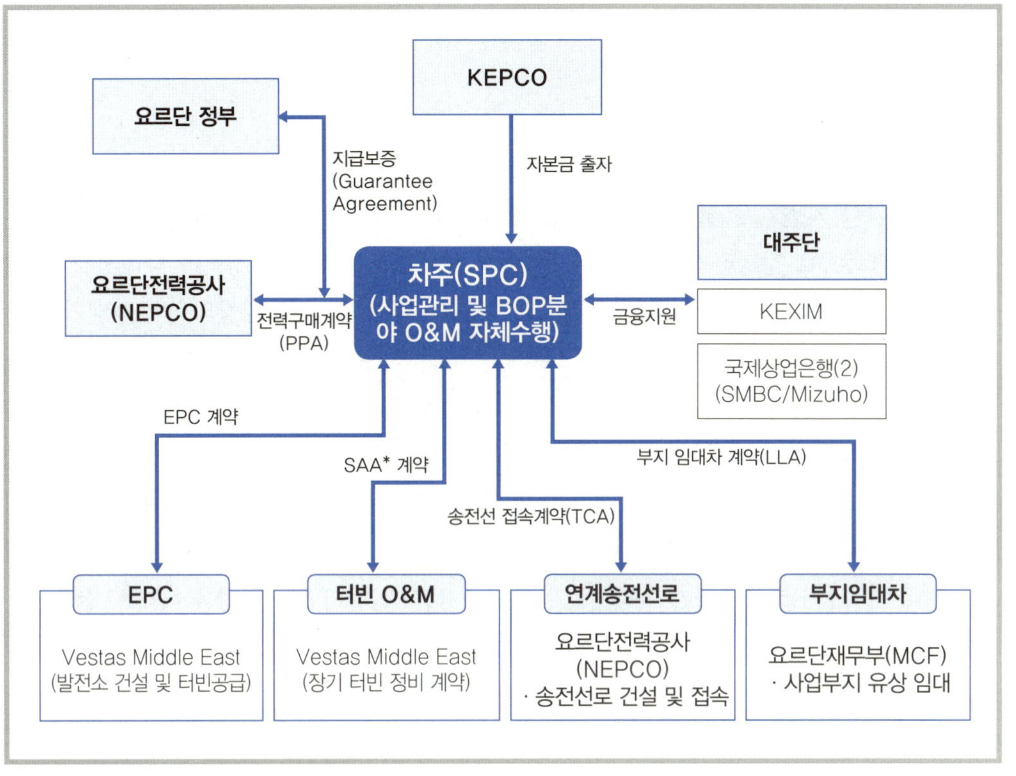

신재생에너지 분야 PPP사례는 위 그림 52와 같이 한전이 요르단 푸제이즈(Fujeij) 지역에 89.1MW 규모의 풍력발전소를 20년간 BOO 방식으로 운영하는 사업이 있다. 한전은 2010년 입찰 공지가 난 이후 7년이 지나서 공사에 착수하게 되었으며, 요르단전력공사와 20년간 전력구매계약을 체결하였다. Vestas사는 풍력터빈 주요설비 EPC방식으로 공급하기로 하였다(약 1.5억 달러 규모, 공사기간 23개월). 특히 풍력단지 건설은 터빈 업체에서 시공까지 맡아서 하는 경우가 대부분으로 국산 터빈이 없는 상황에서 EPC분야 진입보다는 사업개발 부분으로 진입이 현실적이라고 판단된다. 즉 신재생에너지 분야는 사업방식 부분에서 기존의 발전 플랜트 사업 진출과는 다른 전략 수립이 필요하다는 것이다.

사. 해외건설지원기구 설립

1) 해외건설 지원기구의 필요성

최근 국토교통부는 관련부처와 함께 수주실적 부진을 겪고 있는 국내 기업들을 지원하기 위한 해외건설 지원기구 설립을 추진하고 있다. 세계건설시장의 패러다임 변화에 따라 민간기업이 단독으로 경쟁하기에 어려운 구조에서 국내 기업의 수주경쟁력을 증대시킬 수 있는 해외건설 지원기구의 필요성은 꾸준히 제기되어 왔다. 세계건설시장의 발주형태가 직접 사업을 발굴하여 개발하는 투자개발형으로 변화하고 있는 추세에서 민관협력을 통한 경쟁력 강화방안이 요구되고 있는 것이다. 중국이나 일본과 같이 국가적으로 대대적인 금융지원이 어려운 상황에서 민관협력으로부터 조성된 자본조달능력과 협상력을 바탕으로 민간금융기관에게도 공동투자기회를 제공함으로써 시너지 효과를 거둘 수 있기 때문이다. 그럼에도 2016년 우리나라의 해외건설 수주액에서 PPP사업의 비중은 0.3%에 불과할 정도로 저조한 수준이며, 이를 극복하기 위해서는 정부, 공기업, 민간기업의 역량을 하나로 집중하는 주체가 필요한 실정이다. 해외건설 지원기구 설립은 국가대항전 양상으로 나타나고 있는 해외건설 수주경쟁에서도 수익성 높은 프로젝트에 투자할 수 있는 기반을 마련하기 위해 필요한 사안이라고 볼 수 있다. 해외건설 지원기구가 현지 정보를 파악하여 사업을 직접 발굴하고, 상대국 정부와의 협상 창구 역할도 맡아 수주가능성을 높일 수 있으며, 사업구상 · 자금지원 · 기술자 파견 · 시공 · 관리까지 패키지 형태로 지원하여 국내 기업이 투자개발형 사업에 참여할 수 있는 기반을 마련할 수 있다.

한편 이전까지 국내 기업들은 공사수주에 필요한 금융조달역량을 강화하기 위해 민간금융 활용의 필요성을 인식하고 있었으나 금리, 보증문제 등이 걸림돌이 되었으며, 특히 중견 이하 기업에서는 부담이 더 큰 편이였다. 리스크가 높은 해외건설사업에 대한 금융권의 부정적인 인식이 자리 잡고 있는 가운데 신용도 면에서 우수하지 못한 중견 이하 기업들의 보증지원이 현실적으로 어렵기 때문이다. 국토교통부(2012)의 「해외건설 전담 금융기구 설립 타당성 검토 연구」에 따르면 대기업은 보증수수료, 조달금리 등 금융조건 확보나 투자자금 지원이 시급하며, 중견 이하 기업들은 보증서 발급문제 해결이 시급한 것으로 나타났다. 이와 같이 보증발급에 큰 어려움을 인식하고 있는 중견이하 기업들의 해외건설사업 수주 확대를 위해서는 보증문제 해결이 정책적으로 매우 시급한 상황이다. 2016년 해외건설수주액 282억 달러 중 76%에 달하는 216억 달러가 상위 10개사가 수주한 금액일 정도로 대기업 편중현상이 지속되고 있는 상황은 이와 무관하지 않다. 현재 우리나라는 한국수출입은행과 한국무역보험공사 등 정부차원의 노력에도 불구하고 금융조달역량의 한계로 사업수주에 실패하는 사례가 빈번하게 나타나고 있다. 따라서 우리나라도 해외건설 금융환경에 걸맞은 수준의 지원체계 확보하기 위해 전문적인 해외건설 지원기구가 필요한 시점이다.

2) 해외건설 지원기구 벤치마킹 사례

가) 일본 해외교통 · 도시개발사업 지원기구(JOIN)

일본 정부는 2020년까지 해외 인프라 수출을 30조엔으로 확대하기로 하는 등 이미 해외 인프라 시장의 중요성을 오래전에 인식하고 국제협력은행(JBIC)이나 국제협력기구(JICA) 등 다양한 지원기구를 운영하였다. 하지만 해외교통 · 도시개발사업 지원기구(JOIN, Japan Overseas Infrastructure Investment Corporation for Transport & Urban Development)를 설립함으로써 해외 인프라 및 도시개발 시장 진출에 대한 적극적인 의지를 더욱 강화하고 있다.

JOIN은 2014년 일본 국토교통성 장관의 허가에 따라 해외 인프라 투자에 특화된 투자회사로 설립되었으며, 이는 일본의 국토교통성 주도로 17개의 민간 기관과 합작설립 형태이다. 특히 정부가 전체 주식의 50%를 상시 보유하고 주식회사에 일본 기업법 규정의 기업통치제도(corporate governance)를 적용하고 있다. 주된 설립 목적은 해외교통, 도시개발사업의 건설 및 운영에 관심이 있는 자국 기업에 대한 출자와 전문인력 파견, 진출국 정부와의 협상 창구역할을 맡고 해외에 진출한 교통 · 인프라 · 도시 관련 자국 기업이 안정적으로 사업을 진행할 수 있도록 지원하는 것이다. 총 예산은 민간 54억 엔, 정부 54억 엔으로 총 108억 엔(약 1,100억원 수준)의 출자로 설립되었으며, 2014년 정부출자 585억엔, 정부보증 510억엔으로 약 1조 원에 해당하는 규모의 정부지원을 계획하였다.

JOIN의 주요 업무는 일본 기업과 현지 기업에 자금을 융통, 기술자 파견, 현지 정세 파악 및 정보를 제공하고 사업 참여에서 사업구상 · 시공 · 관리까지 아우르는'패키지형'사업을 현지 진출국가에 제안하는 것이며, 설립목적은 수주 협상에서 정부 대표로 참여하여 자국 기업이 수주할 수 있는 환경을 조성함으로써 민관의 협력을 통해 아시아, 아프리카, 중남미 등에 투자하는 것이다.

JOIN은 2016년 기준 CEO와 CFO, 국토교통성 파견 직원, 민간 전문가 등 45명의 직원들로 구성되어 있으며, 국토교통성 이외의 참여기관들은 JOIN의 사업과 관련성이 높은 협회나 공기업이 주를 이루지만 이들은 단순한 주주로 개별 프로젝트 선정 등의 업무에는 개입하지 않는다(해외도시개발지원센터, 2017).

그림 53. JOIN 구조

자료 : 조진철(2015)

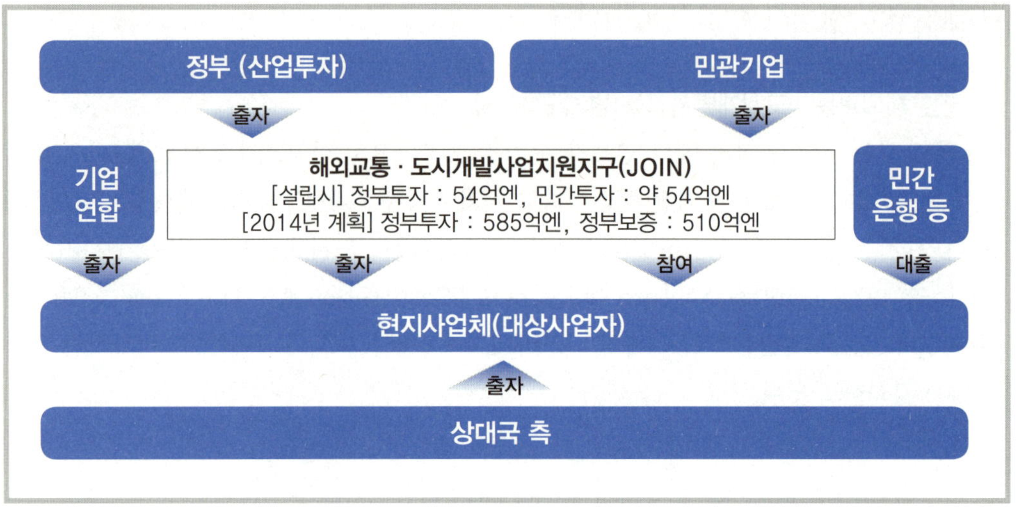

JOIN의 특징 중에 하나는 주요 지원대상 사업을 정할 때 수익성 원칙에 충실하다는 것이다. 우리나라 해외건설의 경우 주로 인프라 개발에 비중이 높은 경향이 강한데 비해 JOIN의 지원대상 사업은 인프라 개발에 한정되지 않는다. JOIN의 주요 지원대상 사업은 교통인프라 시설의 운영 또는 유지 관리를 실시하는 사업, 운송사업, 주차장 서비스, 이용료의 징수 및 유지관리 사업 등 건설보다는 고부가가치인 주로 운영에 관련된 사업에 투자 지원한다는 것이다. 마찬가지로 고부가가치 도시개발 사업의 경우 주택, 호텔, 상업시설 등에 대한 건설 및 분양, 임대 등 수익성을 확보할 수 있는 사업에 지원한다는 것이다. 또한 교통사업과 도시개발 사업을 지원하는 교통시설 대여, 유지관리 등 지원사업, 도소매 및 숙박업 등 부대사업, 운영 및 시설정비 등 사업에도 지원함으로써 직접적인 당해 사업 뿐만 아니라 중소기업이 주로 참여하게 되는 부수적인 사업에도 지원함으로써 일본 중소기업의 해외진출을 지원하고 있다.

JOIN의 투자과정은 아래 그림 54와 같이 총 4단계로 이루어져 있으며, 1단계 후보안건 구체화, 2단계 사업화검토, 3단계 1차 심사와 최종 단계의 2차 심사로 구분된다. 1단계 후보안건 구체화에서는 안건접수를 시작으로 정보수집 및 초기검토 현지조사가 진행되며, 2단계에서는 사업계획 검토를 진행한다. 1차 심사단계에서는 심사를 통해 수익성 및 리스크

분석 등 전반적인 사업 조사를 진행하며 2차 심사단계에서 2차 종합실사 및 지원내용 결정으로 국토교통위원장 허가에 의해 지급을 결정한다.

그림 54. JOIN 투자의사결정과정

자료 : 조진철(2015)

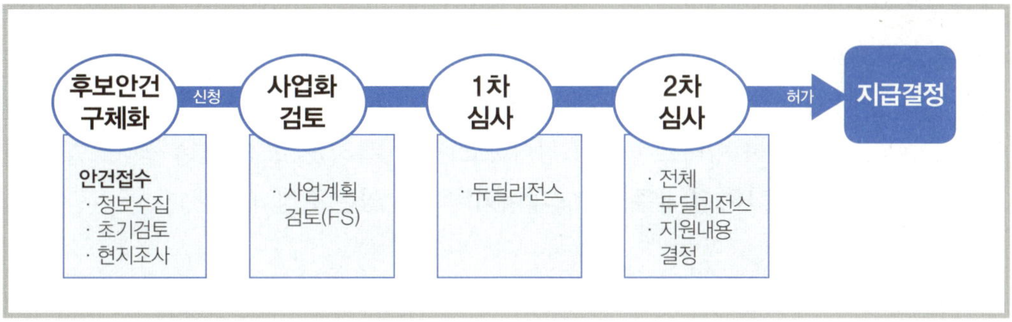

특히 JOIN은 투자의사 결정시 현지 조사와 상대국 정부 및 현지 파트너사와의 협상을 중요시하는데 이 때 가장 우선적으로 고려하는 사항은 후속 사업기회의 확대와 전·후방 혹은 연관 산업으로의 확장가능성이다. 이는 JOIN이 일본 기업이 참여하는 프로젝트에 지원하는 것을 주요 목적으로 하고 있기 때문이다.

현재 해외 인프라 시장에서 일본 기업들이 높은 성과를 내고 있는 것은 자금력과 금융조달능력을 갖춘 일본 종합상사가 사업 발굴을 선도하고, 건설사들이 이를 따라가는 형태로 이루어지고 있기 때문이다. 하지만 이러한 좋은 조건에도 불구하고 정부주도의 JOIN을 설립한 것은 정부가 해외 인프라 시장 진출 분야에서 주도적 역할을 하겠다는 강력한 의지를 나타낸 것으로 보인다. 아래 표 43은 JOIN의 주요 투자사례이다.

표 43. JOIN의 투자사례

자료 : 해외도시개발지원센터(2017)

진출국가	사업명	승인일	투자금액	주요내용
베트남	Thi Vai 항만터미널 관리 및 운영사업	2015.10.27	20.5 억엔	일본의 항만회사(타츠미 상회)가 베트남 터미널 운영에 첫 진출한 사례
미국	텍사스 고속철도사업	2015.11.21	49억엔	달라스와 휴스턴을 연결하는 고속철도(385km) 프로젝트로 신칸센 기술 적용
브라질	도시철도사업	2015.12.9	56억엔	리우데자네이루, 상파울로 등 지하철과 LRT사업(일본 첫 해외철도운영 진출사업)
미얀마	도시개발사업	2016.7.12	20~40 백만달러	미쯔비시 그룹과 미얀마 양곤에 랜드마크 건물 건설
인도네시아	자카르타 교외지역 복합용도 도시개발 사업	2016.10.27	최대 34 억엔	자카르타에서 25km 북서쪽에 위치한 Bumi Serpong Damai 시에 6천 ha 도시개발(일본 철도회사의 인도네시아 첫 진출사례로 일본의 전문가와 경험 전수를 통해 향후 사업기회 확대)

나) 프랑스 EGIS

유럽에서는 외형적으로 개별기업의 해외진출과정에서 정부차원의 지원이 없는 것 같아 보이지만 실제로는 정부의 지원이 해외진출에 핵심 경쟁력으로 작용하고 있다. 프랑스의 EGIS는 프랑스의 국영은행(Caisse des Depots)과 Losis Partenaires[42]가 각각 75%, 25%의 지분을 투자하여 2007년 설립된 기업으로서 있으며, 프랑스 내에서 건설 및 엔지니어링 분야에서 최고로 인정받고 있는 기관이다. EGIS는 프랑스 국영은행에 75%의 지분이 있기 때문에 안정된 자금력을 기반으로 PPP사업에 적극적으로 참여하고 있으며, 주로 대상국의 양허사업이나 지분 투자 형태로 활발히 참여하고 있다. 특히 EGIS의 높은 신용도를 통해 개발도상국의 현지 MDB재원 발주사업도 많이 수주하고 있는 실정이다.

EGIS는 현지 컨설팅 및 엔지니어링 사업수행뿐 아니라 전 세계에 진출해있는 자회사들이 디벨로퍼로서의 역할까지 수행할 수 있도록 지원하여 진출지역을 점차 확대하고 있다. 특히 교통시설 부문에서 사업의 전 생애주기를 고려한 엔지니어링 컨설팅 및 시설물의 운영관리 서비스를 제공하는 차별화 전략을 전개하고 있다. 또한 도로, 공항건설을 위한 민관협력사업, 정부 및 민간발주 사업 등 다양한 재원을 활용하여 해외사업을 수행하고 있으며, 이후 시설물의 운영관리까지 프로젝트 전 단계를 고려한 통합 솔루션 서비스를 제공하고 있다.

EGIS의 사업 분야는 엔지니어링 부문(교통시설 및 수자원, 일반건축 등), 운영관리 부문(교통시설), 지하사업서비스 부문으로 구성하여 사업을 수행하고 있으며, 엔지니어링 부문은 전체매출액의 85%로 절대적인 비중을 차지하고 있다. 교통시설 부문에 특성화하여 사업을 수행하고 있으나 특정 사업 분야에 지나치게 의존하는 것을 피하기 위하여 수자원, 건축 등의 사업도 수행하고 있다. 글로벌 엔지니어링 업체로서 EGIS의 사업 특성은 다음과 같다.

첫째, 신시장 진출확대를 통한 리스크 관리이다. EGIS는 전 세계 3개 권역에서 8개의 자회사와 5개의 해외지사를 운영하고 있으며, 유럽(17%), 중동 및 아프리카(15%), 아시아(10%) 지역에 중점을 두고 사업을 수행하고 있다. 국내매출액이 54%로 가장 큰 비중을 차지하고 있지만 언어권, 문화권이 유사한 권역(유럽, 아프리카 등)에 선 진출하여 경쟁력 확보하고 있다. 특히 전 세계 100개 이상의 국가에서 인프라 분야의 컨설팅과 엔지니어링 서비스를 제공하면서 특정시장에 의존성을 낮춰 리스크를 관리하고 있다.

42) 우리사주조합

둘째, 전략적 M&A를 통한 사업영역 확대이다. 2006년 설립된 EGIS는 진출 사업 분야의 관련기업에 대한 지속적인 M&A를 통해 내실을 강화하고 있으며, 이를 통해 다양한 사업포트폴리오 개발과 신규시장 진출을 통해 사업영역을 확대해 나가고 있다. 이와 같은 전략적 M&A를 통한 성장전략은 세계건설시장에서 EGIS의 입지를 더욱 견고하게 하였으며, 장기적 관점에서 수익성을 강화시켜 줄 것으로 전망되고 있다.

셋째, EGIS는 다양한 재원을 활용하여 해외사업 수주 확대하고 있다. MDB(WB, ADB, EBRD, EIB, AfDB), Untied ODA(OECD-DAC국가), PPP사업, 국가재정 및 민간발주사업 등 다양한 재원을 활용하여 사업을 수행하고 있으며, ADB와 같은 자금을 통해 중 · 소규모 이상의 사업을 수행한 경험이 있기 때문에 AfDB, EBRD, EIB와 같이 특정지역의 개발을 지원하는 MDB자금을 활용할 수 있는 여력이 충분하다.

이와 같이 EGIS는 외형적으로 주식회사 형태로 보이지만 지분구조에서 나타난 바와 같이 정부의 공적금융을 활용하여 설립한 공사의 형태로 볼 수 있다. 프랑스 정부는 공적금융을 바탕으로 높은 신용도를 보유한 EGIS를 통해 자국 기업들이 해외진출 시 가장 큰 제약요인으로 인식하고 있는 금융조달문제를 효과적으로 해결하고 있는 것이다(해외건설협회, 2014). 특히 EGIS가 PF나 지분투자 형태로 투자개발형 프로젝트를 적극적으로 추진하고 있다는 점은 현재 해외건설전담공사 설립을 추진 중인 우리나라에 있어서 벤치마킹 요소로 볼 수 있다.

다) 카타르 Nebras Power & 사우디 ACWA Power

카타르 Nebras Power는 2014년에 카타르 도하에서 설립된 에너지기업으로서 해외건설 인프라에 수익성 높은 투자를 하고 있으며, 특히 수전력 등 다양한 에너지 인프라에 중점을 두고 있다. Nebras Power는 해외 에너지 관련 인프라 자산 투자를 목적으로 10억 달러 규모의 에너지 펀드를 조성하여 2013년 5월에 설립되었으며, 카타르 수 · 전력회사(Qatar Electricity and Water Company), 카타르 홀딩(Qatar Holding), 카타르 국제석유(Qatar Petroleum International), 3사가 각각 60%, 20%, 20%의 지분으로 설립되었다.

카타르 에너지 펀드는 해외에서 전력 발전, 담수화 및 수처리, 가열 및 냉각 시스템, 연료 공급, 연료 장착 및 탈착 장비 등의 부문을 대상으로 투자하고 있으며, 에너지 부문에 대한 카타르 국부펀드의 해외투자는 정부부처인 카타르투자청(Qatar Investment Authority), 카타르 에너지 펀드의 운영기관인 카타르홀딩(Qatar Holding), 카타르홀딩스의 자회사인

Nebras Power의 정책적·법률적 · 기술적 검토를 토대로 결정되는 구조로 이루어져 있다.

Nebras Power의 주요 사업분야는 Greenfield 및 Brownfield의 대규모 전력 및 담수화 프로젝트 개발이며, 지역 냉난방에 대한 관심과 전력 프로젝트, 수처리 플랜트, 연료 공급, 발전과 관련된 설비, 담수화, 수처리 프로젝트 등에 연료 공급을 위한 LNG 처리 시설을 구축에 관한 사업도 진행 중에 있다. 최근에는 국제유가 하락으로 인한 카타르의 계속된 원유생산량 감소 속에서 Nebras Power는 파트너사인 Dianmond Generating Europe사, Kawar Group사와 공동으로 요르단 샴스마안 태양광 발전 프로젝트에 대한 금융조달에 합의하는 등 신재생에너지 분야에 본격적으로 투자하고 있다.

사우디의 ACWA Power는 2004년 사우디 재벌기업들이 공동으로 설립한 에너지기업으로서 중동 및 아프리카 지역 10개국에서 전력사업에 투자하고 있으며, 사우디에서 발주된 민자발전 · 담수사업 8개 중 6개를 수주하는 등 중동지역 민간발전 프로젝트의 절반 이상을 담당하고 있다.

ACWA Power는 2002년 사우디 정부가 전기 생산을 개방하고 민영화하기 위해 민간 부문에 전력을 공급하여 사우디에서 민간 부문의 역할을 확대하기로 결정하면서 설립시도가 이루어졌으며, AEDA그룹과 MADA그룹이 합병하여 2004년 설립되었다. ACWA Power는 삼성물산과 컨소시엄을 구성하여 사우디전력공사가 발주한 21억 달러 규모의 세계 최대 화력발전소인 쿠라야 가스복합화력발전소 건설 · 운영사업권을 수주한 사례가 있다.

3) 우리나라 해외건설 전담기구 설립추진 경과

우리나라는 해외건설 사업에 대한 정책금융 기능이 수출입은행, 무역보험공사, 한국투자공사를 비롯한 여러 기관에 분산되어 있어서 지원에 한계가 있으나 선진국들은 정부차원의 지원을 통해 효과적으로 대응하고 있다. 이에 우리나라도 PPP전담 지원기구를 설립할 필요성이 제기되어 왔으며, 국토교통부는 2016년 말부터 해외건설 전담 지원기구 설립을 본격적으로 추진하였다. 해외건설 전담공사가 설립될 경우 현재 분산되어 있는 해외건설 지원사항을 국토교통부 장관이 총괄하게 되어 효과적인 지원이 가능할 것으로 전망되고 있다. 특히 정부가 마련한 해외건설 · 플랜트 수주선진화방안은 정부의 해외건설 진출에 대한 지원의지로 볼 수 있으며, 정책금융기관의 지원규모 확대, 각종 연기금 등을 해외건설분야에 투자할 수 있는 근거를 마련하는 등 다양한 후속조치로 이어져 왔다. 이와 같은 노력을 바탕으로 2017년 9월 국회 국토교통위원회에서는 해외 인프라 도시개발지원공사 설립 근거를 담은 '해외건설촉진법 개정안'이 통과되었다. 개정안에 따르면 공사는 해외 사업 발굴 · 개발, 금융지원, 국제협력 사업을 총괄하게 된다. 예정된 공사 자본금은 5,000억원으로 정부, 공공기관, 금융기관이 출자할 예정이다. 해외건설 전담기구 설립은 정부가 분산되어 있는 해외건설 지원정책을 통합하는데 의미가 있으며, 간접적인 보조금 지원형태의 현행 지원제도에서 나아가 프로젝트의 전 단계를 통합적으로 지원할 수 있을 것으로 보인다. 특히 ODA 집행기관들과의 협업이 훨씬 효율적으로 이루어질 수 있어서 국내 기업의 해외진출 활성화에 기여할 것으로 전망되고 있다.

해외건설

알고 도전 하라

新 전략지도 보고서

V. 중점분석 국가별 진출 전략

1. 국내기업의 진출 방안과 경쟁력

2. 세부전략 수립 방법과 과정

3. 세계 건설시장의 중심 '아시아'
   가. 인도네시아
   나. 베트남
   다. 필리핀
   라. 인도
   마. 방글라데시
   바. 미얀마

4. 무시할 수 없는 텃밭 '중동'
   가. 사우디아라비아
   나. 아랍에미리트
   다. 이란
   라. 오만
   마. 터키

5. 성장 잠재력 높은 '아프리카'
   가. 탄자니아
   나. 케냐
   다. 모잠비크

6. 민간투자시장 커지는 '중남미'
   가. 페루
   나. 칠레
   다. 콜롬비아

7. 신시장으로 떠오른 '유럽·중앙아시아'
   가. 우즈베키스탄
   나. 카자흐스탄

실패에서 성공을, 과거에서 미래를 보라

본 장에서는 정량 · 정성적 평가방법을 통해 도출된 중점분석국가에 대해 체계적이고 통합적인 해외건설 진출방안을 제시하기 위하여 세부진출전략을 수립하고자 하였다. 중점분석국가 진출전략에서는 진출환경 및 사업유형별 평가를 통해 전반적인 국가의 지표를 검토하고, 진출 제약요인과 최신동향을 기술하였다. 또한 분야별 진출계획 및 수주전망을 기술하였으며, 최종적으로 국가 진출환경의 SWOT분석과 세부진출전략을 도출하였다.

중점분석국가별 진출 전략은 다음과 같은 방법으로 수행하였다. 첫째, 국가별 통계자료, 보고서, 관련 연구자료 등 문헌자료를 분석하였다. 둘째, 지역별 전문가 간담회에서 논의된 의견을 바탕으로 전략을 수립하였다. 각 업체별 실무자들로부터 해당 국가 진출 시 성공/실패사례, 제약요인, 현지 정보, 향후 계획 등에 대해 수집하여 반영하였으며, 정부 및 유관기관, 연구기관 전문가로부터 대응방안에 대한 의견을 수렴하였다. 셋째, 외국인 공무원 설문조사 및 심층면접 자료에서 나타난 현지 정보를 반영하였다. 특히 현지에서의 한국 기업의 수주경쟁력 및 진출방안, 유망공종에 관한 의견을 중점적으로 반영하였다.

이와 같은 과정을 통해 중점분석국가별 진출 유망공종 및 공동진출 국가 도출, 국가별 협력패키지, 국가별 PPP사업 진출방안 및 국내외 금융자금(ECA, MDB 등)활용방안 등을 세부 진출전략으로 제시하였다. 중점분석국가 현황은 아래 표 44와 같다.

표 44. 중점분석국가 현황

아시아(6)	중동(6)	아프리카(3)	중남미(3)	유럽 및 중앙아시(2)
인도네시아	사우디아라비아	케냐	페루	우즈베키스탄
베트남	UAE			
필리핀	이란	탄자니아	칠레	
인도	이라크			카자흐스탄
방글라데시	오만	모잠비크	콜롬비아	
미얀마	터키			

2 세부전략 수립 방법과 과정

중점분석국가 진출전략은 아래 45에 제시된 프레임워크에 기반하여 기술하였다. 시장환경 및 사업유형별 평가 중점분석국가 선정과정에서 활용한 지표를 토대로 국가별 전반적인 진출환경을 제시하였다, 진출제약요인은 국내 기업을 비롯한 외국기업이 현지에 진출하는 데 어려움을 겪고 있는 사항을 제시하였으며, 최신 동향에서는 각 국별 건설시장 관련 특이사항을 기술하였다. 또한 수주전망이 밝은 분야를 중심으로 추진계획과 수주전망을 제시하였으며, 최종적으로 진출환경에 대한 종합분석과 국내 기업의 경쟁력을 반영하여 세부진출전략을 제시하였다.

표 45. 중점분석국가 진출전략 프레임워크

구분	주요 내용
시장환경평가[43]	경제, 국가안정성, 건설시장, 건설사업수행환경
사업유형평가	PPP, 정부발주사업, ODA, MDB
진출제약요인	법제도적 문제, 외국인투자 관련사항 등 제시
최신동향	진출 기업, 현지 공무원 등이 제공한 최신 정보
분야별 추진계획	최근 교통, 전력, 에너지 등 인프라 분야 계획
수주전망	국내 기업 수주현황, 전문가 의견 등을 반영
SWOT분석 및 전략도출	진출환경 종합평가를 통해 시사점 및 전략제시
세부진출전략	세부적인 진출 전략 제시

43) 각 분야별 통계수치와 1차 대상국가(72개국) 범위에서 지역별 순위를 산출하였음

3 세계 건설시장의 중심 '아시아'

가. 인도네시아

1) 시장환경 평가

구분	세부항목	주요지표	순위 (지역별 순위)
경제	1인당GDP(달러) (2016년 기준)	3,636	4/15
	GDP규모(억달러) (2016년 기준)	9,410	2/15
	GDP성장률(%) (2016년 기준)	4.9	9/15
	정부재정비중(%) (2016년 기준)	-2.5	6/15
국가안정성	물가상승률(%) (2016년 기준)	3.7	7/15
	외환보유액(백만달러) (2016년 기준)	101,452	2/15
	국가신용등급 (2016년 기준)	C1	4/15
	세계평화지수(점) (2016년 기준)	1.85	12/15
건설시장	건설시장성장률(%) (2017년 추정치)	5.22	12/15
	건설시장비중(%) (2017년 추정치)	10.4	3/15
	평균수주액(백만달러) (2007~2016년 평균)	728	6/15
	평균수주증가율(%) (2007~2016년 평균)	-3.7	11/15
건설사업 수행환경	건축관련인허가(점) (2016년 기준)	32.83	13/15
	물류경쟁력(점) (2016년 기준)	2.98	4/15
	현지공급자현황(점) (2016년 기준)	4.7	4/15
	현지공급자품질(점) (2016년 기준)	4.3	4/15

2) 사업유형 평가

구분	세부항목	주요지표	순위
PPP제도	준비 및 평가	50	7/15
	계약 및 사업추진	70	6/15
	운영 및 관리	61	5/15
	평균	60.3	5/15
정부발주	도급사업(백만달러)	8759.08	5/15
	투자사업(백만달러)	110.08	6/15
ODA	EDCF(백만달러)	168.52	7/15
	KOICA(백만달러)	150.04	6/15
MDB	WB(백만달러)	5636.63	3/15
	ADB(백만달러)	420.44	5/15
	AfDB(백만달러)	N/A	N/A
	EBRD(백만달러)	N/A	N/A
	IDB(백만달러)	N/A	N/A
	IsDB(백만달러)	100.31	2/15
사업유형 평가	● 인도네시아의 PPP제도는 모든 부문에서 중상위권 수준으로 나타나 비교적 양호한 수준으로 평가됨 ● 국내 기업의 정부발주사업, ODA사업, WB, ADB, IsDB 등 MDB사업 실적 모두 고루 높은 수준으로 나타나 인도네시아는 모든 사업유형에 대한 진출가능성이 높은 국가로 평가됨		

3) 진출제약요인 및 최신동향

구분	주요 내용
제약요인	● **토지수용 애로 및 정부 인허가 장기 지연** • 2008년 대통령령 발효에도 불구하고 여전히 사업부지 마련을 위한 토지수용 문제로 인해 사업발주가 지연되고 있음 • 사업승인, 인허가 등 행정처리가 불투명하고 장기 지연됨 ● **외국기업의 정부 및 공공공사 입찰참여 자격 제한** • 외국 건설업체는 지사 또는 현지법인의 설립이 필요함 • 지사의 경우 최근 3년 이내 실적이 없으면 지사운영(영업) 연장 불가 ● **외국 건설업체의 현지 지사장을 현지인으로 의무화하는 법률 반포** • 건설법(Construction Service Law) 2호, 33조, 2017년 2월 아직 관련 시행령은 없으나 추이 파악하며 진출 필요 ● **노동허가 문제 및 현지 인력발전기금 부담** • 비자발급 강화로 노동허가는 체류허가와 함께 매년 혹은 6개월 마다 갱신이 필요함 • 갱신시 인력발전기금(Manpower Skills Development Fund)을 납부해야 하며 까다로운 절차와 더딘 진행으로 추가경비가 소요됨
최신동향	● 최근 조코위 대통령은 다수의 국영기업을 디벨로퍼로 임명하면서 은행권의 추가기금 조달도 용이해져 인프라 분야의 자본 투입이 증가 하고 있음 ● 세금 감면 프로그램, 레드 테이프 축소, 세금 인하, 투자 촉진, 사업 허가, 중소기업들에 대한 권한 부여 등 인프라 개발을 위한 정책 장려

4) 분야별 추진계획 및 수주전망

구분	주요 내용
분야별 추진계획	● 교통 : 육상교통망 개선을 위해 2,650km의 일반도로와 1,000km의 고속도로를 건설할 예정 • 자카르타 MRT 건설사업(일본과 협력)과 자카르타-반둥 고속철도 건설사업(중국과 협력)을 추진 ● 항만 : 총 700조 루피아(563억불)가 투입되는 해양 고 속도로 개발사업(Sea Toll Road Development)을 추진 ● 전력 : 전력인프라는 인도네시아 정부가 가장 역점을 두고 있는 분야 • 2019년까지 35,000MW의 발전설비를 확충할 계획이었으나 예상 경제성장률 하락과 재원조달 어려움으로 19,000MW 규모로 목표를 수정 ● 에너지 : 저유가 기조로 국내외 투자가 주춤하고 있는 상황이나 연관 산업설비 수요는 지속 ● 건축 : 건축시장이 연간 10% 이상 성장해 시장규모가 2016년 약 500억불로 확대된 것으로 알려짐 • 수도권 및 대도시로의 인구집중과 조세감면제도로 환류된 자금이 부동산시장 유입되어 수요가 풍부한 상황
수주 전망	● 발전 등 에너지관련 플랜트 공사를 중심으로 수주활동이 활발히 전개되고 있음 ● 철도(LRT) 등 교통 인프라 사업과 부동산관련 건축공사 수주도 늘어날 것으로 기대 ● 2017년에는 발전소 공사 수주가 본격화될 것으로 보이며 철도사업 등 토목분야와 민간 건축사업 수주 등으로 지난해에 비해 크게 늘어난 20억불 내외 수주 전망

5) SWOT분석 및 전략도출

Strengths	Opportunities
■ 급속한 경제성장 중인 신흥개발국 ■ 동남아 국가 중 비교적 높은 정치 적 안정성 ■ 인프라 수요 증가로 지속적인 프로젝트 발주 ■ PPP사업을 위한 법제도 구축	■ 경기회복에 따른 인프라 개발 프로젝트 가속화 ■ 정부재원 부족으로 PPP사업을 통한 외자유치 추진 ■ 에너지 분야 투자 유치 확대 ■ 인도네시아 정부와 19억달러 규모의 인프라 협력 MOU체결
Weaknesses	**Threats**
■ 열악한 사회 인프라 ■ 행정처리 지연, 부패 만연 ■ 낮은 노동생산성, 높은 물류비용 ■ 복잡한 토지수용 집행	■ 최근 몇 년간 국가 재정 악화 ■ 지방분권화로 인한 혼란 ■ 소극적인 대외차관 및 정부보증 ■ 중국 · 일본 · 유럽계 국가들과 수주 경쟁 심화 ■ 잠재적 정치 리스크 및 현행법의 지속성 불투명

시사점
■ 정부의 인프라 구축 프로젝트에 따라 장기적으로 시장전망이 밝은 편임 ■ 현지화 위주 정책, 관료주의, 토지수용 문제 등 현안에 대한 대응방안 필요

비전	전략적 제휴와 현지화를 통한 수주역량 강화
미션	■ 적극적인 현지화 및 외국기업과의 컨소시엄 ■ 수익성 높은 투자개발형 사업 수주 시도 ■ PPP진출 활성화를 위해 국내외 금융활용방안 모색 ■ 원활한 사업추진을 위한 현지 지역 전문가 양성 필요

6) 세부진출전략

구분	주요 내용
세부 진출 전략	● **전력, 석유, 가스 등 에너지 및 교통 프로젝트 수주역량 강화** • 발전, 석유화학 등 에너지 플랜트 공사 수주확대를 위해 일본 등 유력 디벨로퍼와 유대관계를 강화하고 일정 지분참여 등을 통한 EPC 수주 적극 모색 • 경전철, 유료도로, 공항, 항만 등 교통 프로젝트 수주를 위해 현지 유력 업체들과 협력을 강화하고, 지분참여 등을 통한 수주 적극 모색 ● **수익성이 양호한 인프라 투자사업 참여방안 모색** • PPP방식의 인프라 사업이 증가하고 있는 추세로 단독 추진보다는 리스크 분산 및 수주경쟁력 제고 차원에서 유력 현지 및 외국업체와 전략적 제휴를 통한 인프라 사업 참여방안 모색 • ODA 이외에 AIIB, 이슬람계 국부펀드 등 다양한 파이낸싱 소스 발굴을 통한 금융조달 능력 강화 필요 • 한국의 정책금융기관이 인도네시아 금융 공기업에 지분투자하거나 대출을 제공하도록 하는 방안 등 정부 차원의 노력 필요 ● **현지화 등 장기적인 관점에서 시장 접근노력 필요** • 장기적인 시장진출 노력의 일환으로 발주처와 유대관계를 지속적으로 유지, 강화해 나가는 한편, 현지 유력업체 M&A, 법인설립 등 적극적인 현지화 전략을 통해 수주역량을 제고 • 현지 공무원과의 네트워크 구축을 통해 유대감 형성

나. 베트남

1) 시장환경 평가

구분	세부항목	주요지표	순위 (지역별 순위)
경제	1인당GDP(달러) (2016년 기준)	2,164	6/15
	GDP규모(억달러) (2016년 기준)	2,005	9/15
	GDP성장률(%) (2016년 기준)	6.1	7/15
	정부재정비중(%) (2016년 기준)	-6.5	13/15
국가안정성	물가상승률(%) (2016년 기준)	2.0	12/15
	외환보유액(백만달러) (2016년 기준)	28,250	6/15
	국가신용등급 (2016년 기준)	C1	4/15
	세계평화지수(점) (2016년 기준)	1.919	11/15
건설시장	건설시장성장률(%) (2017년 추정치)	9.67	4/15
	건설시장비중(%) (2017년 추정치)	5.8	9/15
	평균수주액(백만달러) (2007~2016년 평균)	3,020	1/15
	평균수주증가율(%) (2007~2016년 평균)	12.11	8/15
건설사업 수행환경	건축관련인허가(점) (2016년 기준)	78.89	2/15
	물류경쟁력(점) (2016년 기준)	2.98	4/15
	현지공급자현황(점) (2016년 기준)	4.3	8/15
	현지공급자품질(점) (2016년 기준)	3.7	8/15

2) 사업유형 평가

구분	세부항목	주요지표	순위
PPP제도	준비 및 평가	75	2/15
	계약 및 사업추진	85	1/15
	운영 및 관리	58	7/15
	평균	72.7	3/15
정부발주	도급사업(백만달러)	26931.32	1/15
	투자사업(백만달러)	3148.84	1/15
ODA	EDCF(백만달러)	1105.01	1/15
	KOICA(백만달러)	249.74	1/15
MDB	WB(백만달러)	5845.57	2/15
	ADB(백만달러)	211.51	7/15
	AfDB(백만달러)	N/A	N/A
	EBRD(백만달러)	N/A	N/A
	IDB(백만달러)	N/A	N/A
	IsDB(백만달러)	N/A	N/A
사업유형 평가	● 베트남의 PPP제도는 운영 및 관리부문에서 비교적 낮게 나타났으나 준비 및 평가, 계약 및 사업추진은 양호한 수준임 ● 베트남은 국내 기업의 정부발주사업과 ODA사업 진출 모두 규모면에서 아시아 지역 1위로 나타났다. WB, MDB 등 MDB의 지원규모도 높은 편이지만 향후 ODA지원이 감소하고 우대금리 혜택도 받지 못할 것이기 때문에 변화가 예상됨		

3) 진출제약요인 및 최신동향

구분	주요 내용
제약요인	● 잦은 법령 정비와 업무 혼선에 따른 비용 증가 • 국제적 관례 무시되거나 현장 공무원의 자의적 판단에 따라 관련법과 제도에 대한 해석이 달라지는 등으로 인해 외국기업 추가비용 증가 • 최근 Ba Ria Vung Tau, Dong Nai, Bac Ninh, Thai Binh 등에서 환경 유해 프로젝트(일부 건설자재 포함) 규제를 강화. 관련 시설 건설 참여시 진출여건 악화 우려 ● 최저임금의 급격한 인상 • 2018년 월 최저임금, 전년대비 7.3% 증가한 276만동~398만동으로 책정. 2007년~2015년간 두 자릿수에서 안정화 되었다고는 하나, 국가의 노동생산성과 무관하게 지속적으로 인상되고 있어 기업 수익률 하락 등 부정적 영향이 커지고 있음 ● 프로젝트 수행단계에서 불투명성과 분쟁 발생 • 당초 계획된 사업기간을 넘기는 경우가 대부분으로 이에 대비할 필요가 있으며, 계약조건 협의 시, 환율, 특약사항 등 수행조건 관련 규정을 명확하게 적시해야 함 ● 외국기업 사업부지 확보 곤란 • 사업성이 높은 유망부지는 주로 국내기업에게 배분되는 경향이 있음 ● 토지보상 및 철거비용 선지급 요구 • 토지사용권을 요구하는 기업에게 기존의 토지 보상 및 철거비용을 선 요구한 후, 토지 임차료에서 일부를 상각하는 방식을 채택함
최신동향	● 베트남 소득 수준 향상으로 아시아개발은행(ADB)은 오는 2019년부터 차관 지원을 중단*하고, 세계은행(WB)산하 국제개발협회(IDA)는 올 7월부터 차관 우대 조건을 축소, PPP사업형태가 확대될 것으로 전망. 아울러 최대 ODA 지원국인 일본도 금리 상향조정 검토중 * OCR(일반재원) 보다 장기& 저리인 ADF(아시아개발기금) 지원 중단 ● 정부는 공기업 부채가 3,240억불(2016년 기준)로 GDP의 158%에 육박, 악화된 재정수지를 만회하기 위해 공기업 민영화에 박차 • 공적자금 투입, 채무보증 등과 같은 직접적인 지원보다는 은행권 구조조정, 지배구조 개선, 해외 자본을 통한 은행권 M&A 등에 주력 • 최근 5년간 경제성장률은 6%대인 반면, 공공부채는 18%씩 증가하여 국내 경제에 부정적인 영향 우려

4) 분야별 추진계획 및 수주전망

구분	주요 내용
분야별 추진계획	● **교통** : 베트남 정부는 2020년까지 도로, 철도, 항공 등 교통 인프라개발에 약 500억불이 필요할 것으로 추산 ● **항만** : 베트남 교통부는 향후 항만 사업에 대해 더이상 참여하지 않고 민간기업에 사업 참여 및 투자를 적극제안 할 방침 ● **전력** : 베트남 정부는 2020년까지 75,000MW의 전력 개발 목표를 가지고 있으며, 488억 달러 투자 계획 ● **석유화학** : 베트남 정부는 2020년까지 6~7개의 정유공장 및 다수의 석유화학플랜트를 신설하는 계획을 수립 ● **상하수도** : 베트남 전역에 수처리 플랜트 사업계획, 5억불 예산 필요
수주 전망	● 일부 교통 인프라 사업과 석유화학 플랜트 공사 발주가 재검토되고 추진이 보류될 가능성이 있어 우리기업의 수주는 소폭 줄어들 것으로 예상 • 기존 수주활동중인 산업설비, 건축 공종을 제외한 신규 프로젝트 추진 물량 부족 • 도시철도(하노이, 호치민)의 경우, 중국 및 일본과의 치열한 경쟁으로 수주가능성 제고를 위한 정책적인 수주전략 마련 필요 ● 도로, 전력 등 인프라와 주택 수요가 지속됨에 따라 관련 인프라 공사와 부동산 개발사업 수주 기대 ● 원전건설 중단 결정으로 석탄화력 발전소 건설공사 발주가 늘어날 것으로 예상

5) SWOT분석 및 전략도출

Strengths	Opportunities
■ 상대적으로 저렴한 인건비 및 젊은 인구구조 ■ 넓은 영토 및 풍부한 자원 ■ 거대 내수시장을 기반으로 한 높은 경제 성장률	■ 도로, 전력 등 인프라와 주택 등 부동산 수요 지속 ■ 인프라 개선을 위한 정부 계획 ■ 건설 시장의 지속적 성장 전망
Weaknesses	**Threats**
■ 정부재원 부족에 따른 사업연속성 의문 ■ 행정 및 법률 집행의 투명성 · 일관성 부족, 명확하지 않은 법률 · 규정 ■ 민간투자에 대한 정부의 지급 보증 거의 없음	■ 정치 및 사업적 위험성 존재 ■ 현지 건설시장의 국내 · 외 기업의 경쟁 심화 ■ GDP 대비 높은 공공부채 비율 ■ 현지인 중심의 고용정책 ■ ODA 수원규모 감소 가능성

시사점
■ 인프라 및 공공조달 프로젝트 수주 도모를 위한 네트워크 구축 필요 ■ ODA 사업뿐만 아니라 PPP 사업 추진동향 지속적으로 모니터링

비전	차관사업 수주 및 정부조달사업 수주 확대
미션	■ 주요 발주처 및 에이전트와 파트너십 강화, 지역사회 관계 개선 ■ 사업의 불확실성이 낮은 사업위주로 참여 ■ 장기적으로 탈 ODA사업 진출전략 ■ PPP 프로젝트 단계적 접근, 리스크 관리 방안

6) 세부진출전략

구분	주요 내용
세부 진출 전략	● 중앙정부 및 지자체와 긴밀한 유대관계 구축 • 복잡한 프로젝트 인허가 절차, 장기간의 소요시간, 지역내 이해관계가 상충 등으로 원활한 업무수행을 위해 중앙정부 및 해당 지자체와 긴밀한 관계 유지 필요 • 공무원 초청 연수사업, 사회공헌활동(CSR) 등 관계기관 및 지역사회에 적극적인 지원과 참여를 통해 기업 이미지 제고와 안정적인 수주기반 마련 ● 현지실정에 적합한 맞춤형 진출전략 수립 • 베트남 정부가 추진하는 전략사업에 ODA 지원을 통해 수주가능성을 제고하고 최근 발주경향인 PPP 사업 참여방안을 적극 모색할 필요가 있음 • 부동산 투자개발사업은 그동안 초과 물량공급으로 부동산 경기가 둔화되고 일정 정비기간이 필요한 상황으로 당분간은 적극적인 사업추진을 모색하기 보다는 리스크 관리가 용이한 차관, 도급사업을 위주로 한 수주전략 모색 필요. 다만 일부 미래가치가 확보된 유망지역은 오히려 공격적인 사업 추진도 필요 • 정부조달사업의 경우, 현지 유력기업과 컨소시엄을 구성, 긴밀히 협력하는 것이 보다 효과적 ● ODA 지원 발주사업에 대한 수주활동 강화 • 베트남은 국제금융기관을 비롯해 각 국 ECA로부터 연간 60억불에 달하는 유 · 무상 원조자금을 받는 수혜국 • 일부 ECA의 지원 중단을 앞두고는 있으나 아직까지 지속적인 자금유입이 이루어지고 있는 만큼 관심 요망 • WB, ADB 등 MDB와 외국 ECA 지원 발주사업에 적극적인 수주활동 전개 필요

다. 필리핀

1) 시장환경 평가

<table>
<tr><th>구분</th><th>세부항목</th><th>주요지표</th><th>순위
(지역별 순위)</th></tr>
<tr><td rowspan="4">경제</td><td>1인당GDP(달러)
(2016년 기준)</td><td>2,991</td><td>5/15</td></tr>
<tr><td>GDP규모(억달러)
(2016년 기준)</td><td>3,117</td><td>5/15</td></tr>
<tr><td>GDP성장률(%)
(2016년 기준)</td><td>6.4</td><td>6/15</td></tr>
<tr><td>정부재정비중(%)
(2016년 기준)</td><td>-0.4</td><td>3/15</td></tr>
<tr><td rowspan="4">국가안정성</td><td>물가상승률(%)
(2016년 기준)</td><td>2.0</td><td>12/15</td></tr>
<tr><td>외환보유액(백만달러)
(2016년 기준)</td><td>76,896</td><td>4/15</td></tr>
<tr><td>국가신용등급
(2016년 기준)</td><td>C1</td><td>4/15</td></tr>
<tr><td>세계평화지수(점)
(2016년 기준)</td><td>2,555</td><td>1/15</td></tr>
<tr><td rowspan="4">건설시장</td><td>건설시장성장률(%)
(2017년 추정치)</td><td>12.49</td><td>3/15</td></tr>
<tr><td>건설시장비중(%)
(2017년 추정치)</td><td>7.7</td><td>4/15</td></tr>
<tr><td>평균수주액(백만달러)
(2007~2016년 평균)</td><td>4,105,790</td><td>2/15</td></tr>
<tr><td>평균수주증가율(%)
(2007~2016년 평균)</td><td>26.96</td><td>9/15</td></tr>
<tr><td rowspan="4">건설사업
수행환경</td><td>건축관련인허가(점)
(2016년 기준)</td><td>69.45</td><td>7/15</td></tr>
<tr><td>물류경쟁력(점)
(2016년 기준)</td><td>2.86</td><td>7/15</td></tr>
<tr><td>현지공급자현황(점)
(2016년 기준)</td><td>4.6</td><td>6/15</td></tr>
<tr><td>현지공급자품질(점)
(2016년 기준)</td><td>4.2</td><td>5/15</td></tr>
</table>

2) 사업유형 평가

구분	세부항목	주요지표	순위
PPP제도	준비 및 평가	96	1/15
	계약 및 사업추진	85	1/15
	운영 및 관리	84	1/15
	평균	88.3	1/15
정부발주	도급사업(백만달러)	10488.01	3/15
	투자사업(백만달러)	372.59	3/15
ODA	EDCF(백만달러)	175.86	5/15
	KOICA(백만달러)	180.82	5/15
MDB	WB(백만달러)	2,111	6/15
	ADB(백만달러)	200.22	8/15
	AfDB(백만달러)	N/A	N/A
	EBRD(백만달러)	N/A	N/A
	IDB(백만달러)	N/A	N/A
	IsDB(백만달러)	N/A	N/A
사업유형 평가	● 필리핀의 PPP제도는 준비 및 평가, 계약 및 사업추진부문, 운영 및 관리부문 등 모든 부문에서 아시아 지역 1위로 나타남 ● 아시아 국가 중 비교적 PPP법제도를 일찍 구축하고 경험을 축적하여 적합한 환경이 조성된 것이라고 판단된다. 국내 기업의 정부발주사업과 ODA사업 진출도 비교적 높은 수준으로 나타났다. WB, ADB 등 MDB지원도 평균이상의 규모로 나타나 필리핀은 전 사업유형에 대해 진출가능성이 높은 국가로 평가됨		

3) 진출제약요인 및 최신동향

구분	주요 내용
제약요인	● 신정부 출범 이후 인프라 투자 지연 • 정부는 정부재원 부족으로 PPP 방식의 사업추진을 적극 모색하고 있으나 신정부 출범 이후 인프라 투자 결정이 계속 연기되면서 신규 입찰이 지연되고 있음 ● 자재 및 토지보상 관련 제약요인 • 건설 자재 및 장비 수급은 주로 수입에 의존(싱가포르, 일본, 미국 등)하고 있는 가운데 통관이 지연되고 높은 관세(장비 약 30%) 책정으로 공기 지연과 함께 추가비용이 발생함 • 용지보상의 경우, 발주처가 책임지는 경우가 대부분이나 착공 이후 발주처의 늦장 대처로 원가가 상승하고 공정부진이 발생해 추가의 간접비가 투입되는 경우가 빈번히 발생함
최신동향	● 필리핀 정부조달 관련법령인 Republic Act(RA)9184에 대한 투명도가 강조되면서, 해당 시행규칙(IRR)이 여러차례 수정되는 등 조달과정이 개선되고 있음 ● 필리핀 공공사업도로부(DPWH)는 전국 주요 18개 고속 도로 망을 연결하는 'Luzon Spine Expressway Network'계획을 발표하는 등 고속도로 교통문제 해결을 위한 목표 제시 ● 필리핀 정부는 주요 공항사업에 정부가 ODA등의 자금으로 건설을 담당하고 민간기업에 의해 운영 관리를 입찰하는 하이브리드 PPP방식을 추진하는 방안을 검토 • 필리핀 기지전환개발청(BCDA)은 첫 번째 하이브리드 PPP 프로젝트인 클락공항 여객터미널 프로젝트를 '17년 8월 입찰 진행

4) 분야별 추진계획 및 수주전망

구분	주요 내용
분야별 추진계획	• **건설** : 두테르테 정부가 인프라에 대한 대대적인 투자를 공언함에 따라 건설업이 유망 산업 분야로 급부상 하면서 대도시 신규주택 건설, 정부 주도 인프라 구축 사업이 성장세 주도 • **교통 및 항구** : 정부는 내년 공항, 교량, 도로, 항구 등의 건설에 약 US$ 190억불의 예산을 지출할 예정이며 이중 많은 부분이 PPP사업을 통해 집행될 예정 • **관광** : 2016년말 관광 인프라 확충을 위해 '국가관광개발계획(National Tourism Development Plan)'을 발표하고 2022년까지 연장 2,620km의 관광도로 등을 건설할 예정 • **전력** : 2009-2030 전력개발계획에 따라 2030년까지 17,000MW의 발전설비를 추가 확충할 계획
수주 전망	• 우리기업은 정부발주사업, PPP 등으로 추진되는 LRT, 철도, 전력 등 인프라 프로젝트에 수주활동 중으로 2017년 전년과 비슷한 15억불 내외 수주 예상 • 2017년 초 공공사업도로부(DPWH)는 잠정 입찰이 중단된 27.3억불(1,228억 페소) 규모의 라구나 호안 고속도로 프로젝트를 재입찰하기로 결정함에 따라 이전 동 사업에 입찰 참여한 바 있는 우리기업의 재입찰 참여와 수주 기대 • 정부는 현재 GDP의 5%대에 머물고 있는 인프라 투자 예산규모를 '22년 7.2%까지 확대해 경제성장을 도모할 계획이며 인프라 프로젝트 지속 발주로 우리기업의 참여기회가 늘어날 것으로 기대

5) SWOT분석 및 전략도출

Strengths	Opportunities
■ 거대 내수시장에 아세안 최고 수준의 견고한 경제성장세 ■ 풍부한 천연자원 보유 ■ 외국인투자자에 다양한 인센티브	■ 전력난으로 발전플랜트 수요 높음 ■ 정부의 외국 투자자 지분 참여율상향 조정 가능성 증가 ■ 정부 주도 인프라 구축 프로젝트 지속적으로 추진
Weaknesses	**Threats**
■ 공무원 부패 및 행정 비효율 ■ 건설면허 취득이 어려움 ■ 외국인직접투자 제한 조치 유지 ■ 지리적 여건에 따른 물류비 증가	■ 두테르테 대통령의 계엄령 선포에 따른 사회적 불안정 ■ 자국 보호주의 색채가 강한 편 ■ 잦은 자연재해 및 정전, 인프라 미흡에 따른 사업비용 증가

시사점
■ 외국인투자에 우호적인 동시에 자국 산업 보호주의가 강한 편 ■ 인프라 구축 사업 가속화 및 PPP사업 비중 확대

비전	정부 추진 프로젝트 공략을 통한 인프라시장 점유 강화
미션	■ 현지 유력기업 협력 강화 및 제 3국 기업과의 공동 진출 ■ 현지 경제 · 산업 이슈와 밀접한 분야 진출 확대 ■ MDB, ECA등 금융조달방안 마련

6) 세부진출전략

구분	주요 내용
세부 진출 전략	● **철도, 전력 등 인프라를 중심으로 수주전망** • 필리핀 내 인프라 사업 대부분이 PPP, 다자개발은행(MDB), 외국차관 지원으로 추진되고, 정부 발주사업은 현지 대기업이 주로 수주하며, 높은 기술력이 필요한 분야는 외국기업의 참여가 일반화되고 있는 상황 • 현지 유력 Developer 및 외국 건설업체와 협력을 통한 입찰참여를 적극 모색할 필요가 있음 • 현지 대기업과 일본, 유럽 등 선진기업과 컨소시엄 구성을 통한 입찰참여 필요 ● **ADB 등 차관 지원사업 등에 지속적인 관심 필요** • ADB(본부 마닐라) 발주사업은 물론 최근 대규모 ODA 지원을 약속한 중국과 일본의 차관 지원사업에도 지속적인 관심을 갖고 수주활동을 전개 ● **우리나라의 금융지원을 활용한 진출기반 확대 도모** • 한국수출입은행*의 대필리핀 지원사업이 2017년에도 활발히 추진될 예정으로 이를 활용한 진출기반 확대전략 필요 * EDCF 지원사업 : 할라우강 다목적 개발사업 2단계(309억원), 사마르 해안도로 사업(42억원), 팜팡가지역 통합재난위험 감축 및 기후변화 적응사업(78억원), 팡일만 교량 건설사업(103억원) 등 ● **공기업 및 협력업체 공동진출 모색** • 우리 공기업이 건설기업과 같이 진출을 모색 혹은 이미 인프라 건설 시장에 진출했으며 그 외 협력업체의 동반 진출 • 건설장비, 차량 및 건설 자재 수요가 증가하는 추세로 해당 분야 우리기업의 수출을 통한 진출

라. 인도

1) 시장환경 평가

구분	세부항목	주요지표	순위 (지역별 순위)
경제	1인당GDP(달러) (2016년 기준)	1,719	7/15
	GDP규모(억달러) (2016년 기준)	22,510	1/15
	GDP성장률(%) (2016년 기준)	7.6	2/15
	정부재정비중(%) (2016년 기준)	-6.7	14/15
국가안정성	물가상승률(%) (2016년 기준)	5.5	4/15
	외환보유액(백만달러) (2016년 기준)	3,412	13/15
	국가신용등급 (2016년 기준)	B2	1/15
	세계평화지수(점) (2016년 기준)	2.541	4/15
건설시장	건설시장성장률(%) (2017년 추정치)	4.94	13/15
	건설시장비중(%) (2017년 추정치)	7.6	6/15
	평균수주액(백만달러) (2007~2016년 평균)	1,722,798	4/15
	평균수주증가율(%) (2007~2016년 평균)	43.66	13/15
건설사업 수행환경	건축관련인허가(점) (2016년 기준)	32.83	13/15
	물류경쟁력(점) (2016년 기준)	3.42	2/15
	현지공급자현황(점) (2016년 기준)	4.8	2/15
	현지공급자품질(점) (2016년 기준)	4.4	3/15

2) 사업유형 평가

<table>
<tr><th>구분</th><th>세부항목</th><th>주요지표</th><th>순위</th></tr>
<tr><td rowspan="4">PPP제도</td><td>준비 및 평가</td><td>73</td><td>3/15</td></tr>
<tr><td>계약 및 사업추진</td><td>80</td><td>3/15</td></tr>
<tr><td>운영 및 관리</td><td>73</td><td>2/15</td></tr>
<tr><td>평균</td><td>75.3</td><td>2/15</td></tr>
<tr><td rowspan="2">정부발주</td><td>도급사업(백만달러)</td><td>2379.684</td><td>1/15</td></tr>
<tr><td>투자사업(백만달러)</td><td>N/A</td><td>N/A</td></tr>
<tr><td rowspan="2">ODA</td><td>EDCF(백만달러)</td><td>0.004591</td><td>12/15</td></tr>
<tr><td>KOICA(백만달러)</td><td>0.48695</td><td>15/15</td></tr>
<tr><td rowspan="6">MDB</td><td>WB(백만달러)</td><td>12326.29</td><td>1/15</td></tr>
<tr><td>ADB(백만달러)</td><td>4397.59</td><td>2/15</td></tr>
<tr><td>AfDB(백만달러)</td><td>N/A</td><td>N/A</td></tr>
<tr><td>EBRD(백만달러)</td><td>425.8564</td><td>1/15</td></tr>
<tr><td>IDB(백만달러)</td><td>N/A</td><td>N/A</td></tr>
<tr><td>IsDB(백만달러)</td><td>N/A</td><td>N/A</td></tr>
<tr><td>사업유형
평가</td><td colspan="3">● 인도의 PPP제도는 준비 및 평가, 계약 및 사업추진부문, 운영 및 관리부문 등 모든 부문에서 양호한 것으로 나타남
● 국내 기업의 정부 발주사업은 수주규모면에서 높은 것으로 나타났으나 ODA시장 진출은 미미
● 따라서 인도에 대한 국내 기업의 수주경향은 아직까지 정부발주사업 중심으로 볼 수 있음.
● WB, EBRD 등 MDB지원규모가 아시아권 1위로 나타났으며, 향후에도 MDB지원 확대 예상</td></tr>
</table>

3) 진출제약요인 및 최신동향

구분	주요 내용
제약요인	● 양국 간 상호 불신과 부정적인 선입관 팽배 • 시장제도 보다는 관행과 시장특성을 이해하고 기업차원의 장기적인 진출전략 수립이 필요 ● 복잡한 인허가 및 법인청산 절차, 해외공사 보증문제 • 건설사업은 약 70개 이상의 인허가 절차가 필요하며, 파산법인 청산은 법원의 관료주의로 20년 가까이 소요됨 • 일부 국영업체의 경우 한국금융기관의 보증서 외에 인도 국영은행 등이 발급한 보증서를 요구 ● 복잡하고 까다로운 토지수용 절차 • 주민 80% 이상의 동의 필요, 가급적 국공유지를 중심으로 발 주 사업 참여 요망 ● 사업절차의 불합리한 관행 • 사업과 관련된 제도, 입찰절차 등은 비교적 표준화되어 있으나 부정부패, 관료주의 등에 따른 불합리한 관행이 혼재되어 있어 대응방안이 필요
최신동향	● 중국과 영토분쟁, 소규모 국지전 수시발생, 현재는 중국업체를 반기는 분위기가 아니나 향후 중국업체 진출 본격화에 대비할 필요 ● 금년부터 우리나라 양자차관 허용 • 현재 한-인도 100억불 금융 패키지 진행중 (commercial loan 90%, EDCF 10%)

4) 분야별 추진계획 및 수주전망

구분	주요 내용
분야별 추진계획	● **건설** : 인도 도시개발부는 100개 스마트시티 조성을 위한 60개 우선추진 중점도시를 선정하여 올해부터 사업이 본격화될 전망이며, 향후 20년간 6,500억 달러를 도시 인프라 확충에 투자할 계획 ● **항만** : 정부는 2015년 내륙교통 인프라를 항만시설에 연결하는 총 100억불 규모의 사가르말라 항만개발을 중심으로 한 항만 현대화 및 도시개발 사업 가속화 ● **교통** : 도로개발 5개년 계획을 추진하면서 동북지역에 총 149억불 규모의 도로사업 발주 예정이며, 향후 4년간에 걸쳐 1,200억불이 투입되는 철도 인프라 개발계획 추진을 통해 고속철, 역사 재개발, 일반철도 운행능력 증강사업 등에 집중 투자할 예정 ● **전력** : 정부의 전력부문 핵심과제인 신재생에너지 확대정책에 따라 신재생에너지 프로젝트 신규 추진과 더불어 대규모 컨벤셔널 발전설비 발주도 증가 추세
수주 전망	● 화폐개혁에 따른 부작용과 금리인상 기조로 2017년 건설시장 성장률은 단기간 하향 조정 전망 ● 인프라 중심의 경기부양 정책을 실시하고 있어 당분간 급격한 건설시장 침체는 없을 것으로 판단 ● 2017년 우리 기업은 대규모 화력발전소, 메트로 등 철도 프로젝트, 터널 및 교량공사, 초고층 빌딩 등을 중심으로 수주활동을 전개하여 20억불 내외 수주 기대

5) SWOT분석 및 전략도출

Strengths	Opportunities
■ 세계경제의 침체 속 고성장 유지 ■ 13억 인구의 풍부한 노동력 ■ 세계 4위의 건설시장 규모 ■ Vability Gap Funding(VGF) 등 정부재정지원 인센티브 시행	■ 기업환경 개선으로 투자 증가 ■ 한국-인도 EDCF 협정체결 ■ 경기부양 정책 강화 ■ 60조원대의 10대 인프라 프로젝트를 발주할 계획
Weaknesses	**Threats**
■ 열악한 인프라와 기업환경 ■ 불투명한 행정 처리절차 ■ 외국기업에 대한 높은 법인세 ■ 국내 건설사의 진출이나 현지법인 설립 미흡	■ 화폐개혁에 따른 투자심리 위축 ■ 인도 시장을 둘러싼 경쟁심화 ■ 공무원의 민관협력 프로세스 관리능력 부족 ■ 발주처의 공기업 선호성향

시사점
■ 대규모 프로젝트 수주에 필요한 입찰조건, 발주처의 성향을 고려할 때 공기업의 역할 중요 ■ PPP사업 수주경쟁력을 높이기 위한 금융지원 필요, 정부 역할 중요

비전	공기업과의 인프라 분야 공동진출 모색
미션	■ 정부 차원의 인프라부문 경제협력 강화 추진 ■ 공기업과의 컨소시엄을 통해 유망사업 분야 진출 ■ 양자차관과 ECA loan이 결합된 혼합금융 활용

6) 세부진출전략

<table>
<tr><th>구분</th><th>주요 내용</th></tr>
<tr><td>세부 진출 전략</td><td>● 공기업과의 컨소시엄을 통한 동반진출 전략
• PPP 프로젝트 중심의 발주구조, 초대형 사업 발주에 따른 입찰요건 충족, 발주처의 높은 공기업 선호도 등을 감안할 때 우리나라 공기업의 역할이 중요
• 현재 한국토지주택공사, 스마티 시티 개발사업, 한국철도도시공사 철도사업 등 추진 중

● 현지법인 설립을 통한 현지화전략 구사, 현지 유력 업 체와 협력 도모
• 장기적 관점의 시장 진출전략 구사를 위해 지사 보다는 현지법 인 설립 추천
• 음성적인 에이전트 문화 및 입찰관행에 적극 대응하고 복잡한 행정 및 법적 절차에 대비한 능력이 있는 현지 전문가 고용 또는 현지업체 활용

● 정부 차원의 인프라부문 경제협력 활성화 추진
• 현지 건설사업 추진시 민간분야 보다는 정부간 협력 프로젝트 발굴을 통한 사업추진이 더 효율적인 상황
• 2016년부터 우리나라와의 양자차관이 허용됨에 따라 양국간 G2G 인프라 경협 활성화 추진
• 양국정상간 합의된 100억불 금융패키지를 활용한 수주확대 필요</td></tr>
</table>

마. 방글라데시

1) 시장환경 평가

구분	세부항목	주요지표	순위 (지역별 순위)
경제	1인당GDP(달러) (2016년 기준)	1,404	9/15
	GDP규모(억달러) (2016년 기준)	2,268	8/15
	GDP성장률(%) (2016년 기준)	6.9	5/15
	정부재정비중(%) (2016년 기준)	-4.3	10/15
국가안정성	물가상승률(%) (2016년 기준)	6.7	3/15
	외환보유액(백만달러) (2016년 기준)	28,751	5/15
	국가신용등급 (2016년 기준)	C3	7/15
	세계평화지수(점) (2016년 기준)	2.035	9/15
건설시장	건설시장성장률(%) (2017년 추정치)	8.49	5/15
	건설시장비중(%) (2017년 추정치)	7.4	7/15
	평균수주액(백만달러) (2007~2016년 평균)	426,508	10/15
	평균수주증가율(%) (2007~2016년 평균)	190.35	2/15
건설사업 수행환경	건축관련인허가(점) (2016년 기준)	61.60	10/15
	물류경쟁력(점) (2016년 기준)	2.66	9/15
	현지공급자현황(점) (2016년 기준)	4.7	4/15
	현지공급자품질(점) (2016년 기준)	4.2	5/15

2) 사업유형 평가

<table>
<tr><th>구분</th><th>세부항목</th><th>주요지표</th><th>순위</th></tr>
<tr><td rowspan="4">PPP제도</td><td>준비 및 평가</td><td>63</td><td>5/15</td></tr>
<tr><td>계약 및 사업추진</td><td>40</td><td>12/15</td></tr>
<tr><td>운영 및 관리</td><td>34</td><td>10/15</td></tr>
<tr><td>평균</td><td>45.7</td><td>10/15</td></tr>
<tr><td rowspan="2">정부발주</td><td>도급사업(백만달러)</td><td>1765.905</td><td>10/15</td></tr>
<tr><td>투자사업(백만달러)</td><td>0</td><td>10/15</td></tr>
<tr><td rowspan="2">ODA</td><td>EDCF(백만달러)</td><td>321.07</td><td>2/15</td></tr>
<tr><td>KOICA(백만달러)</td><td>101.21</td><td>8/15</td></tr>
<tr><td rowspan="6">MDB</td><td>WB(백만달러)</td><td>3,649.02</td><td>4/15</td></tr>
<tr><td>ADB(백만달러)</td><td>1,860.00</td><td>3/15</td></tr>
<tr><td>AfDB(백만달러)</td><td>N/A</td><td>N/A</td></tr>
<tr><td>EBRD(백만달러)</td><td>0.49</td><td>2/15</td></tr>
<tr><td>IDB(백만달러)</td><td>N/A</td><td>N/A</td></tr>
<tr><td>IsDB(백만달러)</td><td>125.64</td><td>1/15</td></tr>
<tr><td>사업유형
평가</td><td colspan="3">● 방글라데시의 PPP제도는 준비 및 평가에서는 아시아 지역 중 5위로 양호한 평가를 받았으나 계약 및 사업추진부문, 운영 및 관리부문에서는 계약관련 규정에 관한 부분이 아직 부족한 것으로 나타남

● 국내 기업의 정부발주 사업 수주는 저조한 편이나 EDCF사업은 지원규모가 아시아 2위로 나타나 방글라데시에 대한 국내 기업의 수주경향은 ODA중심으로 나타났다. 한편 방글라데시는 WB, ADB, EBRD 등 MDB차관이 많이 투입되는 것으로 나타나고 있으며, 또한 IsDB로부터 아시아권에서는 가장 많은 지원을 수혜</td></tr>
</table>

3) 진출제약요인 및 최신동향

구분	주요 내용
제약요인	● 언어소통 및 불투명한 행정처리 • 방글라데시는 기본적으로 벵골어를 사용하며, 비즈니스 종사자들은 대부분 영어가 가능하나 완벽하지 못함 • 발주처 공무원들의 부패가 만연하고, 행정처리 속도가 매우 늦은 편임 ● 과세강화에 대한 부담 • 방글라데시는 세수 부족에 대한 대책으로 현지에 진출한 외국기업에 대한 과세를 강화하려는 의지를 천명 ● 대금 지급 지연 • 방글라데시의 은행은 아무런 하자가 없을 경우에도 고의적으로 대금지급을 회피하거나 지연하는 사례가 있어 대금결제 촉구 노력이 필요함 ● 테러 등 안전문제 대두 • 2016.7 발생한 외국인 대상 테러로 마타하바리 석탄화력발전 건설 프로젝트의 shortlist로 선정된 2개 일본업체의 참여가 지연되는 사례가 발생하는 등 사업 지연 우려 • 중동 내 정치불안정 심화로 무장테러단체의 이슬람 거점지역으로 방글라데시가 급부상하고 하고 있어 안전문제 심화 예상
최신동향	● 최근 발표된 WEF 글로벌 경쟁력 지수(GCI)에서 방글라데시의 전반적인 인프라 지수는 2.4에서 2.8로 향상되었으며, 특히 전력공급부문 지수가 1.8에서 2.2로 상승하면서 인프라 수준 향상에 기여한 것으로 나타남 ● 15%의 단일세율 정책이 2016.7 시행을 목표로 추진되어왔으나, 정치권과 재계의 반발로 지속 연기중이며, 2018년 대선 이후 본격적인 세제개편이 이뤄질 예상(2020년 부로 7-10%, 15% 2개 세율을 도입 검토중) * 건설부문 세율은 6%로 세제개편시 건설업계 타격 예상

4) 분야별 추진계획 및 수주전망

구분	주요 내용
분야별 추진계획	● **도로** : 전체 수송량의 70%(여객 기준, 화물은 60%)를 차지하는 핵심 인프라로, 수도 다카와 주요거점 도시 연결 도로사업이 MDB 및 ECA 차관지원을 중심으로 발주예정(① 12억불 규모 SASEC 2단계, '17.10 ADB 지원승인 ② 18억불 규모 동서고가도로(EWEE)BOT 사업 설계 추진 중) ● **전력** : 부족한 재원문제 해결을 위해 독립민자발전(IPP) 방식을 적극 도입중이며, 높은 LNG의존도 탈피를 위해 석탄화력 방식을 중국, 일본의 차관지원을 중심으로 추진 중 ● **항만** : 치타공항의 물류집중도(전체 물류량의 80%) 분산과 원활한 석탄 및 LNG 등 에너지 수급 인프라 구축을 위해 기존 치타공항 확장(다목적 터미널 등), 소나디아 심해항(총 3단계, 2055년까지 추진), 마타하바리 석탄수입 터미널 등을 발주 추진 중 ● **공항** : 지속적으로 증가하는 다카국제공항의 운영부담 을 줄이기 위해 105억불 규모의 Bangabandhu Sheikh Mujib 국제공항 건설공사(BOOT 방식)의 타당성조사 검토중 ● **철도** : 낙후 철도 개선과 도로 의존도 완화를 위해 다카-치타공고속철도(40억불), 다카-치타공-도하자리 철도복선화(20억불), 파이라심해항 연결철도(25억불) 등의 주요 철도사업 계획 수립중
수주 전망	● **최근 방글라데시에서 우리업체가 활발히 전개중인 발전 및 SASEC 도로 프로젝트, 공항 터미널 등의 인프라 부문에서 수주가 이뤄질 것으로 전망**

5) SWOT분석 및 전략도출

Strengths	Opportunities
■ 저렴한 인건비, 풍부한 노동력 ■ 6% 이상의 높은 경제성장률 ■ 정부 재정상태 비교적 양호 ■ 한국에 대한 우호적 이미지	■ MDB 등 차관사업 발주 확대 ■ 공격적인 인프라 개발 목표 ■ 전력분야 마스터플랜(PSMP) 추진 이후 전력여건 개선추세 ■ 최근 중국업체의 부실시공으로 수주에서 배제하려는 움직임 확산
Weaknesses	**Threats**
■ 도로 인프라, 전력 및 가스, 제도 미비로 열악한 투자환경 ■ 부패, 비효율적인 행정처리 ■ 의류 산업에 편중된 산업구조	■ 막대한 금융지원과 저가수주를 앞세 운 중국과의 경쟁 심화 ■ 정부의 과세강화에 대한 의지 ■ 외국인투자에 대한 인센티브 결여

시사점
■ 방글라데시 정부는 MDB, ODA 등 다양한 재원을 유치하여 인프라 사업을 강력하게 추진하고 있으며, 중국 기업들이 공격적인 수주활동을 전개 ■ 전력, 도로 등 기본 인프라 여건이 매우 열악한 상태 ■ 발주처의 행정처리 지연, 인센티브 결여 등 외국인 투자환경 미흡

비전	현지 네트워크 구축 및 정부 중점추진분야 공략
미션	■ 발주처와의 인적 네트워크 구축 ■ 우수한 현지 하도급 업체를 확보 ■ 정부 중점 추진분야 수주공략

6) 세부진출전략

<table>
<tr><th>구분</th><th>주요 내용</th></tr>
<tr><td>세부
진출
전략</td><td>● 발주처와의 인적 네트워크 구축
• 방글라데시는 각종 행정 절차 진행시 원만한 처리를 위해 수수료로 금전을 요구하는 관행이 있기 때문에 이를 고려하여 대응해야 함
• 발주처 고위 실무자와의 네트워크 구축을 통해 후속 유망프로젝트에 대한 입찰정보를 습득할 수 있는 기반을 마련할 필요성이 있음

● 우수한 현지 하도급 업체를 확보
• 방글라데시만의 독특한 문화를 이해하지 못하면 사업진행이 어렵기 때문에 현지 하도급 업체를 활용하는 방안이 필요함
• 현지의 우수한 하도급 기업을 확보하여 원활한 공정 진행과발주처와 원활한 협력관계를 유지해야 함

● 정부 중점추진분야 수주공략
• 최근 정부가 제시한 정책을 고려할 때 전력부문과 교통부문에 대한 전략적 목표가 뚜렷하게 나타나고 있으며, 이는 만성적인 전력공급 부족과 열악한 도로인프라에 대한 개선의지가 강한 것으로 볼 수 있음
• 방글라데시 정부에서는 태양광 IPP 사업을 운영하는 업체에게 15년간 소득세를 면제할 뿐만 아니라 다른 에너지원을 사용하는 IPP 발전소와 같은 혜택을 제공하기로 함
• 국내 기업이 현지 정부와 전력단가계약(PPA)를 맺고 발전소를 건설하는 태양광 IPP사업은 잠재력이 높지만 자금조달이 관건이므로 신중히 접근해야 함
• 방글라데시는 국가리스크가 높은 국가이므로 MDB재원을 바탕으로 공기업과의 공동진출하는 방안 고려 가능</td></tr>
</table>

바. 미얀마

1) 시장환경 평가

구분	세부항목	주요지표	순위 (지역별 순위)
경제	1인당GDP(달러) (2016년 기준)	1,307	10/15
	GDP규모(억달러) (2016년 기준)	683	12/15
	GDP성장률(%) (2016년 기준)	8.1	1/15
	정부재정비중(%) (2016년 기준)	-4.6	12/15
국가안정성	물가상승률(%) (2016년 기준)	9.8	2/15
	외환보유액(백만달러) (2016년 기준)	4,566	12/15
	국가신용등급 (2016년 기준)	D1	8/15
	세계평화지수(점) (2016년 기준)	2.179	6/15
건설시장	건설시장성장률(%) (2017년 추정치)	18.31	1/15
	건설시장비중(%) (2017년 추정치)	7.7	4/15
	평균수주액(백만달러) (2007~2016년 평균)	45	12/15
	평균수주증가율(%) (2007~2016년 평균)	0.918	1/15
건설사업 수행환경	건축관련인허가(점) (2016년 기준)	72.23	6/15
	물류경쟁력(점) (2016년 기준)	2.46	12/15
	현지공급자현황(점) (2016년 기준)	N/A	N/A
	현지공급자품질(점) (2016년 기준)	N/A	N/A

2) 사업유형 평가

구분	세부항목	주요지표	순위
PPP제도	준비 및 평가	2	14/15
	계약 및 사업추진	40	12/15
	운영 및 관리	25	12/15
	평균	22.3	14/15
정부발주	도급사업(백만달러)	1600.296	11/15
	투자사업(백만달러)	150	5/15
ODA	EDCF(백만달러)	16.04	11/15
	KOICA(백만달러)	99.16	9/15
MDB	WB(백만달러)	680	9/15
	ADB(백만달러)	455.4	4/15
	AfDB(백만달러)	N/A	N/A
	EBRD(백만달러)	N/A	N/A
	IDB(백만달러)	N/A	N/A
	IsDB(백만달러)	N/A	N/A
사업유형 평가	• 미얀마의 PPP제도는 아직 초기 단계로 볼 수 있다. 준비 및 평가, 계약 및 사업추진부문, 운영 및 관리부문 등 모든 부문에서 낮은 수준임 • 미얀마 건설시장의 상당부분이 투자개발형 사업으로 발주되고 있는 추세에 따라 국내 기업의 미얀마 투자개발형 사업 진출은 확대 될 것으로 보인다. MDB중에서는 WB, ADB의 지원규모가 높게 나타남		

3) 진출제약요인 및 최신동향

구분	주요 내용
제약요인	● 건설시장 정보 부족 및 습득의 어려움 • 미얀마는 아직 미성숙시장으로 발주기관, 공사발주, 시장정보 등 건설관련 자료가 부족한 상태이며, 자료 습득이 어려운 실정임 • 따라서 초기 진출 시 필요한 자료를 수집하기 어렵고 해당 자료의 진위여부도 판단이 어려움 ● 현지 유능한 협력업체 확보 어려움 • 현지 업체에 대한 정보와 능력 있는 건설업체가 부족해 경쟁력 있는 현지 협력업체 선정이 어려우며 노동인력은 풍부하나 유능한 가용인력은 한정되어 있음 ● 낙후된 행정서비스 • 오랜 군부집권의 결과 적극적인 행정서비스를 기대하기 어려우며 책임회피를 위해 결제가 최고위층에 집중되어 있으며 부서간 협조 사항도 서비스 받기가 불편. 특히 행정수도가 네피도로 이전하면서 양곤에서 행정서비스를 받기가 매우 불편하고 시간이 많이 걸림(양곤~네피도까지 약 360㎞, 비행기 50분, 자동차로 5시간 소요) ● 열악한 인프라 시설에 따른 추가비용 발생 • 전력, 용수 공급 등 기초 인프라 부족으로 양곤 이외의 지역은 투자 및 사업참여시 물류비용을 반드시 고려해야 하며 만성적인 전력부족으로 예상치 못한 추가비용 발생
최신동향	● 2017년 3월 양곤에서 개최된 미얀마 인프라 써밋(Myanmar Infrastructure Summit)에서 고속도로, 철도, 항만, 항만 터미널, 특수 경제 구역(SEZ)프로젝트에서 대대적인 인프라 개발 투자 계획 ● 중국 기업들은 이미 자원개발 분야에 다수 진출하였으며, 일본 기업들도 최근 띨라와 SEZ 개발, 철도 사업 등을 수행 하는 등 적극 진출하고 있음 ● 2017년 7월 일본해외교통도시개발지원기구(JOIN)는 후지타건설, 도쿄건물과 양곤시 舊군사박물관 부지(9,200m2)에 지상 9층, 지하 2층 규모의 오피스, 상업시설, 호텔 등으로 구성된 주상복합시설을 건설 추진 이를 위해(49.4백만불 투자. 2019년 완공) • 설계&시공은 후지타, 시설운영은 도쿄건물, 호텔은 오쿠라호텔

4) 분야별 추진계획 및 수주전망

구분	주요 내용
분야별 추진계획	● **도로 및 교량** : 대부분 외국의 유무상 원조로 추진, 민간자본을 활용한 BOT 방식의 사업추진도 늘어나는 추세 • 건설부는 양곤-만달레이 고속도로(590km) 교량 개보수 및 도로 확장사업을 추진할 계획 • 인도-미얀마-태국을 연결하는 고속도로(1,400km) 프로젝트도 추진중 ● **철도** : 미얀마 전체인구의 약 70%가 지방에 거주하고 있는 인구분포를 감안할 때 향후 도로와 함께 도시-지방간 연결철도 개발사업이 지속적으로 추진될 예정이며 MDB 및 원조국의 ODA 지원을 통해 사업추진이 가시화 되고 있음 ● **전력** : 인구증가와 산업발전에 따라 수요는 증가하고 있는 반면, 전력공급은 수요의 40%도 충족하지 못하고 있는 실정으로 발전설비와 송배전망 확충사업이 본격 추진 중 • 수력발전은 미얀마의 가장 중요한 전력공급원이지만, 건기에는 수자원 부족으로 전력공급이 급감하는 단점이 있어 이를 보완하기 위해 화력발전소 건설을 적극 추진 중
수주전망	● 향후 양곤 이외의 15개 주에 대한 균형발전을 위해 고속도로, 철도, 도시개발, 폐수처리시설 분야에 대한 발주가 지속될 것으로 전망

5) SWOT분석 및 전략도출

Strengths	Opportunities
■ 낮은 인건비, 풍부한 젊은 노동력 ■ 인도, 중국 등 주요 국가인접 ■ 천연자원 풍부 ■ 높은 6%이상 경제성장률 ■ 주요 건설 인프라 관련 사업	■ 통합 외국인 투자법 제정 ■ 신정부 출범에 따른 인프라 개발 정책 기대 ■ 미얀마에 대한 EDCF자금 증대 ■ MDB차관 증대 ■ 미국의 경제재재 모두 해제
Weaknesses	**Threats**
■ 열악한 인프라 환경으로 추가비용 ■ 투자 관련 인허가 절차 복잡 ■ 인맥을 중요시하는 사회적 풍토 ■ 열악한 사회간접자본	■ 잦은 법 개정 ■ 소수민족과 정부 간의 내전 ■ 우리나라의 실적부진 ■ 미얀마 시장선점을 위한 중국, 일본 정부의 적극적인 행보

시사점
■ 미얀마는 아직 미성숙 시장으로서 높은 리스크와 잠재력가 공존 ■ 미얀마의 잠재력, 정치적 목적으로 중국, 일본의 진출 확대 ■ 미얀마에 대한 EDCF, MDB 차관 증가 추세

비전	범정부차원의 경제협력을 통해 진출기반 마련
미션	■ 한국형 산업단지 조성으로 국내 기업 진출기반 확대 ■ 현지 발주처 및 기업과의 네트워크 구축 ■ EDCF, MDB 차관사업 참여 ■ 인접국가와의 전략적 협력관계 구축

6) 세부진출전략

구분	주요 내용
세부 진출 전략	● **한국형 산업단지 조성으로 국내기업 진출기반 확대** • 일본 정부의 경제협력 산업단지 개발사업과 같이 우리나라도 범정부차원에서 미얀마 제조업 진출기반을 마련하여 국내 기업 진출 기반 확대 • 미얀마의 풍부한 노동력과 우리나라의 자본, 기술을 통해 상호협력 기대 ● **현지 발주처 및 기업과의 네트워크 구축** • 현지 정부 및 유관기관과의 네트워크 구축을 통해 발주정보, 시장동향 등의 고급정보를 수집하고, 기 진출 및 현지 업체와 협력을 통해 초기 진출에 대한 리스크 완화 노력 필요 ● **EDCF, MDB 차관사업 참여** • 우리나라의 EDCF와 더불어 MDB 차관 사업과 최근 경제제재 해제에 따른 미국의 투자 확대로 인하여 관련 인프라 사업 발주가 예상됨에 따라 현지 업체 및 제 3국 기업과 협력 등 다양한 진출방안 모색 ● **인접국 기업과의 전략적 협력관계 구축** • 태국, 인도 등 현지 사업경험 및 대 미얀마 영향력이 강한 인접국 기업과 전략적 협력관계를 구축을 통한 수주가능성 강화

4 무시할 수 없는 텃밭 '중동'

가. 사우디아라비아

1) 시장환경 평가

구분	세부항목	주요지표	순위 (지역별 순위)
경제	1인당GDP(달러) (2016년 기준)	19,922	5/16
	GDP규모(억달러) (2016년 기준)	6,378	2/16
	GDP성장률(%) (2016년 기준)	1.2	12/16
	정부재정비중(%) (2016년 기준)	-13.0	12/16
국가안정성	물가상승률(%) (2016년 기준)	4.0	6/16
	외환보유액(백만달러) (2016년 기준)	529,943	1/16
	국가신용등급 (2016년 기준)	B2	4/16
	세계평화지수(점) (2016년 기준)	2.474	6/16
건설시장	건설시장성장률(%) (2017년 추정치)	1.42	10/16
	건설시장비중(%) (2017년 추정치)	6.5	9/16
	평균수주액(백만달러) (2007~2016년 평균)	8,034,560	1/16
	평균수주증가율(%) (2007~2016년 평균)	11.70	4/16
건설사업 수행환경	건축관련인허가(점) (2016년 기준)	80.66	2/16
	물류경쟁력(점) (2016년 기준)	3.16	7/16
	현지공급자현황(점) (2016년 기준)	4.9	3/16
	현지공급자품질(점) (2016년 기준)	4.4	5/16

2) 사업유형 평가

구분	세부항목	주요지표	순위
PPP제도	준비 및 평가	N/A	N/A
	계약 및 사업추진	N/A	N/A
	운영 및 관리	N/A	N/A
	평균	N/A	N/A
정부발주	도급사업(백만달러)	77030.15	1/16
	투자사업(백만달러)	2129.54	1/16
ODA	EDCF(백만달러)	N/A	N/A
	KOICA(백만달러)	N/A	N/A
MDB	WB(백만달러)	N/A	N/A
	ADB(백만달러)	N/A	N/A
	AfDB(백만달러)	N/A	N/A
	EBRD(백만달러)	N/A	N/A
	IDB(백만달러)	N/A	N/A
	IsDB(백만달러)	N/A	N/A
사업유형 평가	● 사우디는 우리나라의 최대 해외건설시장으로 그간 우리기업은 일반 도급사업 위주로 참여해왔으며, 사우디 정부 및 공기업이 대부분의 프로젝트를 정부재정의 일반 도급형태로 추진 ● 그러나 사우디는 최근 저유가 추세로 인한 재정압박을 극복하기 위한 일환으로 교통 인프라, 수 · 전력 등 주요 프로젝트의 사업방식을 도급방식에서 PPP사업으로 전환하는 것에 대한 검토가 활발하여 향후 관련 사업 발주가 확대될 것으로 예상		

3) 진출제약요인 및 최신동향

구분	주요 내용
제약요인	● 외국인 노동 규제 강화에 따른 부담 증가 • 사우디 정부는 자국의 높은 실업률 해소를 위해 외국인 노동허가증 발급비용을 25배 인상하고, 외국 노동자 유입을 억제하는 조치를 해왔음 • 2017년부터 외국인세(Expat Levy)를 부과하기 시작하였으며, 2020년까지 상향조정할 계획으로 추가비용 부담이 증가하고 있음 • 사우디인 의무고용비율도 점차 강화 추세(건설업의 경우 현지인 의무고용비율이 9~16% 수준으로 현재까지는 크게 강화되지 않은 상황) ● 정부 재정 악화로 공사대금 지연 지급 • 최근 유가가 소폭 상승하였으나 수년간 공사대금 지급이 지연되고 있음 • 공사대금 지연에 따른 공정률 부진, 이에 따른 계약 해지 등 국내 기업의 손실 우려
최신동향	● PPP 전담기관 설치에 이어 관련법 마련중 • '17.4월, 경제기획부(Ministry of Economy and Planning) 산하에 PPP전담기관인 NCP(National Centre for Privatisation)를 설치하였으며, '17년말까지 PPP 관련 법적 틀 마련 계획 • 하지만 관계 부처간 협의 등이 필요함에 따라 PPP 프로젝트의 본격 추진까지는 다소 시간이 필요할 것으로 예상 ● 부가가치세(VAT) 도입 추진 • '15년말 GCC 6개국이 VAT 공동 도입에 합의하였으며, 사우디는 '18.1월 도입을 목표로 최근 관련 법령안을 공표하고 행정 시스템을 구축하고 있는 상황 ● 5천억 달러 규모 Neom 신도시, 홍해연안 개발계획 등 대규모 도시개발계획 발표 • Neom 신도시는 2만6,500㎢ 규모 부지에 미래형 주거·산업용 신도시 형태로, 홍해연안은 관광지 형태로 개발 계획

4) 분야별 추진계획 및 수주전망

구분	주요 내용
분야별 추진계획	● 수 · 전력 • SEC : 타이바 ISCC(3,780MW), PP15(5,400MW) 등 금융을 동반한 EPC 또는 IPP 형태로 발주 예정 • 해수담수화공사(SWCC) : 쥬베일 3 IWPP, 젯다 4 IWP 등의 신규 프로젝트 발주와 함께 운영 중인 시설의 민영화 추진 예정 • 신재생 : 전력시설 확충 및 석유 의존도 감소 등을 위해 추진 중인 500억불 규모의 NREP((National Renewable Energy Program)의 일환으로 향후 10년간 30건의 태양 및 풍력 발전 프로젝트 추진 계획('17.4) ● 석유 · 가스 : 주요 발주처인 사우디 아람코가 생산량 유지를 위해 향후 10년간 3,340억불 투자계획을 발표 • 마르잔 유전 확장(50억불), 베리 유전 확장 등 FEED 진행 중 ● 교통 : 사우디-바레인 코즈웨이(약 60억불), 메카, 젯다, 메디나 등 도시철도, 랜드브릿지 철도(1,300km) 등 대규모 프로젝트는 PPP 방식으로 추진 계획 ● 주택 : 주택부, 향후 5년간 100만호 규모의 저가주택 건설 계획 • 대우+한화건설 5만 세대 규모 다흐야트 알-푸르산 신도시 건설사업 추진 중(17.5월)
수주 전망	● 가스처리 · 석유화학 플랜트와 인구증가 및 산업화에 따른 필수 인프라 시설(수 · 전력시설 등) 중심으로 수주활동전개 필요 ● 다만 저유가 지속에 따른 정부재정 악화로 인한 예산의 긴축적 운용과 현지화 정책 강화로 외국 건설기업의 참여 기회는 제한적일 것으로 전망

5) SWOT분석 및 전략도출

Strengths	Opportunities
■ 풍부한 천연자원 보유 ■ 높은 인구증가율 ■ 전기, 용수 등 시설비용 저렴 ■ 국내 건설기업 주력시장	■ Saudi Vision 2030 추진 ■ 노후 발전소의 교체 수요 ■ 주택 및 사회인프라 수요 증가에 따른 신도시 개발 등 진출 가능 ■ 국제유가 다소 회복세
Weaknesses	**Threats**
■ 고부가가치 시장에서 수주경쟁력이 선진국 대비 낮음 ■ 이란과의 종파적 대립 및 카타르와의 단교사태 등 인접 국가와의 갈등 ■ 비교적 높은 석유의존도	■ 저유가에 따른 재정적자 확대로 정부 발주 감소 및 사업 지연 ■ 현지 기업 경쟁력 강화 ■ 사우디인 의무고용제도 강화 추세

시사점

■ 현지 기업의 역량강화로 대부분의 단순기술을 요하는 프로젝트의 경우 현지 기업이 수주하는 경향이 있기 때문에 현지 기업과 협력관계 구축

■ 특정분야의 플랜트 전문기업 진출 필요

비전	정부간 협력 및 현지 네트워크를 기반으로 유망 사업분야 진출
미션	■ 현지 기업과 협력관계 구축 강화 ■ 전문분야의 플랜트 전문기업 진출 ■ 주택, 도시개발 분야 진출 ■ PPP등 투자개발형 사업 참여

6) 세부진출전략

구분	주요 내용
세부 진출 전략	● **민자개발형 사업 참여방안 모색** • 재정부담을 줄이기 위해 민자 투자유치를 통한 사업 추진이 확대되고 있는 추세 • 금융주선 및 투자개발형 사업 참여방안을 적극적으로 모색할 뿐만 아니라 지속적인 현지 네트워킹을 통해 발주처의 요구사항에 선제적이고 효율적으로 대응하는 것이 필요 • 현지공관 등을 활용하여 PPP 관련 제도 및 사업 정보 제공과 함께 공기업 주도 하에 우리 건설기업이 협력 참여할 수 있는 사업 발굴 및 우리기업의 적극적 참여 검토 필요(우리 산업통상부-사우디 경제기획부가 주도하고 있는 한-사우디 비전 2030 협력 적극 활용) ● **프로젝트 리스크 관리 등 PM 역량 강화** • 프로젝트 규모가 점차 대형화되고 사업내용이 복잡해지고 있어 PM 역량의 중요성 부각 • 철저한 사업관리를 통해 리스크를 최소화하고 프로젝트를 종합적으로 관리할 수 있는 역량 구축 필요 ● **재정확보를 위해 정부가 추진중인 세금 확대 등의 정책에 대한 모니터링 강화** • 사우디 정부는 재정확보를 위해 '17년부터 외국인세 부과, 2018년 부가가치세 도입을 준비하고 있으며 에너지 보조금도 점차 축소할 계획 • 이외 기타 수수료 및 과태료 인상, 신규 수수료 도입 가능성도 배제할 수 없으므로 지속적인 모니터링을 통해 사전 대비 필요

나. 아랍에미리트

1) 시장환경 평가

구분	세부항목	주요지표	순위 (지역별 순위)
경제	1인당GDP(달러) (2016년 기준)	38,050	2/16
	GDP규모(억달러) (2016년 기준)	3,750	4/16
	GDP성장률(%) (2016년 기준)	2.3	8/16
	정부재정비중(%) (2016년 기준)	-3.9	6/16
국가안정성	물가상승률(%) (2016년 기준)	3.6	8/16
	외환보유액(백만달러) (2016년 기준)	84,168	5/16
	국가신용등급 (2016년 기준)	B1	1/16
	세계평화지수(점) (2016년 기준)	1.944	14/16
건설시장	건설시장성장률(%) (2017년 추정치)	8.7	3/16
	건설시장비중(%) (2017년 추정치)	12.0	1/16
	평균수주액(백만달러) (2007~2016년 평균)	6,457,599	2/16
	평균수주증가율(%) (2007~2016년 평균)	41.58	8/16
건설사업 수행환경	건축관련인허가(점) (2016년 기준)	86.15	1/16
	물류경쟁력(점) (2016년 기준)	3.94	1/16
	현지공급자현황(점) (2016년 기준)	5.2	1/16
	현지공급자품질(점) (2016년 기준)	5.2	1/16

2) 사업유형 평가

구분	세부항목	주요지표	순위
PPP제도	준비 및 평가	N/A	N/A
	계약 및 사업추진	N/A	N/A
	운영 및 관리	N/A	N/A
	평균	N/A	N/A
정부발주	도급사업(백만달러)	63874.95	2/16
	투자사업(백만달러)	701.04	2/16
ODA	EDCF(백만달러)	N/A	N/A
	KOICA(백만달러)	N/A	N/A
MDB	WB(백만달러)	N/A	N/A
	ADB(백만달러)	N/A	N/A
	AfDB(백만달러)	N/A	N/A
	EBRD(백만달러)	N/A	N/A
	IDB(백만달러)	N/A	N/A
	IsDB(백만달러)	118.5	7/16
사업유형 평가	● 아랍에미리트는 그간 국내 기업들이 정부발주사업 중심으로 진출하였으며, 전체 수주규모가 사우디 다음으로 높음 ● 두바이가 2015년 PPP법을 제정하였으며, 아부다비 또한 관련 규정을 준비중으로 PPP 발주가 증가할 것으로 전망 • 당초 EPC 형태로 개발 예정이던 두바이 대심도 하수터널망 프로젝트의 경우 PPP 방식으로 변경 추진 예정(사업기간 2019~2025, 사업비 34억불→82억불로 증가)		

3) 진출제약요인 및 최신동향

구분	주요 내용
제약요인	● 에미리트별 상이한 건설관련 제도 • 현지 여건 변동 등에 따라 사업장 소재지 이외의 에미리트에 대한 진출을 모색할 경우 각 에미리트 마다 별도의 사업자 및 면허 등록, 스폰서 선임 필요 • 다른 에미리트 진출 시 각종 행정처리에 비용 및 시간이 추가 소요될 뿐만 아니라 즉각적인 대처가 쉽지 않은 상황 ● 세금 도입 및 행정처리 비용 인상 • UAE는 외국인 투자 유치시 강점으로 무세금 정책을 내세워왔으나 저유가가 장기화되자 재정부담을 줄이기 위해 각종 세금 도입을 추진 중이어서 관련 비용 발생 예상 • '18.1월 VAT 도입 예정으로, '17.10월부터 행정적 준비를 위한 관련 기업의 온라인 등록을 시작(연간 매출액 37만 5천 AED(약 10만 달러) 초과 기업은 의무 등록) • 수입 유무와 관계없는 스폰서 비용(보통 연간 약 14만불)이 고정적으로 발생하고 있을 뿐만 아니라 각종 행정처리 관련 수수료도 인상되고 있어 부담 가중
최신동향	● 아부다비국영석유회사(Abu Dhabi National Oil Co.: Adnoc)가 5개 오프쇼어 필드의 사워(Sour)가스 개발에 200억불 규모의 투자 검토중('17.7) • 관련 필드는 하일(Hail), 가샤(Ghasha), 달마(Dalma), 나스르(Nasr), 슈와이핫(Shuwaihat) 등으로 총 12억 cf/d 규모의 가스 생산이 가능할 것으로 예상 ● 두바이, EXPO 2020 관련 상업시설 및 인프라 구축 사업 발주 지속

4) 분야별 추진계획 및 수주전망

구분	주요 내용
분야별 추진계획	● **건축** : EXPO 2020 개최를 준비중인 두바이를 중심으로 관련 시설 및 부지 개발, 호텔 건설 등 추진 ● **석유 및 가스, 석유화학** : 천연자원의 대부분이 매장되어 있는 아부다비 중심으로 프로젝트 발주 • 저유가 지속으로 아부다비 정부가 효율성을 위한 조직합병과 비용 절감방안 수립 등에 집중하고 있어 관련 프로젝트 추진이 다소 지연 • 아부다비국영석유회사(ADNOC)가 2025년까지 석유화학 생산능력을 2배로 확대하고 가솔린 생산도 늘리겠다고 발표한 바 있으나 구체적인 프로젝트 추진까지는 일정 시간 소요 예상 • 최근 사 가스전 사워가스시설 개발(약 23억불) 등 일부 가스시설 확장 프로젝트 관련 PQ 등 추진 움직임 ● **신재생에너지** : 아랍에미리트는 중동지역의 신재생에너지시장을 주도하고 있어 관련 프로젝트 지속 추진 예상 • 두바이는 '클린에너지 전략 2050'에 따라 2030년까지 전력생산량의 25%를 신재생에너지로 충당, 2050년까지 청정에너지 비중을 75%까지 확대할 계획 • 아부다비는 2020년까지 총 전력 소비량의 7%를 신재생에너지로 충당하겠다는 목표 하에 태양광발전소 등의 프로젝트 추진
수주 전망	● 원유 처리시설 프로젝트와 함께 두바이의 빌딩 건축부문 중심 수주활동 증가 ● 일반 건축 및 토목부문의 경우 우리 기업의 가격 경쟁력이 낮아서 단독 수주가 쉽지 않은 상황

5) SWOT분석 및 전략도출

Strengths	Opportunities
■ 중동지역의 허브국가 ■ 국부펀드 등 중동의 자본력 ■ 엑스포 2020 등 사업지속 발주	■ 산업다각화 지속 추진 ■ 국제유가 소폭 회복세 ■ 부동산 개발로 건축수요 증가 ■ 중동지역 신재생에너지 시장 주도
Weaknesses	**Threats**
■ 오일 · 가스분야 중심의 시장구조 ■ 유가 영향이 큰 시장 ■ 일반 건축공사의 경우 현지 및 주변국 출신 기업의 경쟁력 강화로 외국기업 참여 제한적	■ 국제유가 하락 ■ 역내 지정학적 리스크 증가 ■ 저유가에 따른 에너지 분야 감소 ■ 인프라 사업에 대한 민간투자 확대로 일반 도급공사 발주 축소 ■ 세금 확대 및 비용 인상 추세

시사점
■ 중동자본(UAE 국부펀드 등)과 한국의 기술력을 결합한 전략적 투자유치 ■ 저유가로 인한 재정압박으로 PPP사업으로 발주 확대 예상 ■ 엑스포와 관련된 인프라 발주 예상

비전	수주경쟁력 우위분야 중심 수주 및 PPP사업 준비
미션	■ 현지 기업과 협력관계 구축 강화하여 다양한 사업 수행 ■ 전문분야의 플랜트 전문기업 진출 ■ 주택, 도시개발 등 사회인프라 분야 진출 ■ PPP등 투자개발형 사업 추진

6) 세부진출전략

구분	주요 내용
세부 진출 전략	● 현지기업 및 현지화된 외국기업과의 협력을 통한 진출 모색 • 두바이가 EXPO 2020 개최를 위한 부동산 및 교통 인프라 부문의 신규 프로젝트와 상업시설 발주 지속할 것으로 예상 • 건축 및 토목부문의 경우 우리 기업의 가격 경쟁력이 낮아서 단독 수주가 쉽지 않은 상황이므로 현지기업 또는 현지화가 충분히 되어있는 외국기업과의 협력 등을 통한 수주 검토 필요 ● PPP사업 진출 대비 • 두바이뿐만 아니라 연방정부 차원에서 PPP 사업을 위한 시스템을 구축하고 있는 점을 고려하여 보다 적극적인 관심 및 참여 방안 모색 필요 ● 중소 · 중견업체의 적극적 현지화 필요 • 일부 우리 중견 · 중소 및 엔지니어링 기업은 현지 정부 발주처 등록과 네트워크 강화를 통해 소규모 프로젝트 중심으로 참여 활발 • 우리 대기업 하청공사 참여뿐만 아니라 적극적인 현지화를 통한 수주 확대 및 사업기회 모색 필요 ● 정부가 신규 도입 추진중인 VAT 도입 등 정책변경에 대한 모니터링 강화 • 저유가로 인한 정부재정 악화로 신규 세금 도입 및 수수료 인상 등이 있을 것으로 예상됨에 따라 현지 정책 변화에 대한 지속적 모니터링 필요

다. 이란

1) 시장환경 평가

구분	세부항목	주요지표	순위 (지역별 순위)
경제	1인당GDP(달러) (2016년 기준)	5,124	10/16
	GDP규모(억달러) (2016년 기준)	4,123	3/16
	GDP성장률(%) (2016년 기준)	4.5	2/16
	정부재정비중(%) (2016년 기준)	-1.1	1/16
국가안정성	물가상승률(%) (2016년 기준)	7.4	4/16
	외환보유액(백만달러) (2016년 기준)	132,337	2/16
	국가신용등급 (2016년 기준)	C2	10/16
	세계평화지수(점) (2016년 기준)	2.364	8/16
건설시장	건설시장성장률(%) (2017년 추정치)	7.50	4/16
	건설시장비중(%) (2017년 추정치)	9.7	4/16
	평균수주액(백만달러) (2007~2016년 평균)	308,495	9/16
	평균수주증가율(%) (2007~2016년 평균)	4,955.96	13/16
건설사업 수행환경	건축관련인허가(점) (2016년 기준)	78.50	6/16
	물류경쟁력(점) (2016년 기준)	2.60	13/16
	현지공급자현황(점) (2016년 기준)	4.5	11/16
	현지공급자품질(점) (2016년 기준)	3.7	13/16

2) 사업유형 평가

구분	세부항목	주요지표	순위
PPP제도	준비 및 평가	N/A	N/A
	계약 및 사업추진	N/A	N/A
	운영 및 관리	N/A	N/A
	평균	N/A	N/A
정부발주	도급사업(백만달러)	3084.95	3/16
	투자사업(백만달러)	N/A	N/A
ODA	EDCF(백만달러)	N/A	N/A
	KOICA(백만달러)	5.69	8/16
MDB	WB(백만달러)	N/A	N/A
	ADB(백만달러)	N/A	N/A
	AfDB(백만달러)	N/A	N/A
	EBRD(백만달러)	N/A	N/A
	IDB(백만달러)	N/A	N/A
	IsDB(백만달러)	1248.27	1/16
사업유형 평가	● 이란은 아직 PPP 법률과 제도가 미비함 ● 이란은 정부조달사업을 중심으로 국내기업들이 수주하였으며, IsDB 지원규모가 높은 편임		

3) 진출제약요인 및 최신동향

<table>
<tr><th>구분</th><th>주요 내용</th></tr>
<tr><td>제약요인</td><td>● PF 조달 방안 및 펀딩 갭 발생
• 이란 경제제재가 해제되었음에도 금융거래시 달러사용이 금지돼 있어 달러 환전이 필요한 제3국 통화(유로화, 위안화, 원화, 엔화 등) 사용 제약, 환전이 필요 없는 직거래시장을 가진 통화는 사용가능하나 미국의 페널티 가능성 때문에 소극적
• 이란시장으로의 대규모 자금 이동이 어려워 PF 조달이 사실상 막혀 있는 상황, 정부수출신용기관(ECA)의 지원으로 조달이 되더라도 OECD 가이드라인 기준(수출계약금액의 85%+30%(현지화분 지원분))으로 펀딩갭(Funding Gap) 발생(계약금액의 25~35% 수준)
※수출계약금액: 계약금액에서 현지화분 금액을 뺀 차액

● 이란 정부의 경제개혁 의지 미흡
• 개혁파와 보수파 사이의 정쟁으로 인해 금융을 포함한 경제개혁 추진 일정 지연
• 부실채권 규모 감소 및 이자율 인하, 신용등급 상승, 자금세탁 및 테러자금방지법 가입 등 국제 금융시스템과의 원활한 접속을 위한 과제 해결 필요

● 미국의 Primary Sanction 유지
• 미국의 개인 및 기관이 이란과 직접 거래를 할 수 없음에 따른 달러매개 거래불가는 금융조달의 최대 장애요인</td></tr>
<tr><td>최신동향</td><td>● 미 행정부의 핵협상 불인증('17.10.13)으로 JCPOA의 수정 및 파기 가능성 대두

● 다만 다자간 협정을 미국 단독으로 파기할 수 없는 상황이나 국제 상업은행들의 투자 경색으로 인해 프로젝트 시장이 위축될 것으로 예상</td></tr>
</table>

4) 분야별 추진계획 및 수주전망

구분	주요 내용
분야별 추진계획	● 정부예산 확보 차원의 에너지부문 발주 가속 • 이란 정부는 경제제재로 인한 예산 부족을 만회하기 위해 유 · 가스전 개발 최우선 투자를 계획 • 해외 투자자 유인책인 새로운 에너지 계약법(Iranian Petroleum Contract, IPC)을 사우스파 11단계 개발 프로젝트에 적용시키는 등 향후 해외기업들의 관심이 증대할 전망 • 인근 국가와 국경을 접하고 있는 공유유전(Shared Field)을 우선 개발할 계획임 ※ 공유유전 : Huwaiza, North and South Azadegan 등 ● 이란 건설시장의 불확실성에도 중동지역 내에서 2위의 경제규모와 인구수를 가진 이란은 향후 성장 잠재력에 맞는 대규모 프로젝트 계획을 준비 중임 • 부문별로 에너지(1,850억불), 석유화학(700억불), 정유(200억불), 철도(130억유로), 신도시(60억유로), 도로(30억유로), 공항(20억유로), 항만(10억유로) 등의 발주규모 보유 • 헬스케어(250억불) 또한 주요 분야로 의료수준이 글로벌 기준에 부응하기 위해 10만개의 병상과 기존시설에 대한 60%의 현대화 작업이 요구됨
수주 전망	● 국내 기업들이 MOU 체결로 시장을 선점하고 일부는 본 계약까지 체결하였으나 금융조달 문제로 착공이 지연 중 ● 미국 행정부가 핵협상을 불인증함에 따라 미국의 대이란 정책 변화도 수주환경에 영향 예상

5) SWOT분석 및 전략도출

Strengths	Opportunities
■ 석유 · 천연가스 · 광물자원 등 자원 부국 ■ 주변국과 교통인프라 연결을 통한 동서무역의 주요 거점 ■ 한국 기업에 대해 우호적	■ 산업다각화 추진 ■ 미국의 경제제재 해제 효과에 따른 국내 총생산 증가 ■ 이란 정부의 경제개혁 의지 ■ 수은의 중점협력국 포함 ■ 다수의 프로젝트 MOU 체결
Weaknesses	**Threats**
■ 금융거래시 달러사용이 금지 ■ 높은 세금, 부패 등 투자환경 ■ PF 조달이 막혀 있어 펀딩 갭(Funding Gap) 발생 ■ 정치적 리스크 상존	■ 저유가 지속으로 이란 경제 침체 ■ 미국 트럼프 정부의 핵협의 파기 가능성 상존 ■ 불투명한 정부 정책 ■ 산업성장에 따른 전력 및 수자원 부족에 대한 우려 증대

시사점
■ 대규모 석유화학/인프라 프로젝트 유망 ■ 대내외적인 변수를 상시 모니터링해야 하며 잠재 리스크(스냅백)가 상존하고 있으므로 결재대금 미지급, 합의사항 미준수 등 위험요인 방지를 위한 장치 필요

비전	기업 간 상호협력으로 리스크 최소화
미션	■ IPP시장 진출 ■ ECA, IsDB 등 다양한 재원 활용 ■ 현지 기업, 제 3국기업 등과 공동진출하여 리스크 완화

6) 세부진출전략

구분	주요 내용
세부 진출 전략	● **PF(Project Financing) 조달능력 배양** • 금융조달형 시장 재편으로 시공자금융주선 또는 직접 투자를 동반한 개발형 사업 참여 방안 마련 필요 • 펀딩 갭 해소를 위해 발주처와의 협의 시 이란 현지화 비율(51%)을 낮추거나 발주처 선수금 비중을 공사비 대비 최대 15%까지 투입할 수 있도록 유도 • 수출입은행의 F/A와 무역보험공사가 추진 중인 C/A의 실제 적용 및 효과 극대화 필요 ● **기업 간 상호 협력 진출** • 프로젝트의 대형화에 따른 리스크를 상쇄할 수 있는 방안으로 각 사의 장점을 극대화해서 상호 협력하는 JV 구성 필요 • 민간투자 프로젝트에서 중국기업들의 EPC 참여가 확대될 것으로 보여 이에 대응할 수 있는 전략으로도 평가됨 ● **글로벌 디벨로퍼와의 제휴로 IPP시장 진출 모색** ● **한국수출입은행 이란 금융패키지 활용** • (수출금융: 90억달러, 협조융자 45억달러)등 활용 • 2017 한국수출입은행 중점협력국에 포함 ● **금융구조개발** • 펀딩갭 해소를 위해 필수인 상업은행들이 이란의 낮은 신용도와 제재 여파를 극복하고 금융 지원에 참여 가능한 구조 발굴 필요 ● **이란의 사업조건(발주처의 선비용 투입 확대, 현지화 비율 완화 등)을 개선하기 위한 양 정부간 협력 필요**

라. 이라크

1) 시장환경 평가

구분	세부항목	주요지표	순위 (지역별 순위)
경제	1인당GDP(달러) (2016년 기준)	4,334	12/16
	GDP규모(억달러) (2016년 기준)	1,563	8/16
	GDP성장률(%) (2016년 기준)	10.3	1/16
	정부재정비중(%) (2016년 기준)	-14.1	14/16
국가안정성	물가상승률(%) (2016년 기준)	2.0	12/16
	외환보유액(백만달러) (2016년 기준)	40,362	7/16
	국가신용등급 (2016년 기준)	E	14/16
	세계평화지수(점) (2016년 기준)	3.556	1/16
건설시장	건설시장성장률(%) (2017년 추정치)	1.25	11/16
	건설시장비중(%) (2017년 추정치)	6.7	8/16
	평균수주액(백만달러) (2007~2016년 평균)	2,872,484	4/16
	평균수주증가율(%) (2007~2016년 평균)	388.21	7/16
건설사업 수행환경	건축관련인허가(점) (2016년 기준)	67.66	12/16
	물류경쟁력(점) (2016년 기준)	2.19	16/16
	현지공급자현황(점) (2016년 기준)	N/A	N/A
	현지공급자품질(점) (2016년 기준)	N/A	N/A

2) 사업유형 평가

구분	세부항목	주요지표	순위
PPP제도	준비 및 평가	4	7/16
	계약 및 사업추진	48	6/16
	운영 및 관리	40	6/16
	평균	30.7	6/16
정부발주	도급사업(백만달러)	28724.84	4/16
	투자사업(백만달러)	N/A	3/16
ODA	EDCF(백만달러)	N/A	4/16
	KOICA(백만달러)	122.79	3/16
MDB	WB(백만달러)	140.49	5/16
	ADB(백만달러)	N/A	1/16
	AfDB(백만달러)	N/A	7/16
	EBRD(백만달러)	N/A	1/16
	IDB(백만달러)	N/A	5/16
	IsDB(백만달러)	N/A	5/16
사업유형 평가	• 이라크의 PPP제도는 초기단계 수준이며, 국내 기업이 정부발주사업과 무상원조를 통해 수주함 • EDCF는 아직 지원 실적이 없음		

3) 진출제약요인 및 최신동향

구분	주요 내용
제약요인	● 저유가로 인한 정부 예산부족 심화 • 예산부족 현상이 심화되면서 신규 프로젝트 발주는 물론 기존 프로젝트 수행도 차질 발생 ● 현지 정세 불안으로 인해 업체별 파견인력 제한 • 이라크는 여행금지국가로 지정돼 있어 외교부로부터 별도의 예외적 여권사용허가를 신청·발급받아야 방문 가능 • ISIL사태 이후, 정세가 급격히 악화된 '14년 중순부터 여권사용허가 또한 제한적으로 발급, 신규사업의 경우 기존 프로젝트가 위치한 지역을 대상으로 선별적으로 허용('17.5.10) ● 2018년 4월, 총선 및 지방선거의 판도 • 당초 2017년 9월 16일 지방선거가 예정돼 있었으나 정세 불안으로 내년으로 연기, 현 알-아바디 총리가 ISIL 사태를 종식시키는 등 강한 리더십을 통해 국민통합을 주장하고 있으나, 전 말리키 총리의 영향력이 확대되면서 이상 기류 감지 ● 쿠르드자치정부(KRG)의 향후 향방 • 이라크 정부와 인근 국가들의 반대에도 불구하고, 2017년 9월 25일 쿠르드자치정부가 분리 독립 주민투표를 감행(92.7%의 찬성표 획득) • 이라크 정부군이 군사작전을 통해 키르쿠크주를 반환받음. KRG와의 무력 충돌은 없었으나 이후 긴장상태는 여전
최신동향	● 모술탈환('17.7)이후 이라크 정부가 1,000억불의 장기(10년) 투자계획을 발표했으나 저유가와 전쟁 비용 상승으로 재원 마련이 어려운 상태 ● 당분간 대규모 사업보다 민생안정과 치안확보를 위한 소규모 프로젝트 중심으로 추진될 것으로 예상

4) 분야별 추진계획 및 수주전망

구분	주요 내용
분야별 추진계획	● **이라크 정부가 재건시장을 본격 가동한 만큼 ISIL 사태 최종 종전 이후 대규모 재건시장 기대** • 재건사업 현황 : 전력(900억불), 에너지(800억불), 교통(460억불), 의료(265억불), 보안 · IT(175억불), 상하수도 및 폐수처리(150억불) ● **제2차 경제개발계획(2013~2017)의 재건 프로젝트가 ISIL 사태로 인해 추진이 중단된 만큼 조만간 재추진 예상** • 중 · 소규모의 12개 유전개발사업, 130억불 원유수출 파이프라인 프로젝트, 4개 신규 정유공장, 바스라 국제공항 개선사업, 남부지역의 주요 유전개발 사업 등이 재추진될 전망 • 재건시장은 ISIL 사태 종전 이후 정치적 안정기를 거쳐 빠르면 '18년 하반기 정도 가시화될 전망이나 유가 하락 영향으로 인해 '13년과 같은 대규모 투자 계획은 어려울 전망 ● **도로, 항만, 공항 등 교통 인프라 프로젝트 발주 가속** • 전체 80억불 규모의 이라크 남부 Grand Faw 항만 사업과 카르발라 국제공항, 바그다드-비스마야 연결 고속도로 등 도심 및 물류 이동을 위한 국가 간선 인프라 사업 발주 착수 • 장기간 경제제재, 미 침공, ISIL 사태 등으로 전력, 상하수도, 의료 등 인프라 수요 막대 ● **ISIL이 점령한 도시들의 도로, 상하수도, 전력, 빌딩 등 기반시설 재건 추진이 전망되나 구체적인 사업계획은 미발표**
수주 전망	● 모술탈환으로 재건시장이 부상할 것으로 예상되나 이라크 내 정치적 안정 여부에 따라 진출 시기는 유동적임

5) SWOT분석 및 전략도출

Strengths	Opportunities
■ 세계 제5위의 석유매장량을 보유 ■ 석유자원을 바탕으로 한 현금동원력 및 성장잠재력 보유 ■ 한국기업에 대한 인지도/이미지가 높고 우호관계 유지	■ 본격적인 재건사업 착수로 전력, 상하수도, 의료, 교통 등 사회인프라 수요 증가 ■ 적극적인 석유자원 개발정책으로 오일 인프라 투자/프로젝트 수주기회 증대
Weaknesses	**Threats**
■ ISIL 반군 사태 등으로 프로젝트 수행 리스크가 매우 높음 ■ 전력 등 사회 기반시설 취약 ■ 국내 정정불안 및 관료주의 폐해 극심	■ 국제유가 저조로 인한 재정수입 악화 ■ 쿠르드 자치정부로 인한 분쟁우려 ■ 중국, 일본은 특히 국가재정을 바탕으로 이라크에 공격적으로 투자

시사점
■ 2017년은 ISIL사태 안정화로 신규 프로젝트들이 확대될 전망 ■ 기존 수행 프로젝트 수행에 집중하면서 이라크 발주처 등과 네트워크를 지속 유지할 필요

비전	재건사업에 대한 참여기회 모색
미션	■ 현지 고위실무자 네트워크 구축을 통해 우리기업 참여기회 마련 ■ 투자개발형 사업 추진을 위한 금융모델 구축 ■ 재건사업의 일환으로 전력, 도로, 주택 등 사업분야 진출 ■ 공기업과 이라크 자원 개발 참여

6) 세부진출전략

구분	주요 내용
세부 진출 전략	● 공격적인 수주활동보다는 이라크 정부 및 업계 인사와 네트워크 유지 ● 투자개발형사업 수주를 위해 금융자본과 파트너십 추진 ● 바스라, 바그다드 등 주택사업 진출 필요 ● 공기업과 공동으로 자원 개발사업 진출 모색 ● 정부 정책 지속 체크 필요 • 여행금지국가인 관계로 국민의 안전이 최우선 과제임에 따라 정부의 지원 방침 및 정책 변경 등 지속적인 모니터링 필요 • 수출입은행 및 무역보험공사 등 정부수출신용기관(ECA)의 수출금융방식의 F/A(Framework Agreement) 및 C/A(Cooperation Arrangement) 체결과 같은 대규모 금융지원 가능 여부 지속 체크 필요 ● 파견인력의 안전 확보를 위한 철저한 사전 준비 • 이라크는 국내정세의 향방을 예측하기 어렵고 불확실성이 높아 파견인력 및 현장에 대한 안전 확보가 필수 요건 • 현지 정세에 따라 우리 정부의 대응도 급변할 수 있으므로 대사관, 협회 등과의 상시 연락망 가동 ● 자원의 잠재가치로 투자 리스크를 상쇄 • 오일&가스 자원을 담보로 민간투자를 유인해 대규모 프로젝트 재원 마련에 활용, 또한 국제사회의 경제 원조를 재건사업의 틀 안으로 끌어들여 국가신용도 상승에 활용 • 현물거래를 통한 기성금 수령 등 시공사들 또한 일정부문의 리스크를 감수하는 전략 필요

마. 오만

1) 시장환경 평가

구분	세부항목	주요지표	순위 (지역별 순위)
경제	1인당GDP(달러) (2016년 기준)	15,080	6/16
	GDP규모(억달러) (2016년 기준)	597	11/16
	GDP성장률(%) (2016년 기준)	-1.8	15/16
	정부재정비중(%) (2016년 기준)	-13.5	13/16
국가안정성	물가상승률(%) (2016년 기준)	1.1	14/16
	외환보유액(백만달러) (2016년 기준)	15,739	12/16
	국가신용등급 (2016년 기준)	B2	4/16
	세계평화지수(점) (2016년 기준)	1.983	12/16
건설시장	건설시장성장률(%) (2017년 추정치)	10.08	2/16
	건설시장비중(%) (2017년 추정치)	8.5	6/16
	평균수주액(백만달러) (2007~2016년 평균)	712,430	8/16
	평균수주증가율(%) (2007~2016년 평균)	23.73	12/16
건설사업 수행환경	건축관련인허가(점) (2016년 기준)	74.64	7/16
	물류경쟁력(점) (2016년 기준)	3.23	5/16
	현지공급자현황(점) (2016년 기준)	3.9	14/16
	현지공급자품질(점) (2016년 기준)	4.1	10/16

2) 사업유형 평가

구분	세부항목	주요지표	순위
PPP제도	준비 및 평가	N/A	N/A
	계약 및 사업추진	N/A	N/A
	운영 및 관리	N/A	N/A
	평균	N/A	N/A
정부발주	도급사업(백만달러)	7124.30	8/16
	투자사업(백만달러)	N/A	3/16
ODA	EDCF(백만달러)	N/A	N/A
	KOICA(백만달러)	N/A	N/A
MDB	WB(백만달러)	N/A	N/A
	ADB(백만달러)	N/A	N/A
	AfDB(백만달러)	N/A	N/A
	EBRD(백만달러)	N/A	N/A
	IDB(백만달러)	N/A	N/A
	IsDB(백만달러)	525.95	2/16
사업유형 평가	● 오만은 주변 GCC 국가 대비 자원이 풍부하지 않아 재정여력이 충분치 않은 상황이어서 주변 GCC 국가의 지원 및 외국의 투자 유치 등을 통해 사업 추진(반면, 우리 기업은 EPC사로 주로 참여) ● 특히 수 · 전력 부문의 경우 대부분 민자개발 형태로 발주되고 있는 실정		

3) 진출제약요인 및 최신동향

구분	주요 내용
제약요인	● **오만화 정책 강화** • 전체 고용인원의 30%를 현지인으로 고용하도록 의무화하고 있으나 프로젝트에 적합한 현지 인력을 구하기가 어려운 실정(전문 기술직 인원이 현저히 부족) • SME(Small and Middle Enterprise) 활성화를 위해 정부 발주 사업의 경우 일정 비율 이상 현지 건설기업과 하도급 계약을 체결해야 하는 등 현지 중소 · 중견기업에 대한 우대정책 실시 중(외국기업이 오만내 석유 · 가스 사업 참여 시 계약금액의 약 10%를 현지 중소기업 제품 및 서비스 이용 필요) ● **Off-set 프로그램(오만 내 재투자 의무화 제도)** • 약 1,300만불 이상(500만 리얄)의 정부 또는 국영기업 프로젝트 수주 시 전체 계약규모의 5%를 PFD(Partnership for Development)에 투자하도록 하는 규정 • 국방분야를 시작으로 적용 분야를 확대해 갈 계획으로 알려져 우리기업의 진출에 걸림돌로 작용할 전망
최신동향	● **소하르항 개발사업 관련, 컨설턴트(FEED 수행) 부문 PQ 실시('17.10) 등 프로젝트 지속 추진** • 소하르항을 2020년까지 연간 약 9천만톤의 화물을 취급하는 중심항으로 개발하기 위한 사업 추진 중 ● **오만 최초의 태양광 발전소(IPP) 프로젝트 추진을 위한 금융자문사 선정, 풍력자원 평가업체 선정을 위한 입찰 추진 등 신재생 에너지 개발사업 관련 추진 움직임('17.10)**

4) 분야별 추진계획 및 수주전망

구분	주요 내용
분야별 추진계획	● **수 · 전력** : 오만수전력조달회사는 수 · 전력 수요 증가에 맞춰 "7개년 계획(2016~2022)"을 수립, 추진 중 • 전력 : 800MW급 미스파(Misfah) 화력발전소, 2,700MW급 신규 IPP 사업 등 추진 계획 • 물 : 매년 6~7%씩 증가하는 물 수요 충족을 위해 살랄라, 샤르키야(Sharqiyah), 두큼, 무스카트/바르카 등에서 IWP 사업 추진 계획(개별 사업규모는 1~5억 달러 수준) ● **교통** • 철도 : 총 9개 구간, 2,135km 길이의 오만 국가 철도망 사업을 계획하고 있으나 연결 예정인 GCC 철도사업이 지연됨에 따라 추진 지연 상태 • 항만 : 프리존 소하르(항만 개발, 총 20억 달러) 프로젝트를 진행하고 있으며 패키지별 시공 및 입찰 추진중 ● **석유 및 석유화학** : '19년까지 정유 생산규모를 2배 확대할 계획으로 두큼 정유공장(56억 달러, 입찰평가중)을 추진 중이며, 이와 더불어 파이프라인 및 원유 저장소 사업 등이 연계되어 추진될 예정 • 두큼 정유공장 사업 추진을 위한 재원조달을 위해 아시아 및 유럽 ECA 기관들을 접촉중이나 다소 지연되고 있는 상황
수주 전망	● 오만은 주변 GCC국가에 비해 건설 프로젝트 발주규모가 크지 않은 편임 ● 우리기업은 석유화학 및 정유, 담수 등의 플랜트 공종에서 주로 수주 활동 중

5) SWOT분석 및 전략도출

Strengths	Opportunities
■ 지정학적인 위치 ■ 사회기반시설 확충, 관광산업 개발 프로젝트 등 지속 ■ 시장지향적 · 개방적인 경제구조	■ 오만 정부의 탈석유화 및 산업다각화 정책 ■ 인프라 수요 증가로 유가반등 시 다양한 프로젝트 발주 기대 ■ 민간부문 투자 유치에 적극적 ■ 에너지 분야 수요 증가
Weaknesses	**Threats**
■ UAE 등 인접국가와의 경쟁에서 인프라 부족으로 인한 열세 지속 ■ 저유가 지속에 따른 경제성장 동력 약화	■ 왕위 계승자 미지정에 따라 향후 정치적 안정성에 잠재적 위협 요인 상존 ■ 예멘 등 정정 불안 국가와 인접

시사점
■ 기존 건설 프로젝트 시장은 물론 IT, 관광, 의료 등 신규 시장 진출을 통한 수출 및 진출 확대 가능 ■ 발주처와의 직접적인 접촉을 통한 적극적인 진출방안 모색 ■ PPP 사업 진출을 위한 대비

비전	교통인프라 및 발전담수(PPP사업) 중심 참여 모색
미션	■ 철도, 항만 등 교통부문 개발사업 참여 모색 ■ 확대추세인 민자사업 진출을 위한 투자재원 마련

6) 세부진출전략

구분	주요 내용
세부 진출 전략	● **현지 인맥 구축을 통한 지속적인 현지 정보 수집** • 주변 GCC 국가에 비해 경제 및 건설시장 규모가 작은 편이지만, 정부가 국가 균형발전과 산업다각화 정책을 적극적으로 추진하고 있고 이를 위해 차관을 활발히 유치하고 있는 점을 고려할 때 지속적인 진출 관심이 요구됨 • 진출을 모색하는 기업은 믿을만한 현지 인맥을 통해 사업정보를 입수해서 면밀히 검토하는 등의 사전 정보수집 활동이 요구됨 ● **현지 및 기진출 기업과의 협력 필요** • 오만 현지기업들은 특히 토건분야에서 가격 경쟁력과 시공능력을 인정받고 있어서 우리기업의 수주 경쟁력이 상대적으로 낮은 실정임 • 경쟁력 있는 현지기업 또는 현지에 기 진출한 기업들과의 합작을 통한 시장 진입을 적극 강구할 필요가 있음 ● **장기개발계획 등 현지 동향 수집** • 오만은 '95년부터 '20년까지 25년 기간의 중장기 경제발전전략 '오만 비전 2020'을 수립하여 산업다각화, 민간부문 활성화, 인적자원 개발, 지속가능한 경제성장 등을 추진해 옴 • 최근 '18년 완성을 목표로 '비전 2040'을 구상하고 있으므로 현지 공관 등을 통해 관련 정보 및 동향을 수집하여 우리기업의 전략수립 위해 지원 필요

바. 터키

1) 시장환경 평가

구분	세부항목	주요지표	순위 (지역별 순위)
경제	1인당GDP(달러) (2016년 기준)	9,317	8/16
	GDP규모(억달러) (2016년 기준)	6,625	1/16
	GDP성장률(%) (2016년 기준)	1.0	13/16
	정부재정비중(%) (2016년 기준)	-1.9	2/16
국가안정성	물가상승률(%) (2016년 기준)	9.1	3/16
	외환보유액(백만달러) (2016년 기준)	101,634	4/16
	국가신용등급 (2016년 기준)	C1	7/16
	세계평화지수(점) (2016년 기준)	2.777	4/16
건설시장	건설시장성장률(%) (2017년 추정치)	5.59	7/16
	건설시장비중(%) (2017년 추정치)	8.7	5/16
	평균수주액(백만달러) (2007~2016년 평균)	392,534	11/16
	평균수주증가율(%) (2007~2016년 평균)	9.40	2/16
건설사업 수행환경	건축관련인허가(점) (2016년 기준)	67.86	11/16
	물류경쟁력(점) (2016년 기준)	3.42	3/16
	현지공급자현황(점) (2016년 기준)	4.7	7/16
	현지공급자품질(점) (2016년 기준)	4.6	3/16

2) 사업유형 평가

구분	세부항목	주요지표	순위
PPP제도	준비 및 평가	46	2/16
	계약 및 사업추진	63	4/16
	운영 및 관리	49	4/16
	평균	52.7	4/16
정부발주	도급사업(백만달러)	2937.608	12/16
	투자사업(백만달러)	N/A	3/16
ODA	EDCF(백만달러)	50.05	2/16
	KOICA(백만달러)	1.40	10/16
MDB	WB(백만달러)	1862.15	1/16
	ADB(백만달러)	N/A	N/A
	AfDB(백만달러)	N/A	N/A
	EBRD(백만달러)	2287.34	1/16
	IDB(백만달러)	N/A	N/A
	IsDB(백만달러)	N/A	N/A
그래프	• 터키는 PPP사업이 활발하게 이루어지는 국가로서 PPP제도는 중동지역 내 PPP 환경 비교적 양호함 • WB, EBRD 등 MDB의 지원규모 확대됨		

3) 진출제약요인 및 최신동향

구분	주요 내용
제약요인	● **정치 · 경제적 불안감 지속** • 군부 쿠데타 시도로 사회 불안 극대, 쿠데타 세력에 대한 숙청작업이 계속 진행 중으로 향후 정국 혼란 • 미국 및 EU와의 관계 개선과 향후 중동 정세 속에서의 영향력 행사 등은 여전히 미결 과제 ● **정부재원 악화로 다수의 프로젝트가 민자 유치 방식으로 추진되나 국가신용도는 하락** • 터키 정부가 최소운영수익보장(MRG) 등의 정부 보증을 최대한 지원함에도 불구하고 경제 불확실성으로 인한 투자 불안감은 여전히 상존 • 정경유착이 심해 외국 기업의 사업 수주 시에도 현지 에이전트 및 파트너의 영향이 과다한 편 ● **Local contents 규정으로 인한 인건비 부담감 확대** • 외국인 1명 근무 시 터키 자국민 5인 고용 의무 규정으로 사업비용 상승과 운영상의 비효율성 발생, 단 연락사무소의 경우는 예외 • 숙련된 노동자는 풍부한 편이나 임금이 높은 수준(1년 또는 반기별로 임금이 인상)
최신동향	● **터키 공화국 수립 100주년이 되는 2023년을 목표로 대형 인프라 프로젝트를 추진 중이나 재정 부담으로 PPP 방식 발주 확대** • 단, 정치 · 경제적 불안으로 인해 사업이 중단 · 지연될 가능성도 있어 터키 진출의 기회와 리스크 요인이 동시에 증가 • 정치불안, 미국 금리인상 등 영향으로 터키 리라화 가치가 급락하면서 외국인 투자자 이탈 및 유동성 위기 우려 확대

4) 분야별 추진계획 및 수주전망

구분	주요 내용
분야별 추진계획	● 건설시장은 높은 정치 · 경제 리스크에도 불구하고 정부 보증을 바탕으로 한 인프라 투자사업 위주로 활성화 • 고속도로:'19년까지 31,000km, '23년까지 37,000km로 순차적으로 확장, '23년까지 BOT방식으로 5,748km 건설 • 철도: '23년까지 고속철도 3,500km, 일반철도 8,500km, 화물철도 1,000km 건설 • 공항: 공항 운영 민영화 추진, 신규공항은 BOT방식 적용, 12년간 유럽 내에서 가장 큰 성장세 14.5%(세계 평균 5%) • 항만: 신규 항만건설을 통해 신 Ro-Ro 시스템 구축 ● 발전부문도 인구 및 도시화율 증가로 시장 확대가 예상되는 가운데 PPP 방식으로 '23년까지 120GW('14년 70GW)의 전력을 생산할 계획, 이중 신재생에너지가 30% 차지 • 시장 규모가 92억불('10)→115억불('14)→179억불('19)로 확대될 전망 • '23년까지 가스화력 41%, 석탄화력 25%, 재생에너지 34% 비중 달성 목표 • 풍부한 석탄매장량을 바탕으로 석탄 활용률을 32%에서 50%까지 높일 예정
수주 전망	● 향후 추진되는 사업은 이스탄불 메트로 및 트람바이 프로젝트를 비롯해 이스탄불 운하, 이스탄불 3층 구조 제3터널, Izmir만 해저 터널, 공항(터미널), 철도(고속철도 포함), 항만, 차낙칼레 현수교, PPP 병원사업 등 이지만 시공자 금융 또는 지분 투자를 요구하는 프로젝트 가 대부분으로 우리 기업의 참여는 제한적일 것으로 전망되고 있음

5) SWOT분석 및 전략도출

Strengths	Opportunities
■ EU, 중동, CIS 등 지리적 이점 ■ 유럽에 비해 인건비가 낮은 인력 ■ 한국과의 우호관계 유지	■ 대규모 인프라 수요 급증 ■ 투자활성화를 위한 국부펀드 추진 ■ 인센티브 패키지 법안 상정
Weaknesses	**Threats**
■ 정치 불안정 요인발생(군부 쿠데타 시도) ■ 시리아내전, IS테러 등 대외적인 불안요인 가중 ■ 환율 등 금융리스크가 높음	■ 비효율적인 행정시스템 ■ 반정부세력 제재가 유지 ■ 대내외적 불안요인이 존재 ■ 현지 기업의 기술력 높음 ■ 정부재정 악화

시사점
■ 대규모 프로젝트 발주가 예상됨에 따라 현지 기업과의 협력 모색 ■ 에너지 분야 PPP 사업 수주를 위해 O&M 부문 강화 필요 ■ 정부 상호 간 경제협력 강화를 통해 국내 기업 수주기반 마련

비전	투자개발형 사업 진출을 위한 포괄적 협력방안
미션	■ 대규모 프로젝트 수주를 위한 기업 간 상호 협력체계 구축 ■ 에너지 개발분야 PPP사업을 위해 O&M 공기업과 동반진출 ■ PPP사업을 위한 국내 ECA 활용 ■ 정부 간 경제협력을 통해 국내 기업 사업기반 마련

6) 세부진출전략

구분	주요 내용
세부 진출 전략	● 투자개발형 사업 발굴에 노력 • 현지 기업들과 컨소시엄 구성을 통해 PPP 방식으로 추진이 예상되는 대형 프로젝트 위주로 진출 모색 • 사업 구조화를 통한 경쟁력 확보가 중요하므로 정부 차원의 건설 외교를 통해 주요 프로젝트의 입찰정보 등에 대한 사전 확보 필요 • 민간투자 방식으로 추진되는 대형 프로젝트 수주와 성공적인 사업수행을 위해서 파이낸싱 능력 확보가 필수적이며, 국내 ECA 기관과의 동반진출은 물론 글로벌 금융기관과의 파이낸싱 협업 능력 강화 필요 • 높은 정치 · 경제 리스크 속에서도 필요한 수익성을 찾아낼 수 있는 세심한 주의와 노력이 필요, 양질의 정보 취득 능력 양성도 중요 ● O&M부문 능력 강화 • 터키는 에너지다변화를 위해 '23년까지 120GW의 발전소를 건립할 계획으로 대다수 민자발전사업으로 진행 • O&M부분으로 활발하게 진출 중인 한국전력공사 자회사 등과 함께 공동 진출하는 방안 적극 검토 ● 터키 엔지니어 인력활용을 통한 가격 경쟁력 제고 • 터키 엔지니어들이 지정학적으로 유럽과 중앙아시아 실적을 다수 보유하고 있어 동 지역에 진출하는 우리기업의 경우 상호 협력 가능 • 터키기업(가격경쟁력, 이슬람권 동질감, 제3국 실적 보유)과 한국기업(기술력, 프로젝트 수행경험, 파이낸싱)간 경쟁우위를 활용한 제3국 공동 진출 가능 • 우리기업이 우위에 있는 플랜트 사업과 터키기업이 강점을 가지고 있는 토목&주택 사업을 중심으로 상호 정보 및 기술협력 체계 구축 가능

5 성장 잠재력 높은 '아프리카'

가. 탄자니아

1) 시장환경 평가

구분	세부항목	주요지표	순위 (지역별 순위)
경제	1인당GDP(달러) (2016년 기준)	960	8/14
	GDP규모(억달러) (2016년 기준)	467	7/14
	GDP성장률(%) (2016년 기준)	7.2	1/14
	정부재정비중(%) (2016년 기준)	-4.0	6/14
국가안정성	물가상승률(%) (2016년 기준)	5.2	10/14
	외환보유액(백만달러) (2016년 기준)	3,771	6/14
	국가신용등급 (2016년 기준)	D1	3/14
	세계평화지수(점) (2016년 기준)	1.876	13/14
건설시장	건설시장성장률(%) (2017년 추정치)	6.80	6/14
	건설시장비중(%) (2017년 추정치)	14.4	1/14
	평균수주액(백만달러) (2007~2016년 평균)	45,059	4/14
	평균수주증가율(%) (2007~2016년 평균)	0.335	3/14
건설사업 수행환경	건축관련인허가(점) (2016년 기준)	84.84	1/14
	물류경쟁력(점) (2016년 기준)	2.99	4/14
	현지공급자현황(점) (2016년 기준)	4.4	7/14
	현지공급자품질(점) (2016년 기준)	3.6	10/14

2) 사업유형 평가

구분	세부항목	주요지표	순위
PPP제도	준비 및 평가	50	3/14
	계약 및 사업추진	80	1/14
	운영 및 관리	44	8/14
	평균	58.0	4/14
정부발주	도급사업(백만달러)	450.59	5/14
	투자사업(백만달러)	N/A	N/A
ODA	EDCF(백만달러)	279.64	1/14
	KOICA(백만달러)	87.79	2/14
MDB	WB(백만달러)	892.86	5/14
	ADB(백만달러)	N/A	N/A
	AfDB(백만달러)	520.4504	2/14
	EBRD(백만달러)	N/A	N/A
	IDB(백만달러)	N/A	N/A
	IsDB(백만달러)	N/A	N/A
사업유형 평가	● 탄자니아의 PPP제도는 사업준비 및 평가, 운영 및 관리 부문에서 다소 개선의 여지가 있는 것으로 평가되었으며, 국내 업체는 정부발주사업과 EDCF사업을 수주하였음 ● MDB에서는 역내 AfDB의 지원규모가 가장 크게 나타남		

3) 진출제약요인 및 최신동향

구분	주요 내용
제약요인	● 투자환경 • 외국인투자관련 특별한 규제사항 없으나 특별한 투자인센티브 제도 부재 • 투자유치 마인드 부족, 고급인력 부족, 근로의식 결여 ● 시장정보 부재 • 입수 가능한 프로젝트 관련 통계 및 정보 부재로 정확한 규모 파악이 어려운 실정 ● 비효율적인 행정처리 및 부패 만연 등 • 낮은 노동생산성, 관료주의, 부패 만연 등에 의해 행정 처리가 지연되는 경우가 자주 발생 ● 자국민 우대조건 강화 • 자국민 우대 고용조항에 따른 분야별, 직군별 최소 고용 비율이 있음 • 특히, 석유 · 가스 및 광물분야가 심한 실정으로 고용비율이 사업년도별/직군별로 차등 적용되고 있음 ※ UPSTREAM : 관리직(10%(사업개시)→15%(5년)→25%(10년)), 감독직(15%(사업개시)→25%(5년)→40%(10년)) ※ MID & DOWNSTREAM : 관리직(15%(사업개시)→30%(5년)→50(%)), 감독직(25%(사업개시)→40%(5년)→60%(10년))
최신동향	● 정부의 재정적 여력의 한계로 대부분의 프로젝트가 중국, 아프리카개발은행(AfDB) 등의 차관에 의존하고 있어 사업 추진이 지연 또는 취소될 가능성 높음 ● 하지만 동부아프리카 중심지로 거듭나 중소득국가에 진입하고자 Vision 2025를 바탕으로 다양한 인프라 사업을 구축하고자 노력 중

4) 분야별 추진계획 및 수주전망

구분	주요 내용
분야별 추진계획	● 탄자니아 건설시장은 Vision 2025를 바탕으로 철도, 항만, 발전소 등을 중심으로 인프라를 구축코자 하나 재정적 여력의 한계로 중국, AfDB 등의 차관에 계속 의존할 것으로 예상됨 • (철도) 탄자니아 철도시설공사(RAHCO)는 르완다, 브룬디 그리고 콩고민주공화국을 연결하는 1,672km 규모 표준궤 철도 프로젝트 추진 중으로 2020 준공 예정 * 중국정부 차관 지원, 일부 중국 기업 수주 • (항만) 수출입 물량의 95%를 담당하는 다르에스살람(Dar es Salaam)항의 물류 처리량을 '16년 1,380만톤에서 '20년까지 2,800만톤으로 증대할 계획 * 세계은행 및 영국 정부 차관 지원, 중국기업 수주 • (전력) '16년 2.5TWh의 발전량을 '24년까지 10.1TWh로 증설할 계획으로 2.1GW 루피지 수력발전 댐, 100MW Ngozi 지열발전소, 소만가 푼구 가스화력발전소 등 발전사업과 더불어 400kV 송전선 프로젝트 등이 추진될 계획 • (주택) 급속한 인구 성장 및 도시화 진전으로 주택 190만호가 부족한 것으로 추정됨에 따라 관련 프로젝트 추진 전망
수주 전망	● 현재 수주활동 중인 대규모 공사는 없으며, 한국기업들은 주로 엔지니어링 분야 중심으로 참여하고 있음 ● 재정이 안전한 EDCF 사업 중심으로 수주활동을 계속해서 할 것으로 기대됨

5) SWOT분석 및 전략도출

Strengths	Opportunities
■ 정치, 사회적 안정된 체제 구축 ■ 넓은 영토 및 풍부한 자원 보유 ■ 외국인 투자 및 원조 지속 유입 ■ 인도양에 접한 지정학적 위치	■ 다양한 분야의 SOC 확충 프로젝트 지속 ■ 정부재정 부족으로 ODA또는 MDB재원으로 발주 ■ 우리 정부의 ODA중점협력국가
Weaknesses	**Threats**
■ 교육여건 부실로 고급인력 부족 ■ 취약한 국내자본으로 자체 투자가 어려움 ■ 비효율적인 행정절차, 관료주의 ■ 투자유치 마인드 부족	■ 정부 정책의 일관성 결여 ■ 현지 시장정보 부재 ■ 세율인상, 세무조사 등 사업환경 악화 ■ 중국, 일본 등 경쟁국의 시장진출 확대

시사점	
■ 한국 정부의 ODA 중점협력국가로 선정됨에 따라 EDCF 및 KOICA사업 참여 공략 필요 ■ 한국 기업의 시장경쟁력 열세 ■ 정부의 재원부족으로 인프라 분야 PPP사업 확대 전망	
비전	수주가능성이 높은 국가 우선사업 집중공략
미션	■ 공적원조계획(CPS)정책을 활용한 프로젝트 발굴 및 사업 참여 ■ 경쟁국 및 현지기업과의 협력을 통한 수주전략 ■ 중소형 프로젝트 공략

6) 세부진출전략

구분	주요 내용
세부 진출 전략	● **공적원조계획(CPS)정책을 활용한 프로젝트 발굴 및 사업 참여** • 입찰참가자격(PQ) 심사 시 최근 5년간 현지 프로젝트 수주실적 필요 • EDCF-탄자니아 정부 프로젝트 발굴 과정 참여하여 우리 기업의 수주가능성 제고 ● **경쟁국 및 현지 기업과의 협력을 통한 수주전략** • 우리 기업의 기술경쟁력이 높은 분야를 중심으로 가격경쟁력을 갖춘 중국, 인도 등 기업들의 낮은 단가를 활용한 입찰 참여 가능 • 현지시장 진출에 따른 리스크 최소화 및 효율성 강화를 위하여 현지 유력기업과의 협력 필요 ● **중소형 프로젝트 공략** • 정부의 자금부족으로 발주되는 프로젝트의 대부분이 1억 달러 미만의 중소형 프로젝트 • 도로, 항만 등 중소형 프로젝트 수주 성공으로 인지도를 쌓은 후 대규모 프로젝트 시장 공략 필요

나. 케냐

1) 시장환경 평가

구분	세부항목	주요지표	순위 (지역별 순위)
경제	1인당GDP(달러) (2016년 기준)	1,522	5/14
	GDP규모(억달러) (2016년 기준)	692	4/14
	GDP성장률(%) (2016년 기준)	6.0	4/14
	정부재정비중(%) (2016년 기준)	-7.4	14/14
국가안정성	물가상승률(%) (2016년 기준)	6.2	7/14
	외환보유액(백만달러) (2016년 기준)	7,374	4/14
	국가신용등급 (2016년 기준)	D2	7/14
	세계평화지수(점) (2016년 기준)	2.336	6/14
건설시장	건설시장성장률(%) (2017년 추정치)	8.53	4/14
	건설시장비중(%) (2017년 추정치)	5.2	7/14
	평균수주액(백만달러) (2007~2016년 평균)	39,410	9/14
	평균수주증가율(%) (2007~2016년 평균)	-0.195	11/14
건설사업 수행환경	건축관련인허가(점) (2016년 기준)	57.18	11/14
	물류경쟁력(점) (2016년 기준)	3.33	2/14
	현지공급자현황(점) (2016년 기준)	4.9	1/14
	현지공급자품질(점) (2016년 기준)	4.4	2/14

2) 사업유형 평가

구분	세부항목	주요지표	순위
PPP제도	준비 및 평가	67	2/14
	계약 및 사업추진	65	5/14
	운영 및 관리	52	5/14
	평균	61.3	2/14
정부발주	도급사업(백만달러)	394.10	6/14
	투자사업(백만달러)	N/A	N/A
ODA	EDCF(백만달러)	10.57	10/14
	KOICA(백만달러)	38.33	8/14
MDB	WB(백만달러)	1769.14	2/14
	ADB(백만달러)	N/A	N/A
	AfDB(백만달러)	703.13	1/14
	EBRD(백만달러)	N/A	N/A
	IDB(백만달러)	N/A	N/A
	IsDB(백만달러)	N/A	N/A
사업유형 평가	● 케냐의 PPP제도는 아프리카 지역에서는 비교적 양호한 수준으로 평가되며, 국내 기업들은 정부발주, EDCF를 통해 수주가능, WB, AfDB등 MDB지원규모가 높음		

3) 진출제약요인 및 최신동향

구분	주요 내용
제약요인	● 부족간 갈등에 따른 사업수행 차질 • 발주처 내에서 다른 부족간의 갈등이 사업수행에 차질 발생 가능성이 있음 • 지역주민과의 토지보상 문제 해결에 어려움 ● 환경보호 이슈 중요 • 국립공원 내 동물 및 환경보호에 매우 민감하기 때문에 사업추진 시 환경문제 적극 고려 필요 ● 현지기업에 대한 지분 참여 • 외국 기업이 케냐 내 법인을 등록할 경우 현지 기업에 30%의 지분 참여를 허용해야 함
최신동향	● VISION 2030을 기반으로 인프라 개발 추진에 박차를 가할 것으로 전망되며, 이를 위해 2020년까지 620억불 규모의 재원이 필요할 것으로 예상 ● '17.8월 대통령 선거가 무효화되면서 10월말 선거를 앞두고 있는 만큼 정세는 다소 불안한 상황이지만, 새로운 대통령 취임 후에는 지연되고 있는 사업들이 추진될 것으로 전망됨

4) 분야별 추진계획 및 수주전망

구분	주요 내용
분야별 추진계획	● VISION 2030을 기반으로 인프라 개발 추진에 박차를 가할 것으로 전망되며, 이를 위해 2020년까지 620억불 규모의 재원이 필요할 것으로 예상 • (전력) 현 수력(37.2%) 발전 중심의 발전공급원 비중을 2020년까지 20%로 줄이고 지열발전 비중을 현 27%에서 37%로 확대할 계획* 최근 가뭄을 겪고 있는 케냐는 수력 중심에서 벗어나 에너지원을 다변화를 추구하고 있으며, 특히 높은 지열발전 잠재력(7,000~10,000MW)을 최대한 활용할 계획 • (교통) 200억불 규모의 라무항-남수단-에티오피아 수소회랑(LAPSSET) 프로젝트 추진 계속 • (도로) 2017년까지 10,000km 길이의 도로망 구축 프로그램 추진 계속 • (철도) 라무~Nakodok 연결 총 연장 1,500km 철도망 구축사업으로 2단계 사업 완공시 동아프리카 지역 통합 및 활성화, 5만개의 일자리 창출 등 기대 • (기타) 라무항 개선 사업, 라무~남수단~에티오피아 연결 원유 파이프라인 사업 등 재원 조달시 추진 계획
수주 전망	● 입찰예정 대규모 사업의 경우 발주처의 파이낸싱 확보가 관건인 상황임.

5) SWOT분석 및 전략도출

Strengths	Opportunities
■ 동아프리카 지역 경제의 허브 ■ 동아프리카 진출 교두보 ■ MDB자금을 활용한 인프라 개발 프로젝트 기회 높음 ■ 아프리카 내 영어권 국가	■ 정부 주도형 SOC개발 추진 활발 ■ 최근 건설경기 호조세 ■ 한국 정부와의 경제협력 강화 논의 ■ Vision 2030을 통한 인프라 개발 ■ 온라인 입찰제 등 투명성 확대

Weaknesses	Threats
■ 부족간 갈등으로 사업 차질 우려 ■ 환경문제에 민감한 정서 ■ 외국인 투자 시 현지 기업에 30%지분참여 필요	■ 막대한 자금력을 바탕으로 한 중국의 시장점유 ■ PPP발주 경향에 따라 금융조달능력이 관건

시사점
■ 경쟁 우위에 있는 고부가가치 사업분야에 대한 진출 ■ 인프라 개발 프로젝트 진출 시 현지 지사 설립을 추진하는 것이 유리 ■ 정부 간 경제협력 강화를 위한 지속적인 우리 정부 차원의 노력이 필요

비전	수주가능성이 높은 국가 우선사업 집중공략
미션	■ 공적원조계획(CPS)정책을 활용한 사업 발굴 및 참여 ■ 경쟁국 및 현지기업과의 협력을 통한 수주전략 ■ 중소형 프로젝트 공략

6) 세부진출전략

구분	주요 내용
세부 진출 전략	● **EDCF사업을 통한 MDB 발주사업 참여** • EDCF 사업을 통해 경험 및 노하우를 축적하여 MDB 발주사업 참여를 확대 • MDB기관의 분야별 실무자를 한국으로 초청하여 프로젝트 사업 설명회 개최하고, 한-아프리카 산업협력 포럼과 연계 등과 같이 MDB관련 인사 파견하는 방안도 모색 ● **경쟁국과의 협력 등을 활용한 진출** • 한국은 아프리카 진출 경험, 자금력, 정보력 등에서 타국과 비교해 열세에 있어 경험이 풍부한 외국기업과의 협력 진출이 필요 • EPC 시공업체가 많지 않은 일본 정부가 지원하는 사업에 협력 참여하는 방안도 모색 필요 ● **용역사업, 고부가가치 사업 분야 진출** • 금융조달역량 미흡 등 경쟁국에 비해 상대적 열세 속에서 수처리, 전력, ICT 기반의 교통 인프라, 신도시 건설 등 강점에 집중하는 전략을 구사 • 중국이 대규모 자본력으로 수주하고 있는 도로분야의 경우 시공사업이 아닌 감리, 설계 등 엔지니어링 분야 진출가능성이 있음 ● **PPP사업 진출방안 모색** • PPP Unit 설립후, 케냐 정부는 외자유치를 통한 다양한 인프라 사업을 PPP 방식으로 추진코자 노력 중 • PPP 도입 초기 단계로 성공사례는 아직 없는 바, 지속적인 모니터링과 참여 방안 모색 필요

다. 모잠비크

1) 시장환경 평가

구분	세부항목	주요지표	순위 (지역별 순위)
경제	1인당GDP(달러) (2016년 기준)	419	13/14
	GDP규모(억달러) (2016년 기준)	120	13/14
	GDP성장률(%) (2016년 기준)	4.5	9/14
	정부재정비중(%) (2016년 기준)	-5.8	12/14
국가안정성	물가상승률(%) (2016년 기준)	16.7	3/14
	외환보유액(백만달러) (2016년 기준)	1,441	11/14
	국가신용등급 (2016년 기준)	D2	7/14
	세계평화지수(점) (2016년 기준)	2.013	11/14
건설시장	건설시장성장률(%) (2017년 추정치)	5.70	7/14
	건설시장비중(%) (2017년 추정치)	2.5	10/14
	평균수주액(백만달러) (2007~2016년 평균)	14,457	7/14
	평균수주증가율(%) (2007~2016년 평균)	-1.000	14/14
건설사업 수행환경	건축관련인허가(점) (2016년 기준)	77.85	2/14
	물류경쟁력(점) (2016년 기준)	2.68	6/14
	현지공급자현황(점) (2016년 기준)	3.6	12/14
	현지공급자품질(점) (2016년 기준)	3.2	13/14

2) 사업유형 평가

구분	세부항목	주요지표	순위
PPP제도	준비 및 평가	50	3/14
	계약 및 사업추진	73	4/14
	운영 및 관리	60	3/14
	평균	61.0	3/14
정부발주	도급사업(백만달러)	144.57	6/14
	투자사업(백만달러)	N/A	N/A
ODA	EDCF(백만달러)	205.58	2/14
	KOICA(백만달러)	16.13	11/14
MDB	WB(백만달러)	977.98	4/14
	ADB(백만달러)	N/A	N/A
	AfDB(백만달러)	44.51419	13/14
	EBRD(백만달러)	N/A	N/A
	IDB(백만달러)	N/A	N/A
	IsDB(백만달러)	N/A	6/14
사업유형 평가	• 모잠비크의 PPP제도는 아프리카 지역에서 대체로 양호한 것으로 평가되며, 국내 기업은 정부발주사업과 EDCF사업 중심으로 수주하였음. • WB와 AfDB 지원규모 확대		

3) 진출제약요인 및 최신동향

구분	주요 내용
제약요인	● **수익 50% 이상 현지 은행 예치 의무** • 정부는 2010년 개정한 외환법을 통해 외국회사가 동국에서 발생한 수익의 최소 50% 이상을 현지 은행에 예치할 것을 의무화하고 있는 등 투자 장벽 존재 ● **운송 인프라 부족으로 공사 진행에 차질 발생** • 도로, 철도 등 운송 인프라가 미비하여 공사에 필요한 기자재가 적시에 조달되지 못하여 공사 진행에 차질이 발생. 기자재를 운반할 적합한 운송업체 물색도 어려운 실정 ● **낙후된 행정시스템 및 부정부패** • 공무원의 부정부패 만연, 낙후된 행정 시스템과 담당 공무원의 비효율적인 업무 처리로 원활한 사업수행에 애로 ● **Local Contents** • 현지인 고용의무 제도가 있어 고용쿼터 비율을 맞춰야 하지만 실질적으로 기술력이 부족한 현지 인력으로 대체하기가 어려운 상황 ※ 외국인 고용비율 : 10%(10명 이하), 8%(11~100명), 5%(100명~)
최신동향	● **2022년 14% 경제성장세 시현 및 프로젝트도 점진적 증가 전망** • IMF가 발표한 세계경제전망 보고서(10.10)에 따르면 천연가스 생산이 본격화되는 시점인 2022년에 14%의 경제성장세를 시현할 것으로 전망 ● **국가개발 5개년(2015-2019) 계획에 따라 철도, 도로 등 교통인프라 확충사업이 추진 중** • 국가개발계획에 따라 철도, 도로 등 교통인프라 사업이 추진 중이지만 재원 부족으로 사업 추진이 지연되고 있는 상황. 하지만 자원개발 부문에서 외국인 직접투자가 꾸준히 유입됨에 따라 계획된 사업은 지속 추진 전망 • (교통) 30억불 규모 Moatiz-Macuse 철도 프로젝트(총 연장 500km)가 2022년 준공 목표로 공사가 추진중 • (에너지) Mphanda Nkuwa댐(2019년 준공 목표), Cabora Bassa Norte댐, 화력발전소(Bengo, Moatize, Moamba, Kuvaninga, Ressano Garcia) 프로젝트가 추진 중

4) 분야별 추진계획 및 수주전망

구분	주요 내용
분야별 추진계획	● **건설시장 향후 10년간 7.6% 성장세 시현 전망** • 건설시장은 향후 10년간 2020년 LNG 수출 본격화 및 교통 인프라 확충 등에 힘입어 7.6%의 성장률을 기록할 것으로 전망(BMI) • (교 통) 연간 120만톤 규모의 석탄 수출을 목표로 부족한 철도 운송 인프라 건설을 위해 향후 5년간 120억불을 투자할 계획 ※ 주요 발주예정 프로젝트 : △ Machipanda 철도 재건사업(4억불) △ 총연장 100km의 Mueda-Negomano 도로 개선공사 △ 총연장 912km의 Moatize-Nacala 심해항(말라위 경유)연결 철도 • (에너지) 2030년까지 전력보급률 확대를 위해 전력 프로젝트에 160억불 이상 투자하여 발전소 프로젝트를 추진 예정 ※ 주요 발주예정 프로젝트 : △ 416MW급 Lupata 수력발전소(11억불) △ 210MW급 Boroma 수력발전소(5.7억불) △ 178MW급 Lurio 수력발전소(4.8억불) △ 60MW급 Alto Malema 수력발전소 등
수주 전망	● **수주전망 불투명** • 저유가로 인한 재정압박으로 우리기업이 수주활동을 전개하고 있는 플랜트 사업의 추진이 계속 지연되고 있는 점을 감안할 때 수주전망을 불투명한 상황 • 다만, 정부가 경기부양을 위해 국가개발계획에 따라 도로, 철도, 항만 등 낙후된 인프라 확충 사업을 의욕을 갖고 진행하고 있는 점을 고려할 때 관련 사업에 우리기업의 관심이 요구됨

5) SWOT분석 및 전략도출

Strengths	Opportunities
■ 국가주도의 경제개발 경험 ■ 높은 경제성장률 ■ 정치적 안정 ■ 풍부한 지하자원 보유	■ 인프라 개발 잠재력 높음 ■ LNG 및 석탄개발 등 유망 ■ 도로, 항만 개발여지 높음 ■ 포르투갈 주요 기업과 건설협력 양해각서(MOU) 체결('17.10.25)
Weaknesses	**Threats**
■ 언어문제(포르투갈어) ■ 유능한 현지기업 찾기 어려움 ■ 부패만연 ■ Local Contents	■ 자원개발 및 생산에 필요한 인프라 부족 ■ 관료주의 및 행정 비효율성 ■ 급격한 환율변동 ■ 반군활동으로 정치적 불안성 상존 ■ 선진국 진출 가속화

시사점
■ 급속한 경제성장으로 인프라 개발사업 추진 활발 ■ 언어, 열악한 인프라, 환율변동 등 리스크 상존 ■ 전력 문제로 에너지 프로젝트 지속 발주

비전	공기업 및 포르투갈 기업 동반진출 모색
미션	■ ODA, MDB 등 재원이 확보된 사업 진출 ■ 국가 중점개발분야 관련 사업 진출 ■ LNG 등 에너지 분야 진출 확대 ■ 포르투갈 기업 동반진출 추진

6) 세부진출전략

구분	주요 내용
세부 진출 전략	● ODA(EDCF) 지원대상 공사 집중 공략 • 모잠비크는 열악한 국가재정, 취약한 현지 금융시스템으로 인해 자체 재원조달이 쉽지 않아서 프로젝트 추진도 원조 및 투자 유치를 통해 추진하고 있는 상황 • 우리기업은 세계은행, IMF 등 국제금융기구의 차관이나 우리나라 EDCF, ODA 자금이 투입되는 프로젝트에 적극 참여하는 방안 적극 모색 필요 ● 재외공관을 통해 입수한 프로젝트 중심으로 진출전략 수립 필요 • 모잠비크는 아직까지 현지 정부 및 국영기업이 인프라 개발을 주도하고 있어 우리 민간기업이 개별적으로 현지 정부기관 등 주요 발주처로부터 주요 프로젝트의 발주정보를 조기에 입수하고 활발하게 수주영업 활동을 전개하는 데 한계가 있음 • 우리기업은 재외공관이 입수한 참여 가능성 있는 프로젝트 중심으로 전략적으로 수주활동 전개 필요 ● 모잠비크 4대 전략분야(교통인프라, 에너지, 수질관리, 교육) 투자 모색하고 유능한 현지 기업을 확보하여 원활한 수주활동 전개 ● 에너지 분야 공기업과 동반진출 모색 • LNG 하류 인프라 등 ● 포르투갈 기업과의 동반진출 모색

6 민간투자시장 커지는 '중남미'

가. 페루

1) 시장환경 평가

구분	세부항목	주요지표	순위 (지역별 순위)
경제	1인당GDP(달러) (2016년 기준)	5,727	11/16
	GDP규모(억달러) (2016년 기준)	1,803	7/16
	GDP성장률(%) (2016년 기준)	3.7	5/16
	정부재정비중(%) (2016년 기준)	-2.5	4/16
국가안정성	물가상승률(%) (2016년 기준)	3.6	11/16
	외환보유액(백만달러) (2016년 기준)	59,388	3/16
	국가신용등급 (2016년 기준)	C1	4/16
	세계평화지수(점) (2016년 기준)	1.986	9/16
건설시장	건설시장성장률(%) (2017년 추정치)	3.67	3/16
	건설시장비중(%) (2017년 추정치)	6.0	9/16
	평균수주액(백만달러) (2007~2016년 평균)	226,339	7/16
	평균수주증가율(%) (2007~2016년 평균)	374.72	3/16
건설사업 수행환경	건축관련인허가(점) (2016년 기준)	74.70	4/16
	물류경쟁력(점) (2016년 기준)	2.89	7/16
	현지공급자현황(점) (2016년 기준)	4.7	3/16
	현지공급자품질(점) (2016년 기준)	4.3	6/16

2) 사업유형 평가

구분	세부항목	주요지표	순위
PPP제도	준비 및 평가	83	2/16
	계약 및 사업추진	70	9/16
	운영 및 관리	73	5/16
	평균	75.3	4/16
정부발주	도급사업(백만달러)	815,011	8/16
	투자사업(백만달러)	N/A	2/16
ODA	EDCF(백만달러)	0.12	7/16
	KOICA(백만달러)	76.14	1/16
MDB	WB(백만달러)	1193.59	5/16
	ADB(백만달러)	N/A	N/A
	AfDB(백만달러)	N/A	N/A
	EBRD(백만달러)	N/A	N/A
	IDB(백만달러)	3037.71	4/16
	IsDB(백만달러)	N/A	N/A
사업유형 평가	• 페루의 PPP제도는 PPP 계약문서의 표준화 부문을 제외하고는 대체로 양호한 것으로 평가되었으며, 국내 업체들은 정부발주사업, EDCF실적은 아직 없으며, WB, IDB 등 MDB지원규모도 확대 추세		

3) 진출제약요인 및 최신동향

구분	주요 내용
제약요인	● PPP 양허 사업 수주에 대한 부담 • 20~40년 장기간 투자와 사업수행에 따른 리스크가 존재하여 진입이 어려움 ● 언어 · 문화적 제약 및 현지 네트워크 부족 • 다른 개발도상국에 비해 원거리이며, 언어, 문화적 차이로 시장 동향, 사업정보 입수가 어려움 ● 복잡한 행정절차 및 관료주의 • 서류발급, 인허가 절차 등에 있어서 행정처리 속도가 느리고 처리예정일이 빈번히 지연됨 ● 빈번한 프로젝트 지연 • 대형프로젝트의 경우, 정치적 이해관계가 맞물리며, 입찰예정일 지연이 빈번히 발생함 ● 한국 건설 · 엔지니어링 기업에 대한 무지 • 한국 건설 · 엔지니어링에 대해 잘 알지 못하며, 현지기업과의 컨소시엄 구성에도 악영향을 미침
최신동향	● 2016~2025 기간 동안 인프라 부족분 충족에 1,600억불의 투자가 필요하며 이는 매년 GDP의 8.27%에 해당하는 160억불 투자 필요(페루국가인프라진흥협회(AFIN)) ● 리마메트로 2호선 감리사업을 맡고 있는 도화ENG이 사업수행을 우수하게 잘 진행함으로 인해, 최근 한국기업에 대한 인식이 매우 호전됨. ● 국가재건사업 계획서가 총리실 사업위원회에서 최종 승인되었으며, 총 13개주, 256억 솔(약 80억불) 규모

4) 분야별 추진계획 및 수주전망

구분	주요 내용
분야별 추진계획	● 투자청(ProInversion)은 2017년 BOT, PPP 방식의 양허사업 추진을 통해 도로, 전력 등 에너지, 항만, 상하수 · 위생, 환경, 광산 등 총 64개 사업, 370억불(외국인 투자 56억불, 유보사업 포함) 규모 사업에 대한 입찰을 실시하여 사업자를 선정 할 계획 ● 신정부 출범 후 4개월 동안 추진한 유보사업(약180억불) 중 5.6%인 약 10억불 정도가 재실시 되었으며, 나머지는 향후 6개월 내 모두 추진 할 계획임을 발표 ● 경제발전과 안정적인 에너지 확보를 위한 500억불 규모의 국가 에너지 계획(National Energy Plan 2014-2025)을 발표 • 딸라라(Talara) 정유공장 현대화사업(35억불), 남부 가스파이프라인, 송배전, 수력발전사업(1,200MW) 등 포함 • 2021년까지 향후 5년간 송전선과 변전소 건설 사업에 약 10억불을 투자할 계획 ● 정부는 새로운 공공투자시스템 'Invierte Peru'시행을 발표 ● 페루 재건청은 지난 3월 엘니뇨 홍수피해 복구를 위해 국가재건사업으로 총 80억불을 투자할 계획이며, 이중 Piura주에 23억불이 투입될 예정
수주 전망	● 리마 전철 2호선 감리 수주에 이어 3호선(50억불)과 4호선(50억불)에 대한 수주활동 전개 ● 리마 상수공급사업(6억불), 수력 및 화력발전소 공사 수주가 본격화될 것으로 예상 ● 트라산디노 장대 철도터널 타당성조사 수주 등에 힘입어 철도 인프라 시장 진출 전망

5) SWOT분석 및 전략도출

Strengths	Opportunities
■ 풍부한 광물자원 보유 ■ 지난 10년간 안정적인 경제성장과 낮은 인건비 ■ 개방적이고 안정적인 투자유치 정책 지속 ■ 외국기업에 대한 토지소유규제가 없음	■ 한국과 FTA체결, 교역량 증가 ■ 신정부의 경제회복, 인프라 확충 중심의 정책 ■ 교통, 에너지 분야 투자유치 확대 ■ 브라질 기업의 중남미 수주주도권 상실(부패스캔들) ■ 한국건설기업에 대한 긍정적 인식 확대
Weaknesses	**Threats**
■ 광업에 대한 의존도가 높음 ■ 국내 교통인프라 취약으로 인한 물류의 비효율성 ■ 지역간 인프라 수준이 차이가 큰 편 ■ 차입금리가 높아 외국기업의 경우 자금조달이 어려움 ■ PPP사업에 대한 의존도가 높음	■ 중국/일본의 차관활용 투자 확대 ■ 행정능력 부재와 환경 ■ 주요 개발사업이 지역민들의 반발로 정체 ■ 특정 지역에 인프라 투자 집중 ■ 절대적 여소야대(여 18, 야 112) ■ 여전히 높은 부정부패지수

시사점
■ 중남미 지역 내 비교적 안정적인 경제여건, PPP사업환경 개선, 높은 인프라 사업발주 가능성 등 잠재력 우수 ■ 현지 사업추진을 위한 전문인력 부족, 양허사업 수주를 위한 금융조달능력 등 제약요인 ■ 양국 간 우호적 관계를 활용한 G2G 중심 다양한 프로젝트 추진 가능

비전	현지화 강화 및 국내외 기업과 공동진출 모색
미션	■ 적극적인 현지화 및 외국기업과의 컨소시엄 ■ 투자개발형 사업 수주를 위한 국내 공기업과 동반진출 ■ PPP진출 활성화를 위해 국내외 금융활용방안 모색 ■ 원활한 사업추진을 위한 현지 지역 전문가 양성 필요 ■ 대사관, 해건협을 적극 활용한 정보입수 및 네트워크 형성 ■ 현지지사 설립을 통한 적극적인 영업활동 전개

6) 세부진출전략

구분	주요 내용
세부 진출 전략	● 적극적인 현지화 및 외국기업과의 컨소시엄 • 현지 지사 및 법인 설립, 지분참여, M&A 등 적극적인 현지화 • 외국 선진기업과의 컨소시엄을 통해 네트워크 확보, 금융조달능력 강화 등 수주경쟁력 강화 ● 국내 공기업과 동반진출 • 양국 정부 간 우호적 관계에 따라 정부간거래 중심의 다양한 프로젝트 추진이 가능함 • 철도, 도로, 전력, 상하수 등 분야 운영경험이 풍부한 국내 인프라 공기업과의 동반진출 모색 ● PPP진출 활성화를 위해 국내외 금융활용방안 모색 • 금융조달능력 제고를 위해 우리 정부의 정책금융을 활용하고, IDB, CAF 등 다자개발은행(MDB)과 협조금융을 통한 사업 참여방안도 적극 모색할 필요성이 있음 ● 원활한 사업추진을 위한 현지 지역 전문가 양성 필요 • 장기적인 관점에서 스페인어를 구사하고 현지 진출환경을 숙지한 분야별(계약, 시공, 엔지니어링 등) 전문가를 육성해야 함 ● 대사관, 협회를 적극 활용한 정보입수 및 네트워크 형성 • 대사관, 해외건설협회에서 제공하는 현지정보를 수시 확인하고, 초기 인맥 형성을 위해 양기관의 기존 네트워크를 적극 활용 ● 현지지사 설립을 통한 적극적인 영업활동 전개 • 현지지사를 설립하여 자사 기술력 및 경쟁력에 대한 적극적인 홍보가 필요하며, 현지 발주처 및 기업과의 지속적인 네트워크 형성에도 반드시 필요

나. 칠레

1) 시장환경 평가

구분	세부항목	주요지표	순위 (지역별 순위)
경제	1인당GDP(달러) (2016년 기준)	12,910	3/16
	GDP규모(억달러) (2016년 기준)	2,349	6/16
	GDP성장률(%) (2016년 기준)	1.7	10/16
	정부재정비중(%) (2016년 기준)	-3.2	8/16
국가안정성	물가상승률(%) (2016년 기준)	4.0	9/16
	외환보유액(백만달러) (2016년 기준)	36,976	5/16
	국가신용등급 (2016년 기준)	B2	1/16
	세계평화지수(점) (2016년 기준)	1.595	16/16
건설시장	건설시장성장률(%) (2017년 추정치)	2.62	5/16
	건설시장비중(%) (2017년 추정치)	7.5	7/16
	평균수주액(백만달러) (2007~2016년 평균)	2,137,811	2/16
	평균수주증가율(%) (2007~2016년 평균)	267.55	10/16
건설사업 수행환경	건축관련인허가(점) (2016년 기준)	78.86	1/16
	물류경쟁력(점) (2016년 기준)	3.25	2/16
	현지공급자현황(점) (2016년 기준)	4.4	8/16
	현지공급자품질(점) (2016년 기준)	4.7	2/16

2) 사업유형 평가

구분	세부항목	주요지표	순위
PPP제도	준비 및 평가	69	4/16
	계약 및 사업추진	83	4/16
	운영 및 관리	87	2/16
	평균	79.7	2/16
정부발주	도급사업(백만달러)	6,120,358	2/16
	투자사업(백만달러)	436,000	1/16
ODA	EDCF(백만달러)	N/A	8/16
	KOICA(백만달러)	2.26	11/16
MDB	WB(백만달러)	81.79	14/16
	ADB(백만달러)	N/A	N/A
	AfDB(백만달러)	N/A	N/A
	EBRD(백만달러)	N/A	N/A
	IDB(백만달러)	1405.07	11/16
	IsDB(백만달러)	N/A	N/A
사업유형 평가	● 칠레의 PPP제도는 모든 부문에서 성숙한 것으로 평가되었으며, 국내 업체들은 정부발주사업 중심으로 수주함. MDB지원도 이루어지고 있음		

3) 진출제약요인 및 최신동향

구분	주요 내용
제약요인	● 엄격한 환경영향평가제도 및 내진설계 기준 • 칠레 정부는 사업 수행 시 선진국 수준의 환경영향평가기준과 엄격한 내진설계 기준을 적용 ● 현지 노동조합의 영향력 • 현지 노동조합의 영향력이 크기 때문에 하도급 기용 시 복잡한 법적 관리가 필요 ● 환경 및 안전 이슈 관련 지역주민 민원 제기 • 대규모 프로젝트에 대한 지역 사회의 민원이 제기될 경우 투자손실이 발생할 수 있음 ● 상대적으로 작은 건설 시장규모 • 인근 중남미 국가와 비교할 때 건설시장 규모가 작아, 중남미 교두보 및 거점국가로 진출하기에 한계가 있음 ● 광산경기에 따른 국가 재정상태 변동성 • 국가 경제에서 구리수출이 차지하는 비중이 큰 관계로 광산경기에 영향을 많이 받음
최신동향	● 에너지부가 발표한 '에너지 2050'은 국가의 에너지공급 안정성, 성장 동력으로서의 에너지, 환경과 양립 가능한 에너지, 에너지 효율성 및 교육 등을 국가 장기 에너지 정책의 4대 축으로 선정하고 2035년까지 1차, 2050년까지 2차 등 두 번에 걸친 '10대 핵심 목표'를 제시 ● 최근 중국경제 및 세계경제 회복세에 힘입어 구리를 포함한 원자재 가격이 상승세를 이어감

4) 분야별 추진계획 및 수주전망

구분	주요 내용
분야별 추진계획	● 국가 발전 및 경제성장 토대 구축을 목표로 '인프라 펀드'를 마련하여, 도로, 항만, 공항 등 인프라 부문의 건설, 확장, 유지, 보수 등 관련 사업을 추진할 계획 • 인프라 펀드 자본금 약 90억불(초기계획 200~300억불에서 많이 감소) 중 재무부 및 공공사업부에서 99%, 생산진흥청(CORFO)에서 1%를 마련할 계획 • 칠레 정부는 향후 10년간 510억불 규모의 인프라 건설 사업을 추진할 예정이며, 펀드 조성을 통해 투자자금 마련이 쉬워질 것으로 기대(칠레건설협회(CCHC)) ● 도로 및 전력사업은 정부 차원의 지원과 민간투자가 적극적으로 이뤄지는 분야이며, 사업 파이낸싱(PF)도 활발히 진행 중 • 향후 도로와 신재생에너지 사업은 칠레의 교통 및 전력부문 성장을 이끌 주요 원동력이 될 것으로 기대됨 • 신재생에너지는 바이오매스, 태양열, 풍력, 조력 분야에 기회가 있을 것으로 예상
수주 전망	● 최근 경기침체 장기화로 발주예정 프로젝트의 입찰 지연 및 취소가 발생할 가능성이 있음 ● 하지만 칠레 정부가 총 79억 달러(약 8조5000억원) 규모의'칠레 균형발전계획(Chile 30-30) ' 에 따른 칠레 선진화 인프라 개발프로젝트를 추진하면서 우리기업의 수주 가능성이 높은 편 ● 우리 기업은 민자발전(IPP) 방식으로 추진되는 발전소 건설분야에 적극적인 수주활동을 전개하고 있으며, 주로 광산의 전력공급을 목적으로 하는 화력발전소 분야에서의 수주 전망 ● 2025년까지 신재생 에너지 비중을 20%까지 확대할 계획으로 관련 분야 수주를 기대 ● SK건설이 참여 중인, 15억불규모 아구아 네그라(Agua Negra) 도로 터널 건설사업에 대한 미주개발은행(IDB) 측 2.8억불 차관이 승인됨에 따라, 동 사업 추진에 가속도가 붙을 것으로 기대

5) SWOT분석 및 전략도출

Strengths	Opportunities
■ 정치, 사회적 리스크가 매우 양호한 시장 ■ 중남미 내 경제적 안정성 유지 ■ FTA체결확대를 통한 개방경제 추진 ■ 부정부패 지수가 매우 양호한 시장 ■ 공무원 경쟁력이 다른 중남미국과 비교하여 상대적으로 우수함	■ 한국과 FTA체결, ICT 등 인프라 분야 협력 강화 ■ 정부 차원의 인프라 계획 추진 ■ 전력 부족에 따른 에너지 분야 투자 증대 ■ 양호한 PPP사업환경 ■ 비교적 낮은 스페인기업 점유율
Weaknesses	**Threats**
■ 특정 품목(구리), 국가(중국)에 대한 의존도가 높음 ■ 현지 노동자를 보호하기 위한 법률이 강한 편 ■ 엄격한 환경영향평가 및 내진설계 기준 ■ 상대적으로 작은 건설시장 규모	■ 유가 및 국제구리가격 하락으로 경기침체 지속 ■ 신 외국인 투자법에 따른 투자 인센티브 축소 예상 ■ 환경 및 안전 관련 지역민원 증가 ■ 잦은 노동자 파업에 따른 손실 ■ 대중국 구리수출량이 페루에 밀리기 시작함

시사점
■ 칠레는 정치 · 경제적으로 안정된 기반을 지닌 전략시장이지만 사업참여의 속성상 현지화가 필요 ■ 전력부족 극복을 위해 발전 프로젝트를 칠레 정부차원에서 적극적으로 추진하고 있어 수주가능성 증대 ■ 수자원, ICT 등 양국 정부 간 협력체결 분야를 중심으로 우리기업 진출 가능성 유망

비전	유망사업 분야에 대한 PPP사업 집중 공략
미션	■ 원활한 사업수행을 위한 현지 법인화 고려 ■ 유망사업 조기발굴을 통해 PPP시장 적극 진출 ■ 신재생에너지, 해수담수화, ICT 등 신공종 분야 진출 ■ 수주 이후, 손실을 보지 않기 위해 노조관리의 중요성 숙지 ■ 사업 수주 시, 발주처와 지속적으로 좋은 관계 유지 필요

6) 세부진출전략

구분	주요 내용
세부 진출 전략	● **원활한 사업수행을 위한 현지 법인화 고려** • 정부조달 프로세스에 비해 비교적 안정적인 사업관리 가능 • 외국계 대형기업이 사업투자자로 나서는 경우가 많아 영어로 계약관리나 의사소통이 가능함 • 다른 국가로의 진출을 위한 기반을 마련할 수 있음 • 초기투자비용과 현지 노동자 관리에 대한 리스크 관리가 필요 ● **유망사업 조기발굴을 통해 PPP시장 적극 진출** • 칠레의 PPP는 주로 양허 사업 방식이며, 사업 제안부터 시공 후 20~30년간의 운영까지 프로젝트 일체를 총괄하므로 지속적인 수익창출과 발주처와의 네트워크 구축 가능 • 후속 프로젝트의 정보입수, 사업 참여, 협상 등의 과정에서 유리하게 작용 ● **신재생에너지, 해수담수화, ICT 등 신공종 분야 진출** • 칠레 정부가 신재생에너지의 비중을 높일 계획으로서 우리 기업의 적극 공략이 필요한 시점 • 정부 간 수자원, ICT기반 협력이 강화됨에 따라 관련 기업 진출 활성화 가능성이 높음 ● **수주 이후, 사업 및 노조관리의 중요성** • 수주 이후에 나타나는 미숙한 법률검토 및 노조파업 등으로 인해 큰 손실을 보는 경우가 종종 발생하므로, 사업 초기부터 우수한 로펌 및 노무사를 고용하여, 향후 발생할 수 있는 위험요소 제거 필요 ● **현지에서 좋은 Reputation 유지관리 필요** • 칠레를 포함한 중남미 사업의 특성은, 사업결과에 따라 해당기업의 수행능력에 관한 소문이 인근 국가로 빠르게 퍼진다는 특징이 있음. 따라서 사업 수주 시 되도록 발주처와 좋은 관계를 유지하며 공사를 마무리해야 다음 사업도 원활히 추진 가능

다. 콜롬비아

1) 시장환경 평가

구분	세부항목	주요지표	순위 (지역별 순위)
경제	1인당GDP(달러) (2016년 기준)	5,623	12/16
	GDP규모(억달러) (2016년 기준)	2,741	5/16
	GDP성장률(%) (2016년 기준)	2.2	8/16
	정부재정비중(%) (2016년 기준)	-2.9	6/16
국가안정성	물가상승률(%) (2016년 기준)	7.6	6/16
	외환보유액(백만달러) (2016년 기준)	46,386	4/16
	국가신용등급 (2016년 기준)	C1	4/16
	세계평화지수(점) (2016년 기준)	2.777	1/16
건설시장	건설시장성장률(%) (2017년 추정치)	5.11	2/16
	건설시장비중(%) (2017년 추정치)	9.6	5/16
	평균수주액(백만달러) (2007~2016년 평균)	6,419	13/16
	평균수주증가율(%) (2007~2016년 평균)	241,035.29	1/16
건설사업 수행환경	건축관련인허가(점) (2016년 기준)	76.54	2/16
	물류경쟁력(점) (2016년 기준)	2.61	11/16
	현지공급자현황(점) (2016년 기준)	4.9	1/16
	현지공급자품질(점) (2016년 기준)	4.8	1/16

2) 사업유형 평가

구분	세부항목	주요지표	순위
PPP제도	준비 및 평가	88	1/16
	계약 및 사업추진	75	6/16
	운영 및 관리	66	7/16
	평균	76.3	3/16
정부발주	도급사업(백만달러)	513,125	10/16
	투자사업(백만달러)	N/A	2/16
ODA	EDCF(백만달러)	29.35	5/16
	KOICA(백만달러)	53.80	4/16
MDB	WB(백만달러)	2536.7	2/16
	ADB(백만달러)	N/A	N/A
	AfDB(백만달러)	N/A	N/A
	EBRD(백만달러)	N/A	N/A
	IDB(백만달러)	3921.36	3/16
	IsDB(백만달러)	N/A	N/A
사업유형 평가	• 콜롬비아의 PPP제도는 분쟁해결메커니즘이 미비한 것을 제외하면 대체로 양호한 것으로 평가됨 • 국내 기업은 정부발주사업, ODA사업을 통해 수주하였음. 다만 투자사업 실적이 전무하였음 • WB, IDB를 중심으로 MDB지원도 확대되고 있음		

3) 진출제약요인 및 최신동향

구분	주요 내용
제약요인	● 아직 미흡한 투자환경, 관료주의, 부패 • 사업운영 주체의 불투명성과 복잡한 행정절차, 반복적인 프로젝트 추진지연 등 사업여건 악화로 우리기업의 철수사례 증가하고 있음 ● 열악한 물류 인프라 • 낙후된 교통인프라로 인하여 물류비용이 중남미 평균 비용보다 높은 수준 ● 치안 문제 • 2016년 콜롬비아 평화협정 체결 이후에도 여전히 체결조건을 둘러싼 내부갈등과 분열이 지속되고 있어, 이로 인한 치안 문제가 개선되는데 시간이 소요될 것으로 예상 ● 환율 및 저유가 • 최근 몇 년 사이 콜롬비아 자국화폐가치가 급락하면서, 현지화 계약에 따른 리스크가 급증함. 또한 저유가 기조가 지속되면서 콜롬비아 정부재정 위축이 지속됨
최신동향	● 콜롬비아는 최근 빠른 경제 성장으로 주택 수요가 급증하면서 부동산 거래가 활기를 띄고, 주택가격 또한 지속적인 상승세를 보이고 있음 ● 주택 및 사회 인프라 수요 늘어날 전망 ● 최근 5년간 4G 도로개선 프로그램이 매년 계획대로 이행되면서, 교통인프라가 과거에 비해 상당부분 개선됨 ● FARC무장해제 절차 마무리, 제2반군단체와 정전 합의

4) 분야별 추진계획 및 수주전망

구분	주요 내용
분야별 추진계획	● 최근 정부는 향후 2년간 100여 건의 교통분야 인프라 사업의 입찰과 40여 건의 기존 사업 재계약 입찰을 시행할 계획을 발표 • 도로, 항만, 공항, 철도, 전력, 유전 등 분야에서 입찰이 이뤄질 예정임 • 5개 신규 철도 구간 건설, Mato Grosso-Para 주를 잇는 곡물 운반 철도(Ferrogrão) 건설 등이 추진 • 50여 곳의 항만 구역 민영화, 63개의 민영 터미널 공사 등 • Salvador, Porto Alegre, Fortaleza, Florianopolis 공항 건설 프로젝트 ● 보고타 메트로 1호선 건설사업(57억불)은 전 구간 지상철로 변경 확정된 후, 최종 타당성조사 마무리 단계에 있으며, 2018년 상반기 정부재정사업 발주예정
수주 전망	● 공동 컨소시엄 구성 등 협력을 통한 수주활동 전개 • 인프라 건설 프로젝트 발주가 증가함에 따라 우리 기업의 프로젝트 수주 가능성이 높아지는 상황 • 대규모 사업의 경우, 대기업 수주가 일반적이나 프로젝트 시행 과정에서 중소기업과의 협력이 요구 • 따라서 공동 컨소시엄 형태 또는 대기업 수주 후 협력업체 형태로 동반 진출이 가능할 것으로 전망 ● 보고타 메트로 1호선이 당초 지하철에서 지상철로 변경되면서, 한국기업이 기술 경쟁력에서 우위를 점하기가 상대적으로 어려워짐 ● 태평양연안 Buenaventura항구에 LNG 재기화 플랜트사업의 개념설계가 진행 중이며, 본 사업 입찰참여 검토가 필요할 것으로 사료됨

5) SWOT분석 및 전략도출

Strengths	Opportunities
■ 반군협상을 통해 새로운 성장기반을 마련 ■ 중남미 진출 교두보로서의 지리적 이점 ■ 철광석, 석탄 등 풍부한 자원 ■ 태평양 동맹 4개국 중 하나로, 대외개방정책 지속 추진 중 ■ 도로 PPP 사업의 성공적인 진행	■ 평화협상 이후 경제성장 및 인프라 개발 추진 ■ 환경, IT, 신재생에너지 등 진출 가능분야가 지속 확대 ■ 지속적인 시장개방과 역내 경제통합에 주력 ■ 최근 선진국으로부터 시장성을 인정받고 있음
Weaknesses	**Threats**
■ 열악한 도로인프라 ■ 복잡한 행정절차, 관료주의 ■ 정부의 잦은 정책변경 ■ 노동자 편향적 노동법 ■ 잦은 프로젝트 지연 ■ 불안한 치안	■ 원자재 가격하락, 환율상승, 외국인투자 감소 등 ■ 페소화 평가절하에 따른 수입 여력 하락 ■ 미국/EU 등 기존 거래국 대한 높은 의존도

시사점
■ 평화협상 이후 경제성장, 인프라 개발 계획 등 긍정적인 요소가 많지만 투자환경 안정에는 시간이 필요 ■ 콜롬비아 시장의 북미/EU 의존적 구조는 자금력이나 네트워크가 부족한 우리기업에게 극복하기 어려운 여건 ■ 미 개발지역에 대한 주요 인프라 사업(도로, 전력, 수도 등)뿐만 아니라 ICT, 신재생에너지 분야도 긍정적

비전	전략적 제휴를 통한 진출가능성 제고
미션	■ 콜롬비아 정부 정책에 맞춘 사업분야 진출을 통해 수주가능성 제고 ■ 제 3국과의 공동진출을 통해 경쟁력 제고 및 리스크 관리 ■ 스마트시티 등 ICT기반 인프라 사업 진출을 위한 전략 수립 ■ 현지기업 또는 스페인기업과의 공동 진출

6) 세부진출전략

구분	주요 내용
세부 진출 전략	● **콜롬비아 정부 정책에 맞춘 사업 분야 진출을 통해 수주가능성 제고** • 평화협상 이후 정부주도의 대대적인 개발 계획이 전망되고 있어 정부 정책 및 트렌드에 맞춘 진출 분야를 선정하고, 이를 중점적으로 공략할 필요성이 있음 • 낙후된 인프라를 개선하기 위한 도로, 플랜트 분야는 우리기업의 경쟁력이 높은 편 • 콜롬비아 정부가 추진하는 국가 프로젝트의 경우 양국 정부의 협력이 이루어질 경우 우리 기업의 수주가능성이 높아질 수 있기 때문에 우리 정부의 역할이 중요 ● **다른 기업과의 컨소시엄 진출** • 중국이나 일본 등에 비해 우리 기업이 밀리고 있어 시장에 대한 전략적인 접근이 필요한 시점 • 자금력이나 기술력, 네트워크를 갖춘 국내외(스페인 등) 건설기업과의 컨소시엄을 통해 수주 경쟁력 제고 필요 ● **ICT기반 인프라 사업 진출을 위한 전략 수립** • 콜롬비아 정부의 '2014~2018 Vive Digital Program'에 따라 정보통신기술(ICT) 분야 전반의 인프라 개선 및 IT 서비스 보급 확대가 지속될 것으로 예상 • 한국의 ICT역량이 콜롬비아 보고타 교통체계에 기여를 한 사례가 있어 후속 사업수주에 유리 ● **현지기업 공동진출 및 M&A 추진** • 한국의 우수한 기술력(터널, 장대교량, 플랜트 등)이 접목될 수 있는 프로젝트에 현지 유력기업과의 협력을 통한 현지화 추진

7 신시장으로 떠오른 '유럽 · 중앙아시아'

가. 우즈베키스탄

1) 시장환경 평가

구분	세부항목	주요지표	순위 (지역별 순위)
경제	1인당GDP(달러) (2016년 기준)	2,131	10/11
	GDP규모(억달러) (2016년 기준)	668	6/11
	GDP성장률(%) (2016년 기준)	6.0	1/11
	정부재정비중(%) (2016년 기준)	0.0	2/11
국가안정성	물가상승률(%) (2016년 기준)	8.0	4/11
	외환보유액(백만달러) (2016년 기준)	628	11/11
	국가신용등급 (2016년 기준)	D1	7/11
	세계평화지수(점) (2016년 기준)	2.132	7/11
건설시장	건설시장성장률(%) (2017년 추정치)	4.10	3/11
	건설시장비중(%) (2017년 추정치)	6.3	1/11
	평균수주액(백만달러) (2007~2016년 평균)	2,565,073	1/9
	평균수주증가율(%) (2007~2016년 평균)	690.96	5/9
건설사업 수행환경	건축관련인허가(점) (2016년 기준)	59.79	1/11
	물류경쟁력(점) (2016년 기준)	2.40	5/11
	현지공급자현황(점) (2016년 기준)	N/A	N/A
	현지공급자품질(점) (2016년 기준)	N/A	N/A

2) 사업유형 평가

구분	세부항목	주요지표	순위
PPP제도	준비 및 평가	N/A	N/A
	계약 및 사업추진	N/A	N/A
	운영 및 관리	N/A	N/A
	평균	N/A	N/A
정부발주	도급사업(백만달러)	9,825.35	2/11
	투자사업(백만달러)	N/A	3/11
ODA	EDCF(백만달러)	61.79	2/11
	KOICA(백만달러)	90.56	1/11
MDB	WB(백만달러)	330	8/11
	ADB(백만달러)	120.9	3/11
	AfDB(백만달러)	N/A	N/A
	EBRD(백만달러)	N/A	N/A
	IDB(백만달러)	N/A	N/A
	IsDB(백만달러)	92.87	2/11
사업유형 평가	• 우즈베키스탄의 PPP제도는 아직 초기단계(현재 관련 법 수립 중)이며, 국내 기업은 주로 MDB 차관으로 발주하는 사업을 수주하였음. EDCF 및 KOICA 지원도 활발하며, MDB 지원규모도 확대 추세임		

3) 진출제약요인 및 최신동향

구분	주요 내용
제약요인	● 복잡하고 불투명한 행정절차 • 행정 절차에 대한 정확한 정보습득이 어려우며 관료주의, 부패관행 등 정부에 대한 불확실성 상존 ● 낙후된 금융시스템과 외환 통제 • 낙후된 금융시스템 및 정부의 금융 통제로 인한 기업 활동 ● 영문 자료 및 전문가 부족 • 대부분 자료는 러시아어로 되어 있으며, 건설/건축 분야 전문가 부족 상황
최신동향	● 신정부 출범 이후 외자유치 및 경제활성화 조치와 함께 석유가스화학 및 교통인프라 개발 사업에도 적극적으로 나설 방침 ● 2015~2019년 동안 5억 달러를 투자해 도로 건설 · 개보수 사업을 시행 중, 2020년까지 유료도로 건설 계획 ● 타슈켄트 국제공항 확장사업, 지방 공항 위탁운영 및 신규 건설(BOT 방식) 등 추진 계획 ● 타슈켄트시 개발 및 스마트시티 조성 계획 ● 중소기업활동 지원을 위해 정부펀드 설립, 운영 중 ● 2017.9.5부터 시장변동환율제도 도입으로 주재국에서 활동하는 법인은 제한 없이 무역대금, 과실송금 등 환전이 가능하며, 자유롭게 외화 매각 가능

4) 분야별 추진계획 및 수주전망

구분	주요 내용
분야별 추진계획	● 산업현대화 및 경제다변화 프로그램 5개년 계획(2015~2019)에 따라 발전, 도로, 철도, 석유화학 등 408억불 규모, 846건의 사업을 지속 추진중 ● 석유 · 가스 · 화학: 2015-2019년 기간동안 우즈벡석유가스공사(Uzbekneftegaz)는 석유가스 부문 다각화 및 현대화를 위해 총 사업비 186억불 규모, 54건의 프로젝트를 추진할 계획이며, 우즈벡화학공사(Uzkimyosanoat)는 21억불 규모, 10건의 투자사업을 발주할 예정 ● 발전 · 에너지: 국영전력청(Uzbekenergo)은 2019년까지 32억불 규모의 프로젝트를 추진할 계획이며, 2017-2021년 기간동안 신재생에너지 개발에 18.8억불 투자계획 ● 교통:'2015~2019 통신 · 교통인프라 개발 및 현대화 프로그램'에 따라 도로, 철도, 공항 건설 및 현대화 프로젝트를 추진중 ● 주택:'2017~2020 주택건설 프로그램'에 따라 타슈케트시, Karakalpakstan 공화국 등 총 945동의 아파트를 건설할 계획 ● 자유경제특구: 국내외 투자유치, 수입대체 및 고부가가치제품 생산을 위해 자유경제특구(FEZ) 신규 조성 계획 ● '2017~2021 우즈베키스탄 발전전략'에 따라 총 77억불 규모의 MDB 차관을 유치할 계획
수주 전망	● 재원이 안정적인 관련 인프라 사업에 대한 수주 전망 • MDB 차관을 통한 도로, 발전사업이 추진될 예정이며 우리나라의 EDCF 지원을 통한 보건, 교통, 통신, 교육 등 프로젝트가 지속 발주될 전망

5) SWOT분석 및 전략도출

Strengths	Opportunities
■ 높은 경제성장률 ■ 풍부한 천연자원과 인력자원 ■ 러시아 침체에도 비교적 안정적인 경제성장세 ■ 천연자원 의존도가 낮은 경제여건 ■ 전략사업 추진 시 정부보증 제공	■ 정부, 2020년까지 380억 달러 규모의 투자 계획 ■ 한국기업에 대한 높은 인지도와 신뢰도 ■ 수은 지원 핵심전략국에 포함되어 금융지원 가능 ■ 신재생에너지 발전계획 추진
Weaknesses	**Threats**
■ 이중내륙국가로 높은 물류비용 ■ 느리고 불투명한 행정시스템, ■ 부패만연 ■ 금융시스템 낙후 ■ 자국산업 육성정책	■ 부동산 가격은 실수요에 비해 높게 형성 ■ 환율변동으로 외국인투자 위축 우려 ■ 관련제도 및 법률의 일관성 결여

시사점
■ MDB 등 안정적인 재원이 확보된 사업을 중심으로 발주 ■ 양국 정부간 긴밀한 우호 협력관계를 활용한 수주전략 필요 ■ 전력, 도로 등 인프라 분야에서 정부 예산을 활용한 프로젝트 다수 추진 예정으로 지속적인 모니터링 필요

비전	안정적인 사업 수행이 가능한 프로젝트 확보
미션	■ 정부 간 협력을 통한 수주전략 ■ MDB 등 국제금융기구 차관사업 참여 모색 ■ 유력 현지 파트너와의 협력을 통한 시장 진출

6) 세부진출전략

구분	주요 내용
세부 진출 전략	● 정부 간 협력을 통한 수주전략 • 현지 정부보증의 대규모 인프라 사업 수주방안 모색 필요 • EDCF 등 ODA 지원, 각종 연수 · 교육 프로그램 제안 등을 통해 견고한 협력관계 구축하고 이를 기반으로 인프라 연계가 가능한 후속사업을 지속적으로 추진 ● MDB 등 국제금융기구 차관사업 참여 모색 • 안정적인 사업 재원이 확보되어 입찰 취소, 사업 중단 등의 가능성이 낮음 • MDB 사업의 경우 예산이 달러로 배정되어 외화환전, 대금결제 등에서 문제가 적음 • 신재생에너지 등 유망사업 분야를 중심으로 수주활동 전개 ● 유력 현지 파트너와의 협력을 통한 시장 진출 • 불투명한 행정 관행과 정보 습득의 어려움이 존재하기 때문에 현지 네트워크 활용 필요 • 현지 파트너 발굴 및 협력을 통하여 행정절차에 대응하고 안정적으로 시장 진입 가능 ● 시공자금융 또는 투자개발형 사업 제안 • 대형사업 추진을 위해 재원 부족으로 관심 사업 초기 단계에서 시공자금융 또는 투자개발형 사업 방식 제안 ※ 정부보증 확보 필요

나. 카자흐스탄

1) 시장환경 평가

구분	세부항목	주요지표	순위 (지역별 순위)
경제	1인당GDP(달러) (2016년 기준)	7,138	4/11
	GDP규모(억달러) (2016년 기준)	1,281	4/11
	GDP성장률(%) (2016년 기준)	-0.8	9/11
	정부재정비중(%) (2016년 기준)	-5.6	10/11
국가안정성	물가상승률(%) (2016년 기준)	9.0	3/11
	외환보유액(백만달러) (2016년 기준)	20,497	6/11
	국가신용등급 (2016년 기준)	C2	4/11
	세계평화지수(점) (2016년 기준)	1.992	7/11
건설시장	건설시장성장률(%) (2017년 추정치)	5.80	3/11
	건설시장비중(%) (2017년 추정치)	7.7	1/11
	평균수주액(백만달러) (2007~2016년 평균)	841,729	3/9
	평균수주증가율(%) (2007~2016년 평균)	140.23	4/9
건설사업 수행환경	건축관련인허가(점) (2016년 기준)	79.05	1/11
	물류경쟁력(점) (2016년 기준)	2.75	6/11
	현지공급자현황(점) (2016년 기준)	4.0	7/11
	현지공급자품질(점) (2016년 기준)	4.0	7/11

2) 사업유형 평가

구분	세부항목	주요지표	순위
PPP제도	준비 및 평가	56	4/11
	계약 및 사업추진	63	8/11
	운영 및 관리	58	2/11
	평균	59.0	5/11
정부발주	도급사업(백만달러)	7,643.88	4/11
	투자사업(백만달러)	2,405.97	1/11
ODA	EDCF(백만달러)	N/A	6/11
	KOICA(백만달러)	17.27	3/11
MDB	WB(백만달러)	24.29	6/11
	ADB(백만달러)	513.3	2/11
	AfDB(백만달러)	N/A	N/A
	EBRD(백만달러)	532.12	5/11
	IDB(백만달러)	N/A	N/A
	IsDB(백만달러)	N/A	N/A
사업유형 평가	● 카자흐스탄의 PPP제도는 비교적 양호한 편이며, 국내 기업은 주로 차관사업을 수주하거나 부동산투자개발사업을 추진하였음. EDCF 지원은 실적이 없으며, EBRD의 지원규모가 높음		

3) 진출제약요인 및 최신동향

구분	주요 내용
제약요인	● 외국인 노동허가 발급제한 및 현지인 고용 의무화 • 현지 노동법에 따라 자국 인력 우선채용이 원칙이지만 전문인력이 부족한 실정 • 외국인 인력 고용 시 노동허가가 필수적이며, 현지인 고용비율로 인해 인건비 부담 가중 • 현지 진출시 대표자를 제외한 주재원에 대해서는 노동비자를 취득하도록 규정하고 있음 ● 정보습득의 어려움, 사업추진의 불확실성 • 사업과 관련된 고급정보를 입수하는 루트가 제한적이며, 인맥이 큰 영향을 미치는 경향이 있음 • 정부 관료들의 재량범위가 넓은 편이며, 관련법규나 제도가 수시로 변경되어 불확실성이 높음 ● 재원 확보 어려움 및 사업 중단 • 계약 체결 이후 재원 부족으로 사업 중단 사례 발생 ● 정부보증 제도 부재 • 투자개발형, PPP 사업 추진 시 정부보증 미발급 ● 환율 변동에 따른 리스크 • 최근 유가 하락 등으로 현지화 가치하락에 따른 높은 리스크
최신동향	● 최근 카자흐스탄 정부가 수도인 아스타나시에 대한 사물인터넷 플랫폼과 스마트시티 계획에 대한 지원을 요청함에 따라 기술지원 및 정부차원의 자문 예정 ● 외국인 투자 유치를 위해 민영화 프로그램 추진 ● ADB는 2018-2021년 기간동안 인프라, 에너지 분야에 30억불 규모의 차관 지원 계획

4) 분야별 추진계획 및 수주전망

구분	주요 내용
분야별 추진계획	● **수자원** : 석유가스, 광물, 발전 부문에서 물에 대한 수요가 늘어날 것으로 예상됨에 따라 수자원 부문에 대한 투자가 본격 추진될 예정 ● **석유 · 가스** : 자원개발 부문에 대한 경제의존도 축소와 산업 다각화를 위해 다운스트림 부문을 집중 육성중 ● **전력** : 늘어나는 전력수요 충족과 수출 잠재력 확충을 위해 발전소 현대화 및 신설, 관련 인프라 구축에 '30년까지 400~550억불, '50년까지 900~1,300억 달러를 투자할 계획, 원자력발전소 건설 추진 계획 • 신재생에너지 개발을 위해 MDB(EBRD 등) 차관 7.3억불을 유치할 계획 ● **교통**: Nurly Zhol 프로그램에 따라 '17~'21년 기간동안 국제금융기구 차관(42억불)을 통해 도로 · 철도 공사를 추진할 계획(세계은행 9.8억불 지원) ● **지역개발 · 주택건설** : 안정적인 중장기 사회경제 발전, 국민의 생활수준 향상, 각 지역의 특성을 고려한 성장잠재력 제고 등을 주요 목표로 '19년까지 78억불을 투자할 계획
수주 전망	● 교통인프라 등 PPP사업 수주활동 전개 • 2017 아스타나 엑스포 등 국제행사가 마무리되는 2017년 하반기부터 중단된 대규모 인프라 프로젝트가 재개될 전망이며, 정부재원부족으로 PPP 사업 형태로 발주될 가능성이 높음 • 도로(알마티순환도로) 건설, 설계 및 감리 용역사업 등 중심의 수주활동 중으로 2017년에는 해당 공종분야에서 2억불 내외 수주 전망

5) SWOT분석 및 전략도출

Strengths	Opportunities
■ 풍부한 천연자원 기반의 잠재력 ■ 중앙아시아 진출의 교두보 ■ 외국자본 투자유치 활발	■ 도로, 항만, 철도 인프라 개발사업 중점 추진 ■ 외국인 투자와 관련된 각종 면세 및 인센티브 정책 ■ 주요 국제행사 개최를 위한 인프라 확충 ■ PPP 방식의 사업추진 모색
Weaknesses	**Threats**
■ 전문인력 확보의 어려움 ■ 현지인 의무 고용비율에 따른 인건비 부담 ■ 사업정보 습득의 어려움 ■ 높은 부패지수 ■ 정부보증 제도 부재	■ 부동산 가격은 실수요에 비해 높게 형성 ■ 급변하는 환율 변동으로 외국인 투자 위축 우려 ■ 저유가에 따른 경기침체 지속 ■ 관련제도 및 법률의 일관성 결여

시사점
■ 저유가 등에 따른 정부재원부족으로 대규모 인프라 사업 취소 및 지연 ■ 인프라 개발사업 PPP 방식으로 발주될 가능성이 높음 ■ 높은 잠재력과 리스크가 공존하는 사업환경에서 안정적인 재원조달 및 현지 네트워크 확보가 중요

비전	국가 인프라 개발 정책에 따른 사업 공략
미션	■ MDB 차관 지원 사업에 대한 적극적인 수주활동 전개 ■ PPP사업 진출방안 모색 ■ 정부 차원의 건설협력 강화(국가자본주의 체제로 주요 프로젝트에 대한 최고위층의 영향력이 절대적임)

6) 세부진출전략

구분	주요 내용
세부 진출 전략	● **MDB 차관 지원 사업에 대한 적극적인 수주활동 전개** • MDB 등을 통해 재원이 안정적으로 확보된 사업 수주에 집중 • 교통인프라, 신재생에너지, 상하수도 시설 등 유망분야의 MDB 차관 도급공사 수주 모색 ● **PPP사업 진출방안 모색** • 국가 주력분야의 PPP 프로젝트에 대해 사업초기 단계에서부터 지속적으로 모니터링 • EDCF와 제3국 ODA를 결합한 사업모델 수립 등 투자개발형 사업참여 방안 모색 • 현지 유력업체와 전략적 제휴 ● **정부 차원의 건설협력 강화** • 정부 간 거래(G2G)를 통해 네트워크를 구축하고, 우리 기업의 수주 지원 • 전문인력 양성을 위한 연수프로그램을 확대 ● **문화, 교육 등 다양한 부문에서 전방위적인 협력을 통해 상호 신뢰도 제고** • 문화, 교육 등 프로그램 활성화(CSR 강화 필요)

해외건설

알고 도전 하라

新 전략지도 보고서

VI. 끝맺음

참고문헌

부록

VI 끝맺음

중장기 차원에서 접근하고 다차원적 전략 세워야

본 연구는 세계건설시장에 대한 정량 · 정성적 분석을 통해 최근 수주부진에 어려움을 겪고 있는 국내 건설기업의 체계적이고 통합적인 해외건설 진출방안을 수립하고자 하는 목적으로 시도되었다. 특히 세계건설시장의 동향과 지역별 진출환경 분석, 전략지도 구축 및 중점분석국가 선정, 글로벌 건설기업의 사례분석, 국내 전문가 및 개발도상국 공무원의 설문조사 등을 통해 국내 기업의 수주확대를 위한 방안 및 세부 진출 전략을 수립하는데 초점을 두었다.

이와 같은 연구목적을 위해 본 연구에서는 국내 기업의 해외건설시장 진출 활성화 방안을 다음과 같이 정리하였다. 첫째, 해외건설 정책금융 지원규모는 국내 기업의 사업역량과 섹터별 경쟁력을 고려하여 논의되어야 한다. 정책금융기관에서는 투자개발형 사업에 있어서 현재 국내 기업들이 당면하고 있는 금융조달역량 문제가 정부지원 부족이나 금융시스템의 문제로만 볼 수 없다는 견해가 많은 편이다. 이는 ECA 지원자금 규모 및 한도 확대를 기대하는 대다수 기업 측의 견해와 상반되는 것으로써 국내 기업들이 투자개발형 사업에 진출할 수 있는 역량을 갖추었는지를 판단하고, 어떠한 섹터에 경쟁력이 있는지 검증되어야만 금융지원도 실효성이 있다는 것이다. 즉 정책금융기관들은 공적자금을 활용하는 측면에서 사업계획이 구체화되지 못하면 지원이 어렵다는 입장으로 해석된다. 중국 등 국가차원에서 대규모 자금을 지원하는 경우를 고려한다면 기업 경쟁력 강화측면에서 금융지원 확대가 필요하지만 국내 기업들이 자금을 효과적으로 활용할 수 있는 역량을 갖추었는지 객관적으로 평가하는 단계가 선행되어야 할 필요성이 있다. 결국 PPP의 성패는 기업들이 사업구조와 계획을 어떻게 구축하느냐에 달려있기 때문에 디벨로퍼(developer)로서의 역량이 중요한 시점이다. 국내 기업들이 이러한 역량을 강화하기 위해서는 국내 기업들이 전 방위적으로 수직, 수평적 통합을 통해 기업의 사업영역을 확대하고 전문성을 향상시키는 전략과 더불어 광의적으로 다른 분야까지도 융합할 수 있는 능력을 갖추어야 할 것이다. 한편 정부 및 정책금융기관에서는 현재 중점국가별로 지원되고 있는 정책금융 지원을 섹터별 또는 프로젝트별

끝맺음

로 지원하는 방안으로 고려할 필요성이 제기되고 있다. 국가별로 특수한 환경에 따라 진출 여부가 달라질 수 있으며, 특정 기업에서 현지 네트워크를 통해 사업수주가 가능한 경우도 발생하기 때문이다. 또한 국내 기업별로 경쟁력을 갖춘 섹터에 금융지원이 이루어질 경우 실효성이 높아질 수 있다. 따라서 정부는 공적자금 활용측면과 국내 기업의 역량강화 측면을 모두 고려하여 정책금융지원이 효과적으로 이루어질 수 있도록 제도적으로 지원해야 할 것이다. 다만 중소기업들은 자금조달 역량이 부족하기 때문에 GIVF 등 초기개발 자금지원이 확대될 필요성이 있으며, 업체 선정시 공정하고 포괄적인 지원이 되어야 할 것이다. 또한 현재 우리나라의 ODA 지원규모는 경쟁국인 중국이나 일본의 10%도 못 미치는 수준으로써 신 시장 개척이 현실적으로 진출이 어려운 실정이다. 따라서 점진적으로 20~50% 수준까지 규모를 확대하는 방안이 필요하며, 국내 기업들의 수주활동 시 출장비용 등을 지원하는 방안도 규모는 작지만 필요성 있는 부분이다.

둘째, 국내 기업들이 투자개발형 사업에 대한 대응전략을 중장기적 차원에서 접근해야 할 필요성이 있다. 해외건설사업에 있어서 국내 기업은 대부분 수익성이 낮은 단순 도급형 사업에 머무르고 있어 앞으로는 사업 초기부터 투자와 개발에 함께 참여해 수익성을 높이는 것이 필요하다는 지적이 나타나고 있다. 반면 발주처들의 세계적인 경향은 PPP를 통해 민간에서 시공부터 운영까지 전담하여 리스크를 분담하는데 초점이 맞추어져 있다. 이러한 흐름에 따라 발주처에서 EPC보다는 O&M위주의 수익구조를 제시하는 상황에서도 국내 기업들이 수익성이 낮은 EPC수주에만 주력하는 사례가 나타나기도 한다. 투자개발형 사업에 대한 중요성은 최근 해외건설업계에서 공통적으로 강조하고 있는 사안임에도 이를 국내 기업들이 현실적으로 인식하기에는 시간이 걸릴 것으로 전망되지만 국내 기업들도 중장기적인 차원에서 체질 개선에 나서야 할 시점이라 판단된다. 세계건설시장의 흐름이 투자개발형으로 빠르게 변화하고 있는 상황에서 근본적으로 PPP에 대한 이해도를 높이고 다양한 대응전략을 수립해야 한다는 것이다. 다만 단기적으로는 EPC역량에 맞추어진 기업의 특성상 단독으로 투자개발형 사업에 대응할 수는 없기 때문에 사업초기 단계와 운영 및 유지관리 단계에서 기업들이 가용할 수 있는 대안을 찾아야 할 필요성이 있다. 대기업의 경우 계열사 내 종합상사를 활용하는 전략도 고려해볼 수 있다. 사업을 발굴하거나 사업을 디자인하는 역량, 사업의 수익성을 찾아내거나 극대화시킬 수 있는 역량, 금융설계 역량 등 투자개발형 사업에서 요구되는 역량을 대부분 갖추고 있기 때문이다. 일본 종합상사의 경우 초기부터 잠재력이 높은 인프라 사업을 발굴하여 안정적인 수익구조를 확보할 수 있었다. 또한 국내 기업들이 고민하고 있는 O&M분야의 경우 한전, 가스공사 등 공기업과의 공동 진출 방안이 현실적으로 거론되고 있다. 이미 O&M분야의 기술력과 사업경험을 인정받고 있으며, 공기업이라는 메리트도 함께 공유할 수 있다. 중장기적으로는 글로벌 건설기업들의 사례와 같이 공격적인 M&A를 통해 전방산업과 후방산업을 모두 수용할 수 있는 역량을 갖추는 방안도 가능하다. 이 경우 합병된 기업의 원천기술뿐만 아니라 트랙레코드까지 활용할 수 있어 내부적으로도 투자개발형 사업에 적합한 모델을 구축할 수 있을 것이라 판단된다.

셋째, 체계적인 현지화를 위한 다차원적 전략이 필요하다. 해외건설시장에서 지속가능성을 확보하기 위해서는 프로젝트 단위의 수주 전략에서 벗어나 현지 기업으로서 네트워크를 구축하고 이를 통해 사업추진의 지속성을 마련하는 것이 중요하다. 글로벌 건설기업들은 신규시장 진출 시 입찰참여 및 리스크 감소를 위해 현지 기업과의 합작 투자(joint venture) 또는 M&A 등의 다양한 전략을 활용하고 있다. 특히 현지에서 안정적인 사업관리를 위해서는 현지 실정에 밝은 업체를 활용하는 것이 효과적이기 때문에 현지 우수 하도업체를 발굴하고 관계를 유지하는 것이 중요하다. 또한 장기적으로 현지인들로부터 우호적인 이미지를 형성하는 것이 건설기업의 경쟁력이 될 가능성이 높기 때문에 지역 사회와의 지속적인 관계 형성이 중요한 요소이며, 이를 바탕으로 우리 기업들에 대한 홍보활동도 강화되어야 할 것이다. 이와 같이 해외건설 프로젝트 수주를 위한 기업들의 다양한 노력이 이루어지고 있음에도 현실적으로는 정치적 영향력이 사업을 좌우할 수 있는 요인으로 작용하고 있는 실정이다. 특히 국내 기업들이 진출국가의 고위지도층과 네트워크 형성이 가능하다면 대상사업 수주뿐만 아니라 후속사업까지도 성사될 가능성도 있다. 반면 발주처에서 선호하는 기업이 수주할 수 있도록 경쟁기업들에게 노골적으로 무리한 조건을 요구하는 사례도 있을 정도로 상식적으로 이해하기 어려운 상황도 직면할 수 있다. 이와 같이 현지 발주처 공무원과의 관계는 중요하며, 대상이 고위직일수록 효과가 크다는 것이 실무자들의 공통된 견해이다. 하지만 이러한 네트워크를 형성하기 위해서는 시간과 금전 측면에서 많은 노력이 필요하기 때문에 기업들의 입장에서는 부담이 될 수밖에 없는 실정이다. 따라서 정부 간 사업추진(G2G), 개도국 공무원 초청연수 등 정부차원에서 추진하고 있는 사업이 더욱 강화될 필요성이 있다.

넷째, 사업분야 간 융복합을 통한 새로운 포지셔닝 전략 수립이다. 최근 우리 기업들은 해외건설시장에서 선진국의 기술력과 중국 등 후발국의 추격으로 입지가 줄어들고 있는 실정이다. 이러한 현실은 내외부적으로 해결하기 어려운 난제이기 때문에 단순히 선형적 사고보다는 매트리스적 사고(Matrix Thinking)를 통해 새로운 대안을 제시하는 것이 필요한 상황이라고 판단된다. 특히 해외사업의 관점을 다른 공종 또는 다른 분야와의 융복합을 통해 확장할 경우 아이디어는 더욱 다양해질 수 있다. 이와 더불어 우리나라에 대한 국가이미지(경제성장, K-POP, IT기술 등)까지 더해진다면 경쟁력 높은 사업모델을 구축할 수 있을 것이다. 최근 이러한 시도로 볼 수 있는 사업이'스마트시티'사업이다. 우리나라의 첨단 정보통신 기술(ICT) 등 4차 산업혁명 요소와 신도시 개발 노하우를 융합하는 스마트시티 기술을 해외에 수출하는 사업으로서 상하수도, 통신, 도로, 주택 등 수많은 사업이 요구되는 복합적인 사업이기 때문에 파급효과가 크다. 이 뿐만 아니라 공간정보, 교통지원시스템 등 스마트시티와 관련된 다양한 솔루션들이 제공되어 부가가치가 높은 편이다. 따라서 입지선정부터 도시개발 단계까지 전 단계에 걸쳐 국내 기업들이 패키지 형태로 진출한다면 새로운 포지셔닝이 가능할 것으로 보인다. 한편 범정부차원에서 진출 대상국 산업기반과의 연계를 추진하는 방안도 고려해볼 수 있다. 특히 개발도상국 정부는 인프라 확대를 통한 경제성장 및 일자리 확대에 관심을 갖고 있기 때문에 제조업 진출기반(산업단지, 항만자원 등)을 마련할 수 있도록 범정부차원에서 지원을 할 경우 관련 기업들의 진출확대를 기대할 수 있을 것이다. 중국, 일본 등이 정부의 적극적인 지원을 바탕으로 자국기업의 현지 진출을 공략하고 있는 이유도 장기적으로는 진출국의 인프라 기반을 자국 기준으로 표준화시킴으로써 향후 추가적인 인프라 개발에서 영향력을 확보하기 위한 것이다. 따라서 우리나라도 범정부차원에서 국내 기업 진출기반을 마련하기 위한 노력이 필요할 것으로 보인다.

마지막으로 해외건설 전문 인력 양성을 위한 교육과정 체계화이다. 해외건설 인력양성을 위한 교육프로그램은 정부 및 공공기관에서 예산을 마련하여 대학, 협회, 유관기관 등에서 지속적으로 운영하고 있다. 그럼에도 현장에서는 공통적으로 해외시장에서 활용할 수 있는 인재가 부족하다는 견해를 제시하고 있다. 즉 정책적으로 예산은 편성되어 교육이 다양하게 이루어지고 있음에도 실제 글로벌 시장에서 필요한 인재와 거리가 멀다는 의미로 해석된다. 이는 교육프로그램의 체계화가 부족하다는 점에 기인한다. 앞서 언급했듯이 해외건설 사업 수행에 있어서 필요한 인재는 현지어 구사능력, 마케팅 및 협상, 계약 및 클레임 관리 역량 등 현지 사업에 깊이 관여하는 플레이어들이다. 즉 입찰, 계약, 사업관리 등에 영향을 미칠 수 있는 핵심인력이라는 의미이다. 따라서 불특정 다수를 대상으로 교육하고 있는 현행 체계와 별도로 소수정예의'드림팀'을 구성하여 대응하는 방안이 모색되어야 한다는 것이다. 즉 다양한 사업모델에 따라 요구되는 전문가 집단을 구성하여 활용하자는 측면이다. 이와 같이 정부 차원의 글로벌 건설인력 양성체계가 전문화되기 위해서는 학 · 산 · 연 협력모델이 구축되어야 할 것이다.

다만 본 연구는 다음과 같은 한계점을 갖는다. 첫째, 중점분석국가 선정 시 활용한 사업유형별 데이터(PPP, 정부발주, MDB, ODA)는 지난 10년간(2007년-2016년) 인프라 분야 투자실적을 바탕으로 분석하였다. 하지만 ODA데이터의 경우 한국수출입은행 EDCF 및 한국

국제협력단(KOICA) 전체 지원규모를 반영하였다. 이제 전체 지원규모 중 건설 및 인프라 분야 지원규모를 현실적으로 추출하기 어려운 상황에서 기인하였다.

둘째, 본 연구에서 중점분석국가는 정량 및 정성평가를 통해 산출되었으나 모든 국내 기업들이 보편적으로 활용할 수 있는 진출 전략국가는 아니라는 점이다. 정부 및 공공기관, 대기업, 건설엔지니어링 업체 등 이해관계자 간 진출 대상국가에 대한 시각이 다를 수 있으며, 기업의 특수성에 따라 제 3의 국가를 주력시장으로 설정하는 경우도 있기 때문이다.

셋째, 중점분석국가별 세부적인 조사를 위한 여건이 부족하였다. 본 연구는 세계건설시장 진출환경 변화에 따른 대응전략을 제시하기 위해 중점분석국가 20개국을 선정하였으나 국가별 세밀한 분석을 위한 인적, 시간적 여건이 부족하였다. 따라서 향후 후속과제에서는 선택과 집중 차원에서 중점분석국가의 범위를 축소하여 더욱 심도 있는 분석을 시도할 필요성이 있다.

그림 55. 해외건설 진출목표에 따른 활성화 전략

국내 기업 해외진출 활성화 전략

주요 과제	정부	기업	목표
	해외건설지원 전담기구 설립 및 운영		협상력 강화/ 리스크 감소
정책금융의 실효성 향상	정책금융 역할 통합 (금융지원, 보증 등)	재원이 확보된 ODA 및 MDB사업 적극 추진	Track Record 확보
	정책금융 규모 확대	개발도상국 사업화 수요 발굴	현지 니즈 중심 사업개발
수주경쟁력 강화	공기업 동반진출 지원	고부가가치 영역 수행역량 강화	가치사슬 확대
	국내 기업 전략국가 진출지원 정책 수립	진출시장 세분화	맞춤형 진출전략
체계적인 현지화 전략	해외건설정책지원 (현지데이터, 법제도 등)	현지 업체와의 전략적 제휴	현지 자원활용 최적화
	발주처 고위인사와 교류 주선	현지 네트워크 강화 및 홍보활동 지속	후속사업 수주공략
융복합화를 통한 새로운 포지셔닝	범정부차원의 개도국 산업기반 구축 지원	다른 사업영역과의 협력 확대	개도국 진출 확대
	국가별 맞춤형 패키지 모델 수출	신사업분야 진출 확대	차별화 전략
해외건설 특성화 인력 양성성	해외 실무형 특성화 인력 양성(학계)	해외 인턴십 제공	전문인력 양성
	학계 및 유관기관 협력체제 구축	사업모델에 따른 전문집단 구성	학 · 산 · 연 협력모델 구축

참고 문헌

- 국제개발협력위원회, 2017 대한민국 ODA 백서, 2017
- 국제개발협력위원회, '17년 국제개발협력 종합시행계획, 2016
- 국토교통부, 건설엔지니어링 해외진출 전략과 정책방안 연구, 2014
- 국토교통부, 해외건설 전담 금융기구 설립 타당성 검토 연구, 2012
- 국토교통과학기술진흥원, 2015 국토교통기술수준분석 국토교통 기술수준조사 보고서, 2015
- 국토교통부 보도자료, 제10차 무역투자진흥회의 "한국형 스마트시티 해외진출 확대 방안", 2016
- 김영기, 수주절벽 타개를 위한 신시장 개척프로그램, 2017
- 대외경제정책연구원, 아시아 취약국 ODA 지원전략과 CPS 개선방향, 2015
- 대외경제정책연구원, 민관협력사업(PPP)을 활용한 중남미 인프라 플랜트 시장진출 확대방안, 2016
- 대외경제정책연구원, 최근 중국의 민관협력사업(PPP) 추진 현황 및 평가와 전망, 2017
- 삼정KPMG, 건설산업 제2의 도약, 전방 밸류체인을 공략하라, 2017
- 이현주 · 윤하중 · 유현아, 해외인프라 시장에서의 한 · 중 협력여건 분석 및 시사점, 2017
- 정창구 · 손준형, 주요국 관련법 · 제도에 대한 연구 "제3편 : 방글라데시, 베트남, 영국, 페루–", 2016
- 조진철, 일본의 해외교통도시개발기구 사례를 통한 우리나라 해외도시개발 조망, 2015
- 최석진 · 이강욱 · 한승헌, 전문가 설문조사를 통한 해외건설 유망공종 선정에 관한 연구, 2009
- 최현호 · 강형택 · 정종홍 · 박진우, 세계도로대회 정보에 기반한 전략국가 선정 연구, 2016
- 한국건설기술연구원, 해외 거점 국가별 건설엔지니어링 정보시스템 설계 및 플랫폼 개발, 2015
- 한국건설산업연구원, 건설기술인력 수급 예측시스템 구축연구, 2012
- 한국건설산업연구원, 중국 건설기업의 해외 시장 진출 동향, 2016
- 한국건설산업연구원, ODA 언타이드화 확대에 따른 해외건설 대응 방안, 2013
- 한국교통연구원, 국내기업 해외도로시장 진출 활성화 방안 연구, 2014
- 한국수출입은행, AIIB와 아시아 · CIS 인프라 개발, 2017
- 한국수출입은행, 2017 세계국가편람, 2016
- 한국수출입은행 신시장개척단, 핵심전략3개국 개발수요 및 전망, 2017
- 한국수출입은행 해외경제연구소, 신재생에너지 산업동향 및 해외진출전략, 2017
- 해외건설정책지원센터, 글로벌 투자개발형사업 현황 및 PPP사업 활성화방안에 대한연구, 2014
- 해외건설정책지원센터, 해외 PPP사업 확대를 위한 한국형 금융모델 개발연구, 2016
- 해외건설협회, 글로벌 건설기업 육성방안 연구, 2014
- 해외건설협회, 2017 하반기 이후 중동 건설시장 동향 · 전망, 2017
- 해외건설협회, 세계건설시장 진출전략, 2017
- ADB, Meeting ASIA's Infrastructure Needs Highlights, 2017
- EDCF, 2016 숫자로 보는 ODA, 2017

- EDCF, ANNUAL REPORT 2016, 2016
- The Economist, The 2015 Infrascope : Evaluating the environment for public-private partnerships in Africa, 2015
- IHS Markit, Global Construction Outlook: Executive Overview, 2017
- IMF, World Economic Outlook, 2017
- Institute for Economics and Peace, Global Peace Index 2017, 2017
- KOTRA, 2017년 해외건설시장 전망 및 대응전략, 2016
- KOTRA, 모잠비크 PPP 관련 법 · 제도 및 사업현황, 2013
- KOTRA, 해외진출 종합 핸드북 2017, 2017
- Linklaters, Iran: open for business?, 2016
- Markets and Markets, Smart Cities Market by Focus Areas, Transportation, Utilities, Buildings, Citizen Services, and Region – Global Forecast to 2022, 2017
- MEED, The GCC Projects Market in 2017, 2017
- World Bank, Benchmarking PPP Procurement 2017, 2016
- World Bank, Ease of Doing Business Index 2017, 2017
- World Bank, 2016 Private Participation in Infrastructure (PPI) ANNUAL UPDATE, 2017
- World Economic Forum, The Global Competitiveness Report 2016-2017, 2016
- https://www.adb.org/
- http://www.aecom.com/
- https://www.afdb.org/
- https://www.bappenas.go.id/
- https://www.dnp.gov.co/
- http://www.ebrd.com/
- https://www.enr.com/
- http://www.iadb.org/
- http://www.icak.or.kr/
- http://www.investiniran.ir/
- https://www.isdb-pilot.org/
- https://www.pppinindia.gov.in/
- https://infrastructureindia.gov.in/
- http://www.join-future.co.jp/
- https://www.mottmac.com/
- http://www.mpi.gov.vn/
- http://www.neda.gov.ph/
- https://www.odakorea.go.kr/
- http://www.oecd.org/
- http://www.planejamento.gov.br/
- http://www.pppo.gov.bd/
- http://www.sepo.go.th/
- https://www.skanska.com/
- https://www.vinci.com/
- http://www.worldbank.org/
- https://www2.deloitte.com/

부 록

1. 한-사우디 Vision 2030 협력 동향

2. 설문지(개발도상국 공무원 대상)

3. 주요국 PPP Pipiline 프로젝트 리스트

4. 해외진출 전략지도

1 한-사우디 Vision 2030 협력 동향

1. 협력 배경

사우디 비전 2030은 모하마드 빈 살만(Mohammad Bin Salman) 제1왕세자 주도 하에 16년 4월 25일 발표되었다. 사우디 경제의 석유의존도 축소와 신성장동력 확보를 통한 사회 및 경제 전반에 대한 개혁을 추진하고자 한다. 사우디 경제에서 석유 부문은 GDP의 41.8%, 재정수입의 87.5%를 차지한다. 지속되는 저유가 기조에 따라 석유의존도가 높은 사우디 경제체제 유지 뿐 아니라 심각한 청년실업 문제, 경제제재가 해제된 이란의 부상 등으로 사우디 정권 및 역내 패권유지에 한계가 오는 상황에서 사우디의 비교우위를 기반으로 한 산업 발전을 이루려고 하는 것이다. 사우디아라비아는 국정 전반의 개혁과 향후 정책 의제를 총괄하는 방대한 중장기 계획 발표를 통해 사우디 최고위층의 적극적인 개혁 의지를 표명하였고, 저유가 등 급변하는 국제환경 속에서 사회 • 경제 체제의 근본적 개혁안 마련이 불가피했다고도 평가된다.

비전 2030 체계는 사우디에서 비교우위로 꼽는 3대 축(Three Pillars)을 토대로 세부영역, 주요 목표 및 이를 위한 정부의 노력을 명시하고 있다. 3대 축은 아랍과 이슬람 세계의 심장부, 세계투자강국, 아시아 • 유럽 • 아프리카를 연결하는 허브이며, 이를 기초로 활기찬 사회, 번창하는 경제, 야심찬 국가라는 3대 영역을 제시한다. 화제가 되고 있는 아람코의 지분매각이나 산업다각화 등의 사항은 '장기적 투자' 항목에 들어가 있다.

활기찬 사회 (A Vibrant Society)	번창하는 경제 (A Thriving Economy)	야심찬 국가 (An Ambitious Nation)
■ 뿌리가 강한 사회 ■ 성취감 있는 삶을 가진 사회 ■ 기반이 튼튼한 사회	■ 기회에 대한 보상 ■ 장기적 투자 ■ 사업환경 개선 ■ 지정학적 장점 극대화	■ 효과적인 통치체제 ■ 책임성 제고

2. 협력 경과

비전 2030 실행 총괄부처는 사우디 경제기획부이다. 경제기획부는 산업 • 에너지 분야를 관장하는 에너지산업부, 투자업무를 총괄하는 상무투자부 등 주요 경제 부처와 협력하여 비전 2030을 추진하고 있으며, 비전의 궁극적 목표인 경제 다변화와 석유의존도 탈피를 위해 교육 • 훈련을 통한 내부 역량 강화와 함께 기술 이전 • 투자 유치를 위한 기술 선진국과의 협력을 중점 추진 중이다. 한국은 사우디의 전략적 협력국가로서, 비전 2030 협력 체계 마련을 통해 양국간 동반성장 의제를 활발히 추진하고 있다.

양국은 관계 부처, 기업, 국책 연구소 등과 협의를 거쳐 개별 협력 사업을 발굴하고, 상대측과 교환 • 조율 및 장관급 협의를 거쳐 2017년 10월 개최된 한-사우디 공동위원회에서 비전 2030 협력 MOC(Memorandum of Cooperation)를 장관급으로 체결하였다. 협력 분야는 에너지 • 제조, 스마트 인프라 • 디지털화, 역량강화, 보건 • 복지, 무역 • 중소기업의 5개 분야이며, 각 분야별 실무 부처로 구성된 서브그룹 체계로 구체적 협력 사업을 시행해 나가게 된다.

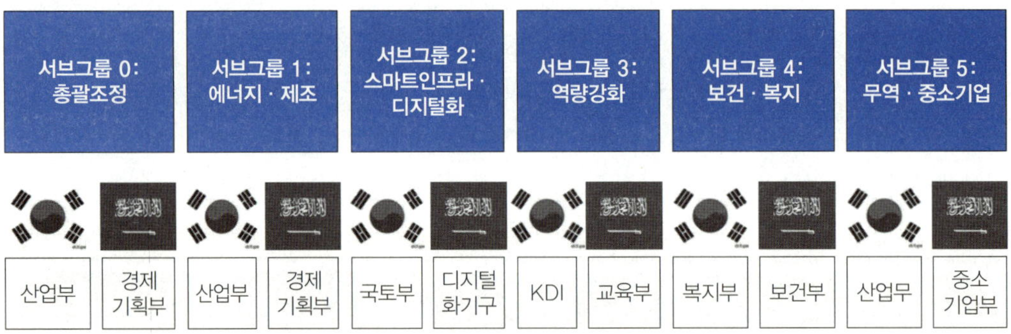

일례로 사우디의 경우 중소기업 분야에서 중소기업의 국가 GDP 기여도를 현재 20%에서 '30년 35%로 확대하는 것을 목표로 설정하고 벤처캐피탈, 비즈니스 인큐베이터, 펀드 조성 등 중소기업 지원을 강화할 계획이다. 사우디 제조기반 수준을 고려한 중소기업 기술 혁신, 법 • 제도 등 중기 지원제도를 자문받기를 희망하고 있다. 전자정부의 경우 비전 2030에서 국제기준에 부합하는 행정서비스 제공 등을 위해 전자정부 순위를 세계 36위에서 5위권으로 향상시키는 것을 목표로 설정하고 이를 위해 회계, 출입국, 국토정보, 신분증 등 다양한 행정사무 분야에서 전자정부 시스템 도입 및 개선 프로젝트를 추진할 계획이다. 한국의 경우 2년 주기로 발표되는 UN 세계 전자정부순위평가에서 '10년부터 3회 연속 1위를 차지할 정도로 우수한 전자정부 시스템을 보유하고 있어 동 시스템의 제도 정비 지원 등을 통해 사우디 수출을 목표하고 있다.

3. 대응 전략

사우디 비전 2030에 비추어 볼 때, 기업들은 세가지 분야에서 기회를 포착할 수 있다. 첫째는 합작투자 진출 기회다. 사우디 국영펀드인 PIF의 자본금 확충 및 해외투자 강화 조치에 따라 보다 적극적이고, 전략적인 투자유치 활동이 필요하다. 일례로 포스코 건설과 PIF 합작 법인, 현대중공업과 아람코 합작 조선소 건립 등을 들 수 있으며, PIF 등 사우디 자본과 우리 기술의 전략적 협력을 통해 새로운 진출 모델을 확대해 나갈 수 있으리라 평가된다. 둘째, 신산업 프로젝트 수주 기회다. 신재생에너지, ITS 등 신산업 분야에서 대형 프로젝트 발주가 예상되며 동 분야에 수주 노력 강화가 필요하다. 신재생에너지의 경우 프로젝트 수주 뿐만 아니라 기자재, 원자재 등의 공급 기회도 적극 발굴하려는 노력이 필요하다. 또한 사우디에서 현재 성지순례객 증가에 대비한 교통 및 이슬람 시설 출입관리 관련 ITS 구축 수요가 높아 스마트카드 시스템 등 ITS 시스템을 수출할 수 있는 기회라 평가된다. 셋째, 민자활용 프로젝트 진출을 모색해야 한다. 건설 분야에서 PPP 및 EPC-f 모델 발주 증가가 예상됨에 따라 금융지원과 연계한 수주, 사업설계 기능 강화 등을 통해 새로운 진출 모멘텀을 확보하는 것이 필요하다.

붙 임

「사우디 비전 2030」 주요내용

<table>
<tr><th>영역</th><th>주요 내용</th></tr>
<tr><td>활기찬 사회</td><td>① 뿌리가 강한 사회(종교분야의 개혁과 전략)
■ '30년까지 성리순례객의 수용능력을 현재의 800만명을 3천만명으로 증가시켜 관광수입 확대와 이슬람 성지 소재국가로서의 위상 제고
■ 유네스코 세계문화유산 등록건수를 현재의 2배로 증가시켜, 이슬람문화 계승의 적통국이자 중심국으로서의 위치를 확보
■ 이를 위해 성지순례를 위한 비자신청의 자동화, IT시스템을 활용한 여행서비스 제공, 접객시설의 확충, 최첨단 시설과 도서 연구시설을 갖춘 최대 규모의 이슬람 박물관 건립을 세부이행계획으로 수립

② 성취감 있는 삶을 가진 사회(문화, 교육)
■ 3개의 사우디 도시를 세계 100대 도시에 진입
■ 가계의 문화오락 활동비 지출을 현재 2.9%에서 6%로 확대
■ 최소 주 1회 운동인구의 비율을 현재의 13%에서 40%로 증가
■ 문화 · 오락활동에 대한 지원 강화와 관련 규제 정비 및 완화를 시도

③ 기반이 튼튼한 사회(주거, 교육, 보건의료)
■ Social Capital 지수 순위를 현재 26위에서 10위로 상승
■ 평균 기대수명을 74세에서 80세로 연장
■ 자녀교육에 부모의 역할을 강화하고 비영리기관, 민간부문과 협력을 통한 교육의 질과 여건을 개선
■ 보건 · 의료 분야에서의 서비스 수준과 질적 개선을 위한 경쟁력 제고 및 투명성 강화</td></tr>
<tr><td>번창하는 경제</td><td>① 기회에 대한 보상(직업훈련 및 중소기업 육성)
■ 실업률을 현재의 11.6%에서 7%로 하향
■ 중소기업의 국가 GDP 기여도를 20%에서 35%로 제고
■ 총 고용에서 여성의 비율을 22%에서 30%로 확대
■ 고등교육과 시장의 수요 간의 괴리를 축소하기 위한 교과과정 개편과 산학협동, 대기업과의 협력 강화
■ 중소기업의 금융 접근기회 개선, 규제 완화, 마케팅 지원</td></tr>
</table>

영역	주요 내용
번창하는 경제	② 장기투자 전략(민간, 신성장 산업 육성) ■ 사우디의 국가 경제규모를 19위에서 15위로 4단계 상승 ■ 석유 · 가스 부문 설비기자재 국산화율을 40%에서 75%로 제고 ■ 사우디국부펀드(PIF)의 자산규모를 6천억 리얄에서 7조 리얄로 증대 ■ 방위산업 육성을 위해 현재 부품 자급도 2%에서 50% 이상으로 확대 ■ 민간투자 촉진, 공기업 생산성 향상 등을 통해 광업의 기여도 제고('20년까지 9만개의 일자리 창출) ■ 신재생에너지 발전 목표설정(9.5GW), 연관산업의 육성, 킹 살만 신재생에너지 전략 수립, 법적 제도적 정비 ③ 사업환경 개선(국가경쟁력 제고) ■ 국가경쟁력 지수를 10위로 향상 ■ GDP 대비 FDI 비중을 3.8%에서 5.7%로 높임 ■ 민간부문의 GDP 기여도를 40%에서 65%로 확대 ■ 이를 위해 전반적인 사업환경을 개선하고 경제도시의 활성화 특구설치를 증가(현재 킹 압둘라 금융지구는 타당성 검토후 구조조정) ■ 보조금 개편을 통한 에너지 부문의 경쟁력 제고 ■ 도소매업 현대화 및 디지털 인프라 확충 ④ 지정학적 장점 활용 극대화(무역, 투자 증진) ■ 물류 성과지수 순위를 49위에서 25위로 향상, 중동 물류허브로 발돋움 ■ 비석유 부문의 수출비중을 16%에서 50%로 높임 ■ 민간 외국 파트너와의 협력 및 운용, 효율성 개선을 통한 물류여건 개선 ■ GCC국가들과의 경제통합 심화, 주변 국가들과의 무역 물류협력 확대 ■ 사우디 기업의 경쟁력 제고를 통한 지역리더 기업 육성
야심찬 국가	① 국가경쟁력 제고 ■ 정부 효율성지수 순위를 80위에서 20위로 수직 상승 ■ 전자정부지수 순위를 36위에서 Top5로 높임 ■ 비석유 재정수입을 1,630억 리얄에서 1조 리얄로 증가 ■ 세계 최고 수준의 정부 투명성 및 책임성 확보 ■ 훈련과 성과보상체계 개선을 통한 공무원의 자질 향상 ■ 재정지출의 효율성 제고 및 전자 정부화 촉진 ② 범국가적 책임성 제고 ■ 가계소득 대비 저축률을 6%에서 10%로 증가 ■ 비영리 부문의 GDP 기여도를 1% 이하에서 5%로 높임 ■ 개인 · 기업 · 사회 차원에서 책임성 제고 ■ 비영리 부문의 활동 강화 지원

한–쿠웨이트 스마트시티 협력 동향

1. 협력 배경

쿠웨이트 사우스 사드 알 압둘라 신도시는 면적 64.4㎢, 분당 3배 규모의 스마트 도시로 계획되고 있다. 쿠웨이트는 비전 2035를 발표하며 석유 일변도의 산업구조에서 벗어나 금융·무역·관광의 허브로 도약하기 위한 정책을 활발히 추진 중이며, 스마트 시티 건설 계획도 그중 일부이다. 사우스 사드 알 압둘라 신도시는 쿠웨이트의 수도인 쿠웨이트 시티에서 서측으로 30km 떨어진 지역에 위치해 쿠웨이트 정부가 추진하고 있는 9개 신도시 중 입지가 가장 뛰어난 지역으로 평가된다. 쿠웨이트 정부는 압둘라 신도시를 세계적인 스마트 시티이자 중동 최초의 친환경 도시로 만들어 도시 개발의 모범사례로 자리매김하고자 하는 계획을 가지고 있다.

한국주택토지공사(LH)를 프로젝트 총괄 관리자로 하는 한국 사업단은 2017년 4월 압둘라 신도시 마스터플랜 용역 계약을 체결하고 2년여간의 마스터플랜 수립과 사업타당성 분석 작업에 들어갔다. 이번 압둘라 신도시 마스터플랜 용역을 통해 사업 타당성이 도출된다면 건설·재무 부문 투자자를 모집하여 쿠웨이트와 공동으로 신도시를 건설할 특수목적회사(SPV)를 설립하여 신도시 건설에 착수할 예정이다.

현장 위치	압둘라 스마트시티 조감도
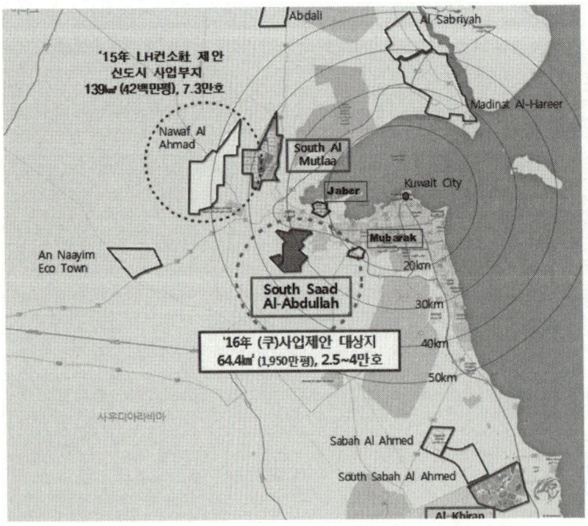	

2. 협력 경과

쿠웨이트 정부는 한국의 신도시 개발경험과 역량에 신뢰를 보이며, 적극적인 협력의지를 보여왔다. 한국과 쿠웨이트의 스마트시티 협력 기반은 2014년 9월 한국 국토교통부와 쿠웨이트 주거복지청(PAHW) 간 체결한 양해각서로, 신도시 개발전략 정책자문, 전문가 상호 파견 등을 주요 내용으로 하고 있다. 이후 2015년 3월 한-쿠웨이트 정상 외교와 5월 쿠웨이트 국회의장 방한 시 한국에 신도시 사업 제안을 요청해왔고, 국토교통부에서 이를 해외건설 시장개척 지원사업으로 선정, 예비타당성 조사를 거쳐 사업을 추진하게 되었다. 2015년 12월 제안서 제출 후 2016년 3월 쿠웨이트 주택부 장관이 방한하여 사업추진을 협의하였고, 5월 자베르 총리 방한 시에는 국토교통부와 쿠웨이트 주택부 간 '압둘라 신도시 개발 협력 MOU'를 체결하여 압둘라 신도시 사업 추진을 위한 G2G 협력 기틀을 마련했다. 특히 국토교통부 장관이 2017년 3월 쿠웨이트를 방문하여 사바 국왕과 자베르 총리 면담 시, 양측은 쿠웨이트 국민을 위한 안정적 주택 공급의 중요성에 공감하고 정부간 협력을 합의하였다. 쿠웨이트측은 압둘라 신도시가 건설되면 최소 2만 5천 세대에 주택을 공급할 수 있기 때문에 본 사업에 대한 정부와 국민들의 기대가 높다고 밝혔다.

LH는 본 사업 수행을 위해 쿠웨이트 현지에 지사를 설립하고, PAHW와 공동으로 마스터플랜 수립 계획을 검토하여 용역 전문기관을 선정하는 절차를 밟았다. 국제경쟁입찰 과정을 거쳐 2017년 1월 선진 컨소시업이 선정되었으며, 2017년 4월 마스터플랜 용역 사업 총괄관리 계약을 체결했다. 본 계약에 따라 LH는 신도시 전문가로 구성된 현장 조사 및 설계팀을 쿠웨이트에 파견하고, 압둘라 신도시를 세계 유수의 스마트 도시로 건설하기 위한 마스터플랜 기획과 타당성 조사, 토목 설계, 시범주택단지의 건축 설계 등 사업단 업무를 관리 감독하게 된다.

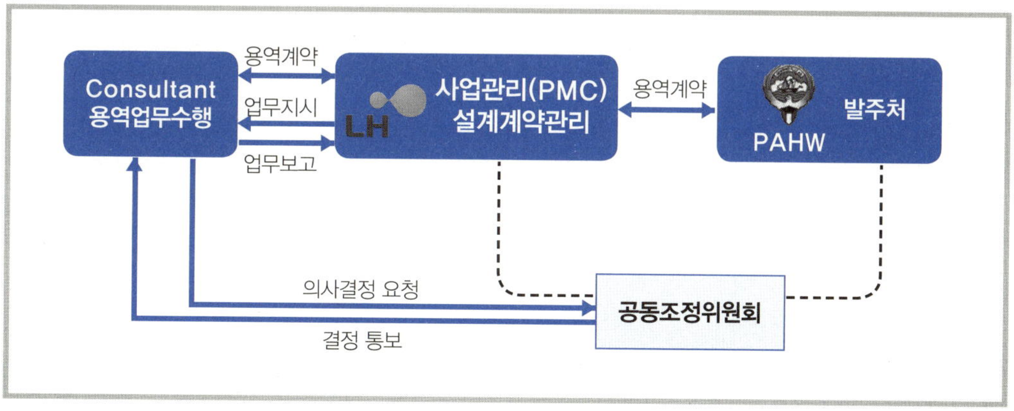

3. 향후 전망

압둘라 신도시 마스터플랜 용역 수주는 국토교통부와 쿠웨이트 주택부 간 맺은 양해각서를 기반으로 LH의 신도시 건설 경험이 합쳐진 전방위적 인프라 협력외교의 결과이다. 쿠웨이트는 자국민 결혼 시 공공주택을 무상으로 공급하는 정책을 추진 중이나, 대기자의 수요를 충족시키지 못하고 있는 실정이다. 이와 더불어 도심 집중과 주택 부족 문제 해결을 위해 '주택 20만호 건설 사업'을 계획하고 신도시 건설 프로젝트를 추진 중이다.

쿠웨이트 압둘라 신도시 사업은 한국형 스마트도시를 수출하기 위한 기틀을 마련할 것이며, 사업이 성공적으로 마무리될 경우 우리 기업들의 쿠웨이트 진출 확대 뿐 아니라 세계 평균 대비 생산가능인구 증가율이 월등히 높아 신도시 수요가 높은 타 중동국가로의 진출도 확대될 것으로 예상된다. 압둘라 신도시의 경우 주변에 6번 국도가 개설되어 있으며 6.5번 국도, 7번 국도 및 메트로 연장선 개설도 계획되고 있어 도시 • 주택 건설 뿐 아니라 교통 인프라 건설 부문과 ITS 부문 진출 기회도 있을 것으로 평가된다.

붙임

「쿠웨이트 비전 2035」 주요 내용

쿠웨이트 국가비전 2035

금융 및 무역 허브 정책	■ Free Logistic Zone 확대, Bubiyan 항만개발, Shuwaikh 항만개발 확대, Free Trade Zone 확대 ■ 도로확포장, 철도 및 지하철 네트워크 구축, 쿠웨이트 제2터미널 건설, 통신사업의 현대화 등 ■ 중앙은행의 역할정립, 금융감독기관 설립 추진 중
석유분야	■ 원유생산량 및 정유생산량 확대 ■ 석유 및 가스수송선 25대 추가 확보
전기 및 물 분야	■ 향후 5년간 6,360MW의 전기생산량 확대 ■ 담수화 능력을 355M 갤런 수준 증대
사회개발 정책	■ 쿠웨이트 국적 인구 34% 수준 유지 ■ 노동시장에서의 자국민 비율 21%로 확대 ■ 외국인 근로자 수 매년 10%내외 감축, 불법체류 노동자 관리 ■ 민간부문의 고용창출 및 공공부문 고용 안정화
법령의 제/개정 (효율적 계획 추진 목적)	■ 민영화법, 부가가치세법, 상법, 중앙입찰위원회법, 금융감독기관 설립관련법, 종합소득세법, 반부패법 등

비전 2035 7대 실행 프로그램

① Global Position: 외교 · 무역 · 문화 · 자선 활동과 같은 분야에서 약 7.7백만KD 규모의 프로그램을 추진하여 국제적인 입지 강화

② Human Capital: 8개 분야*, 4.72억KD 규모 프로그램을 활용한 교육 개혁을 통해 젊은이들을 경쟁력 있고 생산적인 인력이 되도록 육성

* 교육의 질, 고등교육 역량 강화, 노동시장 불균형 개선, 교통안전, 장애인 지원과 참여, 노령자에 대한 서비스 수준 향상, 사회적 통합 제고, 청년 지원과 참여

③ Health Care: 공공의료 시스템 분야에서 서비스 질을 개선하고 국가적 능력을 발전시키기 위한 3.95억KD 규모, 3개 프로그램 운영

* 의료서비스 질 개선, 만성적 비전염성 질병 예방, 공공병원의 병상 규모 증대

④ Living Enviorment: 친환경적인 자원과 기술을 활용한 주택시설 확충을 위한 2.15억KD 규모, 4개 프로그램 운영

* 시민들에 대한 신속한 주거복지 제공(연 평균 1만 2천호 → 연 2만 4천호 공급), 신재생에너지 활용, 안전한 대기환경 유지, 쓰레기 처리의 효율성 제고

⑤ Infrastructure: 시민들의 삶의 질 향상을 위한 국가기반시설 발전 및 현대화를 목표로 7.42억KD 규모, 5개 프로그램 운영

* 항공 운송 시스템, 육상 운송시스템, 해상 운송시스템, 정보통신기술 발전 및 현대화

⑥ Economy: 석유 수입에 대한 의존을 줄이고, 다변화된 경제 발전을 위해 3.8백만KD 규모, 5개 프로그램 운영

* 민간 부분을 위한 비즈니스 환경 창출, 생산기지 다변화 및 투자 증대, 관광개발, 금융 · 경제 개혁, 지식경제

⑦ Public Administration: 투명성 · 책임 · 효율성 증대를 통한 관료주의적 행정 관행 개혁을 위해 9.6백만KD 프로그램 운영(전자정부, 구조개혁)

2 설문지(개발도상국 공무원 대상)

Survey on Issues & Trends of the Construction & Infrastructure Development Market in the Partner Countries of Korea

Purpose of the survey

The survey is designed to collect opinions of ISUS international students and alumni on infrastructure development and construction industry of their respective countries. Even though some of you are not directly related to the fields, please complete the survey with your best knowledge. It would be desired to take brief time to search relevant information in your country when you complete some of the questionnaires. The survey is conducted to support a research project on development of new strategies for Korean public and private enterprises to advance into overseas construction and infrastructure development markets.
Your responses will be vital to complete the research project successfully. Thank you for your participation in this survey in advance!

Confidentiality

Your responses will not be shared with any individuals or institutions. It will be only included anonymously in the final report of the research project.

Due date

Please complete the questionnaire and return it by email at youngtaekim@uos.ac.kr. If you have any difficulty in accessing and completing the questionnaires, please contact us by e-mail.
Thank you.

August, 2017

Primary Investigator: Young Tae Kim, Director
Global Urban & Infrastructure Research Center,
International School of Urban Sciences, University of Seoul

• Tel : 82-2-6490-5412
• E-mail : youngtaekim&@uos.ac.kr

Note: The following questions cover construction and infrastructure development market in your country. Please write down your opinions on each question in detail based on your knowledge, experience, and/or brief search.

1 Infrastructure Development

1-1. What do you think about the current status of infrastructure development in your country? Please rate the following attributes.

NO	Factors	Assessment				
		Excellent	Good	Average	Poor	Very Poor
		5	4	3	2	1
1	Overall					
2	Transport					
3	Energy					
4	Water					
5	ICT					

1-2. Please provide more specific information about the current status of infrastructure development in your country.

1-3. How do you forecast the future growth in infrastructure development by sectors in your country?

NO	Factors	Assessment				
		Excellent	Good	Average	Poor	Very Poor
		5	4	3	2	1
1	Overall					
2	Transport					
3	Energy					
4	Water					
5	ICT					

1-4. What could be the reason of your answer to the previous question, 1-3?

1-5. Please provide any government initiatives/policies that help promote infrastructure development of your country.

1-6. Please rate the importance of PPP (Public Private Partnership) in infrastructure development in your country.

NO	Factors	Assessment				
		Extremely Important	Very Important	Quite Important	Somewhat Important	Not important
		5	4	3	2	1
1	Overall					
2	Transport					
3	Energy					
4	Water					
5	ICT					
6	Others (Buyilding)					

1-7. Please write down the most promising sectors for PPP in your country. (e.g. New Renewable Energy etc.)

1-8. Do your government publish a list of PPP pipeline projects? If so, please attach the most recent list of PPP pipeline projects. (or you can provide the link if it is available online)

1-9. If you know or can find the latest news about infrastructure development in your country, please provide brief descriptions.

Sector	Information
Airports	
Railroads	
Roads	
Seaports	
Electricity	
Natural Gas	
Telecom	
Water	

2 Foreign Investment Environment

2-1. How do you assess the environment of foreign investment in infrastructure development in your country? Please rate your evaluation with each of the following factors.

NO.	Factors	Assessment				
		Excellent	Good	Average	Poor	Very Poor
		5	4	3	2	1
1	Laws and regulations					
2	Institutions					
3	Foreign exchange					
4	Labor market					
5	Financial facilities					
6	Government relations					
7	Language & Communication					
8	Tax rates					
9	Fairness & Transparency					

2-2. Please provide more specific information about the foreign investment environment in your country in detail.

Sector	Information
Laws and regulations	
Institutions	
Foreign exchange	
Labor market	
Financial facilities	
Government relations	
Language & Communication	
Tax rates	
Fairness & Transparency	

2-3. Which of the following sectors are currently a promising sector for foreign investment in infrastructure development in your country? Please rate each of the following sectors.

NO.	Sectors	Assessment				
		Extremely Promising	Very Promising	Quite Promising	Somewhat Promising	No Promising
		5	4	3	2	1
1	Airports					
2	Railroads					
3	Roads					
4	Seaports					
5	Electricity					
6	Natural Gas					
7	Telecom					
8	Water					
9	Others (Building)					

2-4. Could you please provide the success or failure of infrastructure projects for foreign investors in your country? Please write down project descriptions.

3 Construction & Infrastructure Development Market

3-1. Which countries or companies are actively investing or working in different sectors of your country's construction/infrastructure development market?

Sectors	Countries/Companies
Overall	
Transport	
Energy	
Water	
ICT	
Others (Building)	

3-2. What sectors have Korean public/private companies been working/investing in construction/infrastructure development market in your countries. If you know the name of companies please provide the names too.

3-2. How do you ass the competiveness of Korean companies compared to companies from competing countries. Please rate the competitiveness of Korean construction companies in your country.

NO	Sectors	Assessment				
		Very High	High	Neutral	Low	Very Low
		5	4	3	2	1
1	Overall					
2	Transport					
3	Energy					
4	Water					
5	ICT					
6	Others ( )					

3-3. Please provide your opinions on strength/advantages of Korean companies in working for construction/infrastructure development in detail. (e.g. technology, financing, communication, public relations, government relations, labor relations, sub-contract management, etc.)

3-4. What could be some areas for improving competitiveness of Korean companies in general? Please feel free to write down your opinion in detail. (e.g. technology, financing, communication, public relations, government relations, labor relations, sub-contract management, etc.)

3-5. Please write down your advices/recommendations for Korean companies to advance in different sectors in your country in detail.

Sector	Strategies
Transport	
Energy	
Water	
ICT	
Others (Building)	

3-6. If you have any further comments you wish to make with regard to the construction/infrastructure industry in your country, please write down.

◎ Personal Information

Name:	ISUS Program:
Nationality:	Affiliation:
Position:	E-mail:

■ Thank you for taking your valuable time to complete this survey -

3 주요국 PPP Pipiline 프로젝트 리스트

국가	내용
미얀마	■ Mawlamyine Airport PPP project (transport) (project in tender) ■ Kawthaung Airport PPP project (transport) (project in tender) ■ Heho Airport PPP project (Transport) (project in tender) ■ Myanmar Industrial Port(MIP) renovation project (Transport) (project in planning) (200 million US$) ■ Yangon Central rail station upgrade DBOM project (transport) (project in tender) (22th April, 2016) ■ Hanthawaddy International Airport PPP project (transport) (project awarded) (5thFebruary2016) ■ Upgrade of the Rangoon-Mandalay highway on Build-Operate-Transfer (BOT) (7thJanuary2015) ■ Mandalay International Airport PPP (Transport) (project signed) (24thNovember2014)
네팔	http://www.ibn.gov.np/negotiation-for-ppp-projects
몽골	http:/ /www.legalinfo.mn/annex/details/7082?lawid=11683
인도네시아	https:/ /www.bappenas.go.id/ i les/9314/8767/3599/PPP_BOOK_2017.pdf
필리핀	https://ppp.gov.ph/?page_id=26075
케냐	http://pppunit.go.ke/news/view/national-priority-list-of-ppp-projectsupdated
르완다	■ Bugesera International Airport Project ■ Musanze Hydropower Project ■ Rwanda Integrated Trade Logistics Facilities Project ■ The 147 MW Rusizi III Hydropower Plant and Associated Transmission Lines Project ■ Kigali Petrol Storage Project ■ Kigali Bulk Water Project ■ Rubavu and Rusizi Bonded Waterhouse Facilities Project.
우간다	(도로)www.unra.go.ug (에너지)http://www.energyandminerals.go.ug
이집트	http://www.pppcentralunit.mof.gov.eg/Content/Home/Pages/Home_en.aspx
폴란드	http://www.mr.gov.pl/media/35606/Baza_zamierzen_inwestycyjnych_PPP_29_03_2017_.xlsx
스리랑카	(에너지)http://powermin.gov.lk/english/?page_id=1522(도로)http://www.rda.gov.lk/supported/noticeboard/publications/nrmp_executiveSummary.pdf (page 18,19,24) (고속도로)http://www.mohsl.gov.lk/web/index.php?option=com_content&view=article&id=52&Itemid=59&lang=en (통신)http://www.mtdi.gov.lk/procurement-main.html (교통)http://www.transport.gov.lk/web/images/pdf/slrp.pdf(수자원)http://www.waterboard.lk/web/index.php?option=com_content&view=article&id=74&Itemid=272&lang=en#priority-water-supply-projects-in-pipe-line-2-ff-lbf-ckd-ppp-jica-adb
파푸아뉴기니	Southern Highland -Gulf H/way. Towns and city water system. Geothermal energy source in the country and feasibility study on the Bava fall for power generation. East/west Sepik connection for a possible lone bridge .

4 해외진출 전략지도

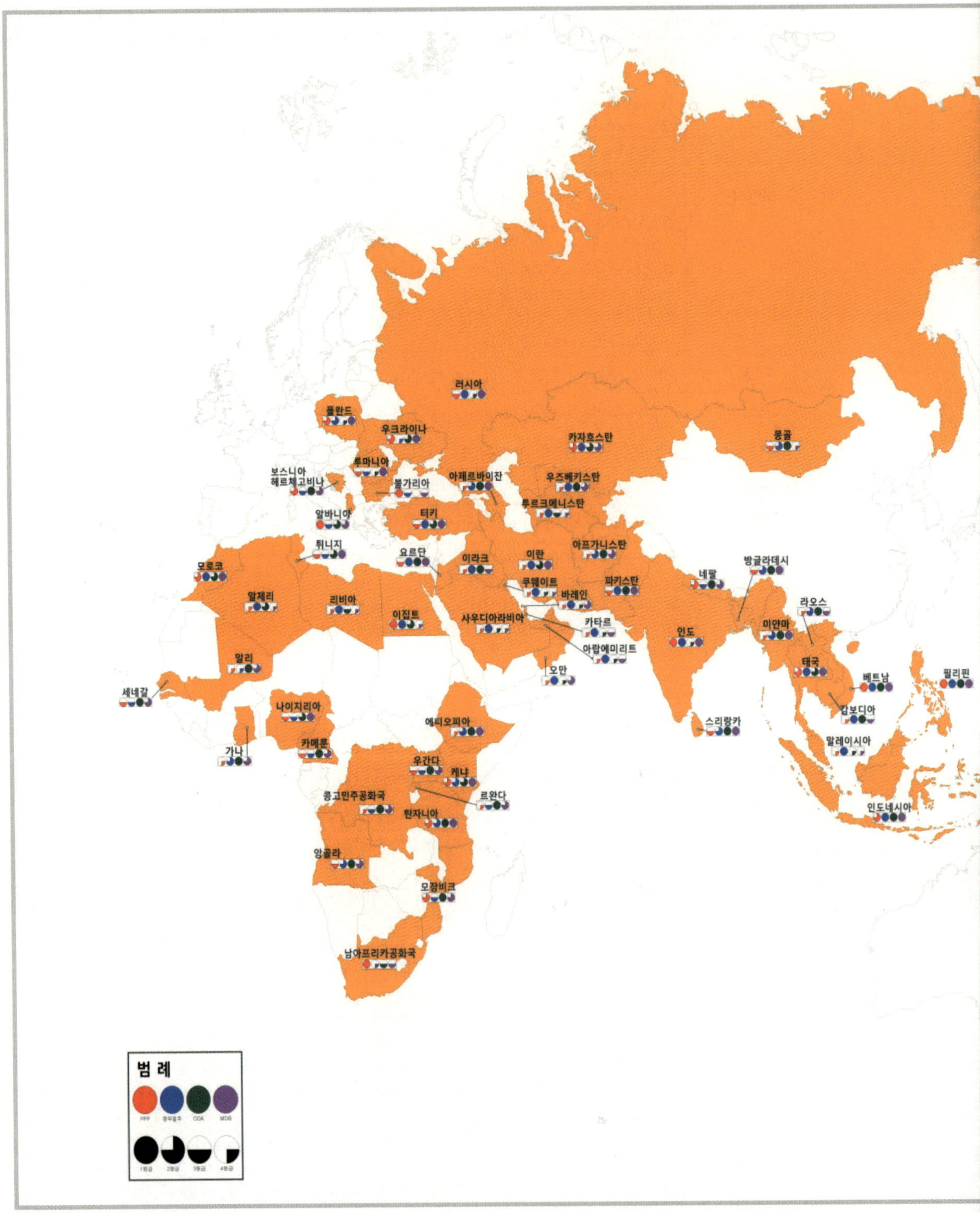

러시아
폴란드
우크라이나
카자흐스탄
몽골
루마니아
보스니아
헤르체고비나
불가리아
아제르바이잔
우즈베키스탄
투르크메니스탄
알바니아
터키
튀니지
요르단
이라크
이란
아프가니스탄
모로코
쿠웨이트
바레인
파키스탄
네팔
방글라데시
알제리
리비아
이집트
사우디아라비아
카타르
아랍에미리트
인도
미얀마
라오스
말리
오만
태국
베트남
필리핀
세네갈
나이지리아
에티오피아
캄보디아
스리랑카
말레이시아
가나
카메룬
우간다
케냐
콩고민주공화국
르완다
탄자니아
인도네시아
앙골라
모잠비크
남아프리카공화국
범 례
PPP
ODA
MDB

멕시코
아이티
도미니카 공화국
파나마
니카라과
베네수엘라
코스타리카
콜롬비아
에콰도르
브라질
페루
볼리비아
파라과이
칠레
우루과이
아르헨티나

[아시아]

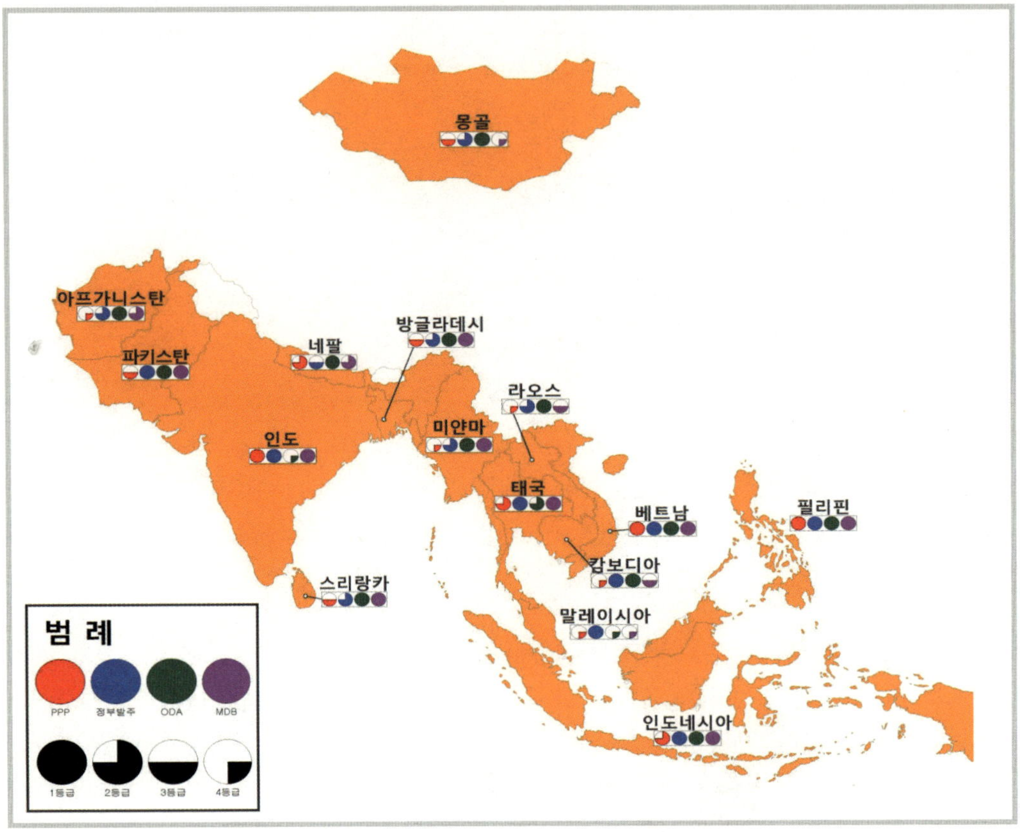
몽골
아프가니스탄
파키스탄
네팔
방글라데시
인도
미얀마
라오스
태국
베트남
필리핀
캄보디아
스리랑카
말레이시아
인도네시아
범 례
PPP
정부발주
ODA
MDB
1등급
2등급
3등급
4등급

[중동]

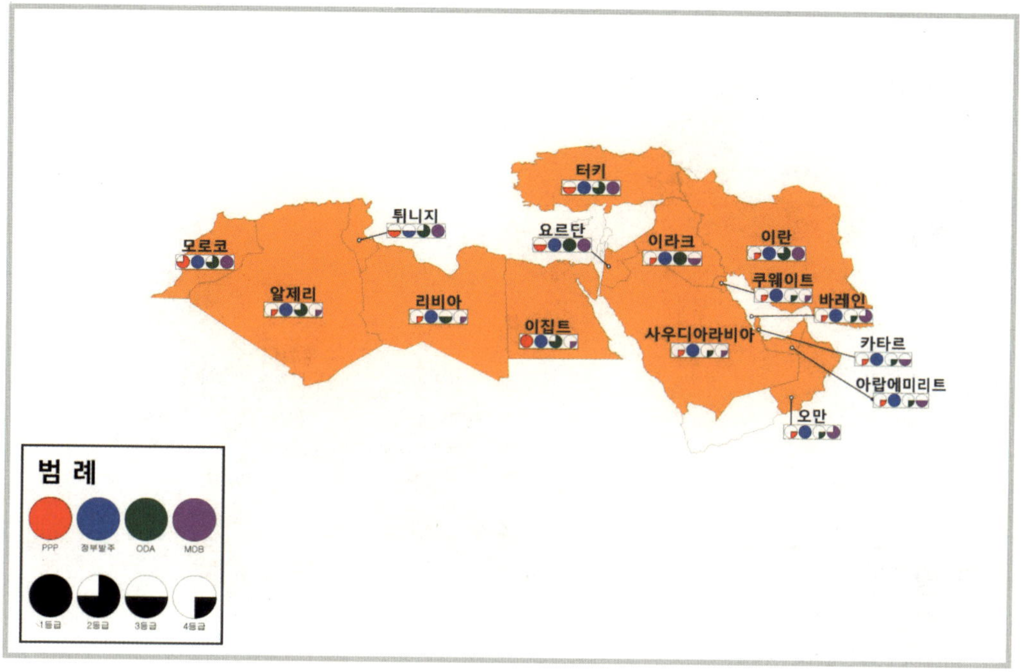

터키
튀니지
요르단
모로코
이라크
이란
쿠웨이트
알제리
리비아
바레인
이집트
사우디아라비아
카타르
아랍에미리트
오만
범 례
PPP
정부발주
ODA
MDB
1등급
2등급
3등급
4등급

[아프리카]

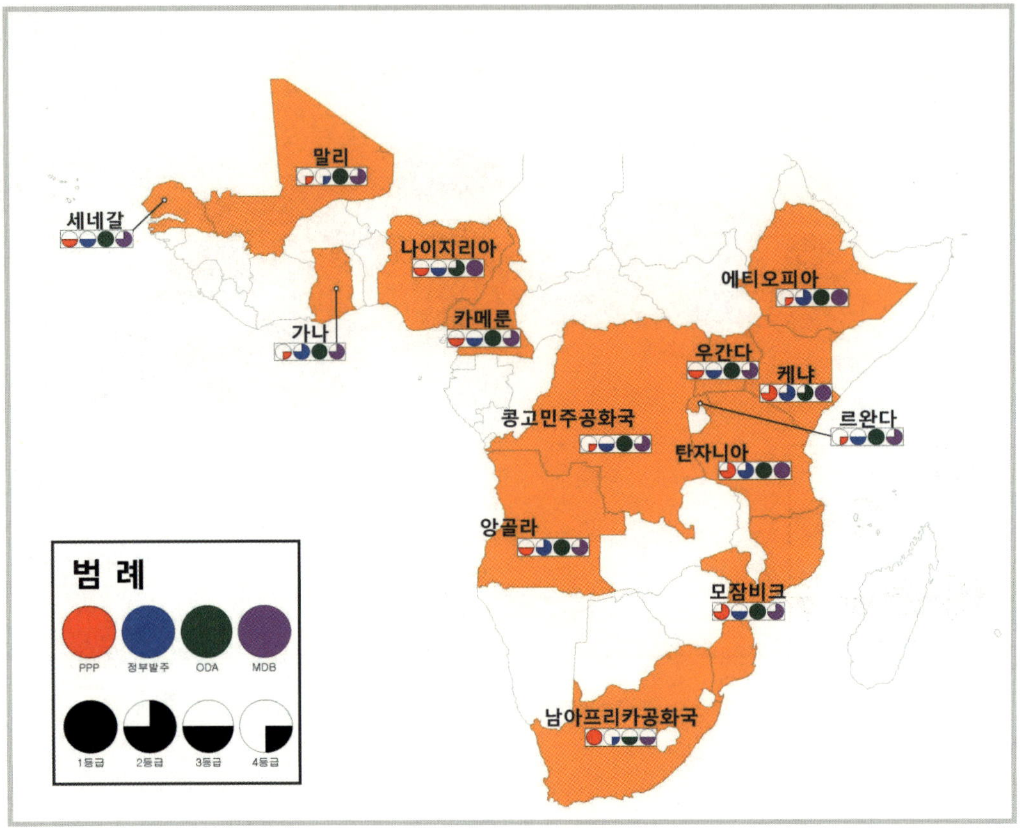
말리
세네갈
나이지리아
가나
카메룬
에티오피아
우간다
케냐
콩고민주공화국
르완다
탄자니아
앙골라
모잠비크
남아프리카공화국
범 례
PPP
정부발주
ODA
MDB
1등급
2등급
3등급
4등급

[중남미]

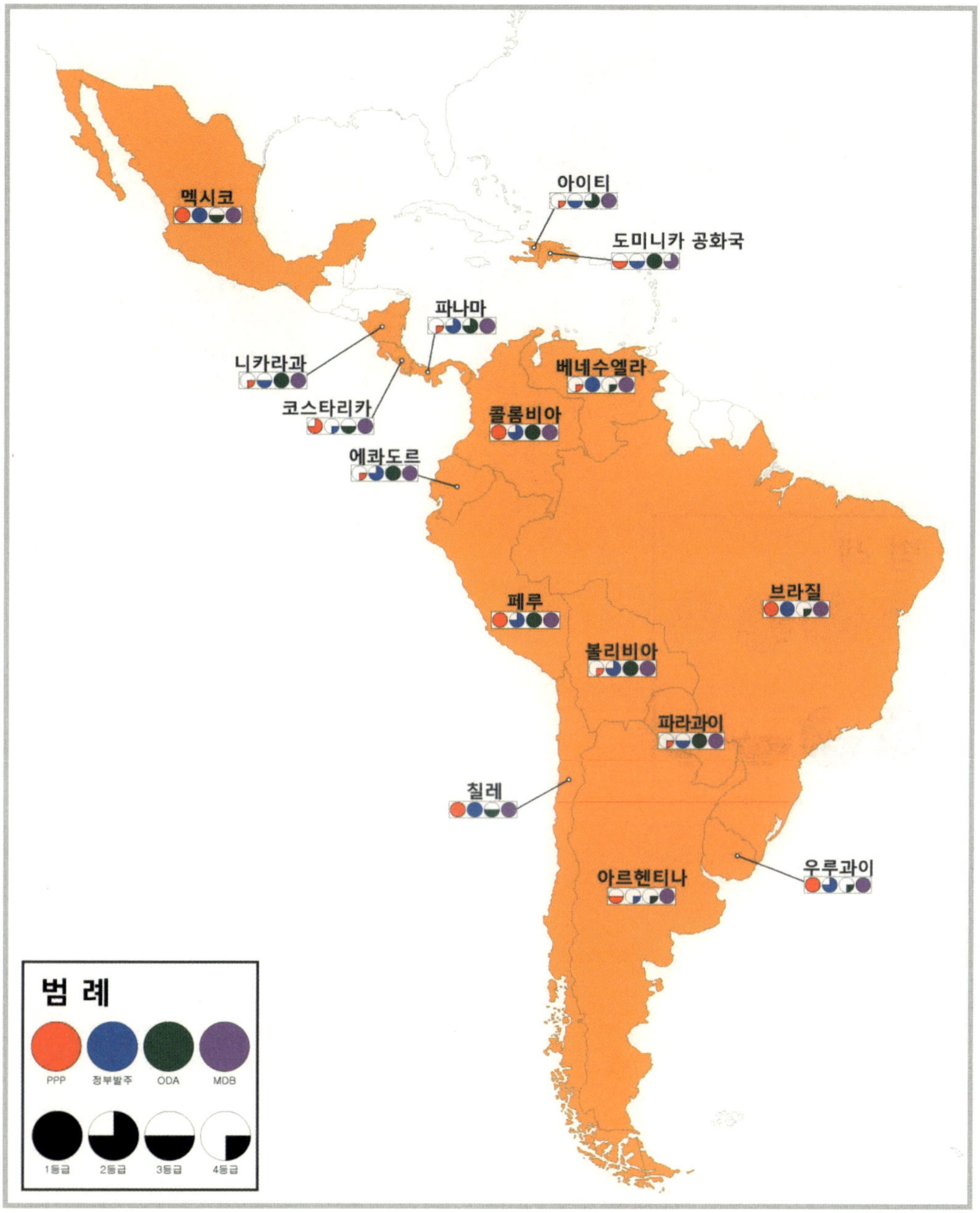
멕시코
아이티
도미니카 공화국
파나마
니카라과
코스타리카
베네수엘라
콜롬비아
에콰도르
페루
브라질
볼리비아
파라과이
칠레
우루과이
아르헨티나
범 례
PPP
정부발주
ODA
MDB
1등급
2등급
3등급
4등급

[유럽 및 중앙아시아]

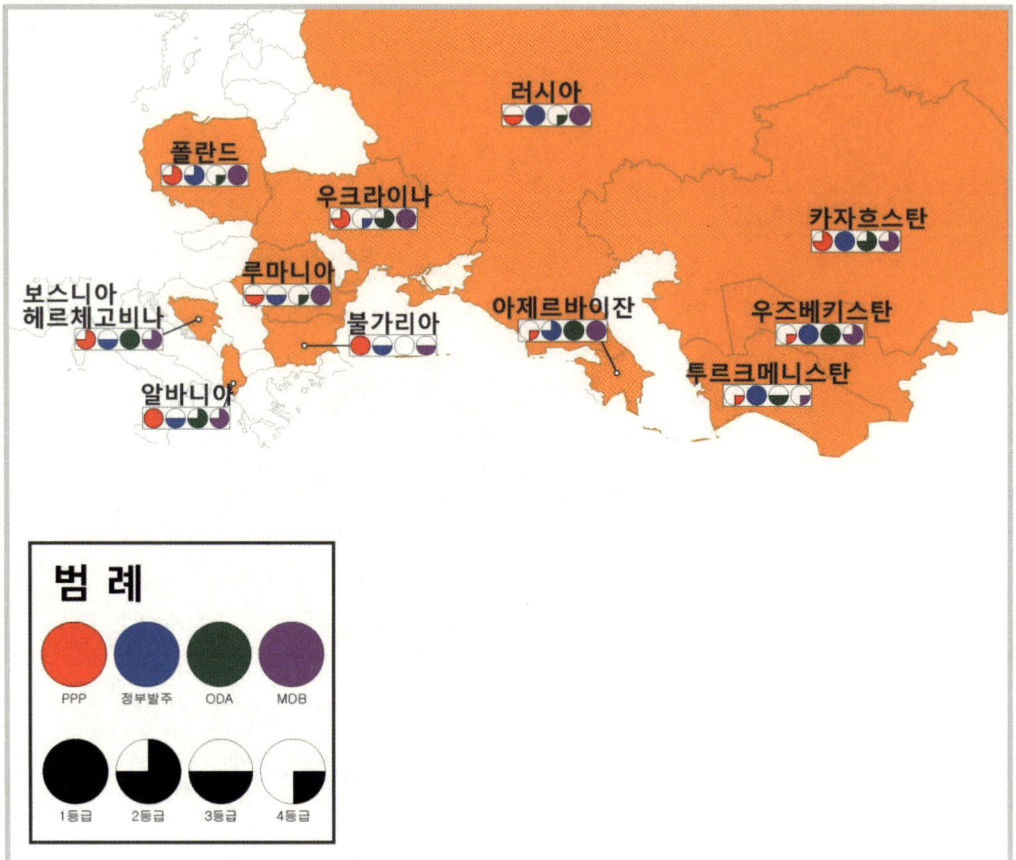
러시아
폴란드
우크라이나
카자흐스탄
루마니아
보스니아
헤르체고비나
불가리아
아제르바이잔
우즈베키스탄
투르크메니스탄
알바니아
범 례
PPP
정부발주
ODA
MDB
1등급
2등급
3등급
4등급

해외건설

알고 도전 하라

新 전략지도 보고서

인 쇄 일	2017. 12. 15
발 행 일	2017. 12. 20
발 행 처	서울시립대학교 국제도시과학대학원
기획 · 편집	**건설경제**
전 화	02)515-7320
홈 페 이 지	www.cnews.co.kr
디자인 · 제작	(주)비컴

ISNN 979-11-88761-07-04 | **정가** 25,000원